国家出版基金项目
NATIONAL PUBLICATION FOUNDATION

祁门红茶史料丛刊

第四辑（1936）

康 健◎主编
王世华◎审订

安徽师范大学出版社
ANHUI NORMAL UNIVERSITY PRESS

·芜湖·

图书在版编目(CIP)数据

祁门红茶史料丛刊.第四辑,1936/康健主编.—芜湖:安徽师范大学出版社,2020.6
ISBN 978-7-5676-4602-5

Ⅰ.①祁… Ⅱ.①康… Ⅲ.①祁门红茶-史料-1936 Ⅳ.①TS721.21

中国版本图书馆CIP数据核字(2020)第077037号

祁门红茶史料丛刊 第四辑(1936)　　　　　　　　　　　　康 健◎主编　王世华◎审订
QIMEN HONGCHA SHILIAO CONGKAN DI-SI JI (1936)

总 策 划:孙新文　　　　　　　执行策划:谢晓博
责任编辑:谢晓博　　　　　　　责任校对:孙新文
装帧设计:丁奕奕　　　　　　　责任印制:桑国磊
出版发行:安徽师范大学出版社
　　　　　芜湖市九华南路189号安徽师范大学花津校区
网　　址:http://www.ahnupress.com/
发 行 部:0553-3883578　5910327　5910310(传真)
印　　刷:苏州市古得堡数码印刷有限公司
版　　次:2020年6月第1版
印　　次:2020年6月第1次印刷
规　　格:700 mm×1000 mm　1/16
印　　张:21
字　　数:387千字
书　　号:ISBN 978-7-5676-4602-5
定　　价:66.00元

如发现印装质量问题,影响阅读,请与发行部联系调换。

凡 例

一、本丛书所收资料以晚清民国（1873—1949）有关祁门红茶的资料为主，间亦涉及19世纪50年代前后的记载，以便于考察祁门红茶的盛衰过程。

二、本丛书所收资料基本按照时间先后顺序编排，以每条（种）资料的标题编目。

三、每条（种）资料基本全文收录，以确保内容的完整性，但删减了一些不适合出版的内容。

四、凡是原资料中的缺字、漏字以及难以识别的字，皆以□来代替。

五、在每条（种）资料末尾注明资料出处，以便查考。

六、凡是涉及表格说明"如左""如右"之类的词，根据表格在整理后文献中的实际位置重新表述。

七、近代中国一些专业用语不太规范，存在俗字、简写、错字等，如"先令"与"仙令"、"萍水茶"与"平水茶"、"盈余"与"赢余"、"聂市"与"聂家市"、"泰晤士报"与"太晤士报"、"茶业"与"茶叶"等，为保持资料原貌，整理时不做改动。

八、本丛书所收资料原文中出现的地名、物品、温度、度量衡单位等内容，具有当时的时代特征，为保持资料原貌，整理时不做改动。

九、祁门近代属于安徽省辖县，近代报刊原文中存在将其归属安徽和江西两种情况，为保持资料原貌，整理时不做改动，读者自可辨识。

十、本丛书所收资料对于一些数字的使用不太规范，如"四五十两左右"，按照现代用法应该删去"左右"二字，但为保持资料原貌，整理时不做改动。

十一、近代报刊的数据统计表中存在一些逻辑错误。对于明显的数字统计错误，整理时予以更正；对于那些无法更正的逻辑错误，只好保持原貌，不做修改。

十二、本丛书虽然主要是整理近代祁门红茶史料，但收录的资料原文中有时涉及其他地区的绿茶、红茶等内容，为反映不同区域的茶叶市场全貌，整理时保留全文，不做改动。

十三、本丛书收录的近代报刊种类众多、文章层级多样不一，为了保持资料原貌，除对文章一、二级标题的字体、字号做统一要求之外，其他层级标题保持原貌，如"（1）（2）"标题下有"一、二"之类的标题等，不做改动。

十四、本丛书所收资料为晚清、民国的文人和学者所写，其内容多带有浓厚的主观色彩，常有污蔑之词，如将太平天国运动称为"发逆""洪杨之乱"等，在编辑整理时，为保持资料原貌，不做改动。

十五、为保证资料的准确性和真实性，本丛书收录的祁门茶商的账簿、分家书等文书资料皆以影印的方式呈现。为便于读者使用，整理时根据内容加以题名，但这些茶商文书存在内容庞杂、少数文字不清等问题，因此，题名未必十分精确，读者使用时须注意。

十六、原资料多数为繁体竖排无标点，整理时统一改为简体横排加标点。

目 录

◆一九三六

一九三六

安徽采茶歌

（一）采茶连日上高岗，鬓发蓬松久未妆；谁信一瓯花乳碧，味佳终让别人尝。

（二）阿侬家住北村幽，日日采茶西涧头；侬心空似春茶苦，郎意分明水自流。

（三）茶花细白得人怜，采得茶芽更值钱；阿侬生小芳年妙，却负青春年复年。

（四）欲采深山云雾茶，不辞辛苦路程赊；阿郎出门无百里，不见茶花不返家。

（五）昨日采茶茶花香，今日采茶茶花黄；花香花黄旦暮事，阿侬颜色宁久长。

（六）东家采茶姊与妹，西家采茶妇与姑；姊妹相亲如手足，妇姑勃谿无时无。

（七）雁荡出茶名雀舌，九龙出水第二泉；侬如雀舌人道好，郎似名泉休相煎。

（八）采茶用剪桑用钩，茶香谁道逊桑柔；采茶日日高峰顶，采桑只在南陌头。

（九）名山处处出名茶，雁荡天台人尽夸；茶山茶少梅偏盛，解渴虽同味总差。

（十）高山斗绝石嵯峨，只有猿猱结队过；到此定疑人迹绝，忽闻云里采茶歌。

注：以上录自二十五年四月十七日南京《朝报》。（通行徽州）

《国学季刊》1936年第2卷第26期

安庆通讯

建厅为谋改良祁门红茶运销起见，组织祁门红茶运销委员会，并由省府派何崇杰、卢兆梅赴赣，会商救济两省茶叶办法。决由银行直接放款，计交行80万元，皖赣二省地方银行各20万元，并合组运销委员会，在浔沪设处，主办祁红运销事宜。

《皖事汇报》1936年第9期

祁门茶叶沪交行将贷款
总额预定五十五万元

【安庆通信】昨据祁门茶商来省者云，本年祁邑茶叶产销合作社，除去春十八家合作社外，新近组织者，又添二十余家。且有上年交通银行派员来祁，向茶商接洽，预备贷放茶款五十五万元。拟由平里茶业改良场介绍汇款，待谷雨节边领取款项，并请定条件。最紧要者，则系结束各社款项账目，须分别结算。依照茶叶运沪销售之时间先后，分别与之核结账目，以免陷去年农行与各社混合结算，迄今拖累牵连，不得清楚之弊云云。并言本年，除交行放款五十万元外，尚有五家茶栈届时亦来祁，兑票放款。俏今春地方平靖，较之去年，茶业似有盛畅之象云。

《大公报》1936年3月4日

皖赣红茶复兴计划将逐渐实现，两省当局谋运销国外，商妥各银行举行贷款

【南昌通信】赣皖省府协谋复兴红茶，现此项计划已具体化，由赣皖两省政府组织皖赣红茶运销委员会，其委员为两省财建两厅长、全国经委会农业处处长，银行及其他贷款机关代表暨茶业专家，并由两省财建厅长及经委会农业处长组设常务委员会，互推一人为主任委员，主持一切。该会任务为：①关于指导种茶制茶之改良事项；②关于介绍贷款及保证信用事项；③关于便利运输事项；④关于推广销路事项；⑤关于调查宣传事项；⑥关于其他之改进事项。会址设于安庆，每年一、九两月举行常会二次，必要时得召集临时会议。现计每年产额，皖省祁红六万箱，赣省宁红二万箱。贷款标准，祁红每箱贷银三十元，共需一百八十万元，除各茶叶合作社，已由安徽地方银行与交通银行合放银五十万元外，尚需一百三十万元，由运销委员会介绍银行，以抵利贷与祁门、浮梁、至德三县合格登记之茶号，而保其信用。宁红每箱贷银十五元，共需银三十万元，由赣省府介绍裕民银行全部贷放。运输方面，于九江、安庆、屯溪三处设运输分处，接收各茶号所制祁红、宁红，负责转运上海。设总运销处于上海，所有两省祁红、宁红，均由该处统一销售，并设分

销处于国外伦敦等处云。

皖赣协谋救济红茶，双方代表商定办法，由银行直接贷百三十万元，关系当局合组运销机关

【南昌通信】赣省浮梁县与皖省祁门、至德两县，均盛产红茶，呼为祁红，畅销国外。惜以制造、推销均未改良，且值兹各国不景气状况之下，遂致营业一落千丈，失业茶民，日见增多。皖省政府主席刘镇华特派该省土地局长何杰及建设厅科长卢贞木来赣，面谒省主席熊式辉会商一切。熊氏乃于二十日下午三时，在省府与何卢两专员及省委经济专家萧纯锦、代建设厅长李德钊、第一行政专员林竞暨全国经委会交通、裕民等银行代表，详细研讨一切。对于救济办法，比经决定由银行直接放款救济茶农，计交通银行八十万，皖赣两省地方银行各放款二十五万，合计一百三十万元，贷放于祁门、至德、浮梁、婺源等四县。至于救济武宁、修水、铜鼓等县之茶叶（即宁红），则将由建设厅、裕民银行、农村服务区管理处等会商办法。关于运销事宜，决由全国经委会、皖赣两省府暨银行代表，组织一运销委员会，联合祁红、宁红，并于九江、上海两处，设立运销处云。

皖属茶税局裁撤，并归营业税局，或县府接办

【安庆通信】皖省茶税局例设六个月，即行停征裁局，素为调剂私人之短差。每届春初，谋夫孔多，殊难应付。自本省营业税则颁行后，此项积弊，似已废除。现查太平、至德、东流、霍山、郎溪、广德、祁门等处十茶税局，已届裁撤时期，自应遵章一律取消，并规定程序。①各茶税局、各登记处，各于设置限内结束；②经费至裁局日为止；③稽核处与局，同时撤销；④各局文卷、票照等项，移交制定机关接收，其钤记及微存税款解厅长；⑤各局征解、支发款日，列表报厅。仰各该县接办，至接办区域，即以各该县辖境为限。如已设有营业税局者，即并归局办，未设营业税局及有其他情形者，则并归县府接办。

红茶统制运销

【芜湖】皖赣红茶统制运销，祁门、至德、浮梁三县茶号，登记已竣，计共二百余家，政府合作社贷款约一百六十余万元。本年红茶箱，拟制成六万箱，可适合出外贸易需要。茶商以贷款利微，剥削免除，一致分电实业部、经委会、两省政府表示拥护。

《申报》1936年4月27日

红茶决定统一推销

皖赣红茶推销问题，前经总运销处与茶栈谈判结果，在不背皖赣两省政府自主原则下，由六茶栈组织推销处，接受经售。现此事因各方力持异议，而茶栈内部，亦复意见分歧。运销处总经理程振基氏，听取各方意志后，兹已决定组织统一机关出口，内部一切布置，已在积极进行中云。

《申报》1936年5月13日

祁门茶业改良场所制祁红得最高盘二百七十五元

全国经委会、农业处、实业部暨安徽省建设厅，于两年前会同在祁设祁门茶业改良场，主持祁红生产制造、改良事宜事业。设备费由全国经委会、农业处负担；办事经常费，由实业部暨安徽省建设厅分担。本年该场精制红茶四十六箱，运沪牌名祁红，经中外茶师品评，认为该茶做工叶底颜色、水味、香气等，在祁红中均称上乘。闻已由经委会、农业处办理茶业联合推销，驻沪专员办事处，售与怡和洋行，得价二百七十五元，为祁红近数年来最高开盘价格云。

《申报》1936年6月1日

祁门红茶英销畅达

昨日祁门红、花，英庄销路，续形活泼，其中次级至德、贵池等路货，英商怡和洋行大量吸收，独家购进二三千箱。其他行家亦多群起搜办，价开八十元至九十四五元。上中庄之祁茶，各洋行均有大批量电讯发出，市面正在酝酿进展中。……售价祁浮红茶见跌十余元外，余均平定云。

《申报》1936年6月4日

红茶交易大盛

昨日洋庄红茶交易非常旺盛，祁门、宁州、宜昌等路红茶，英俄德美等庄均有巨□去□，其中，仍以花香一项，销路为最佳。至绿茶市面，亦复坚挺。昨日屯珍由天裕等行进办七八百箱，价自八十四元至九十元不等。……锦隆进数百箱，其余各行均无甚成交。……

《申报》1936年7月1日

祁宁花香竞销英俄

祁门、宁州两路花香红茶，近来因俄庄动办之故，市面突趋俏俐。昨市英商怡和洋行及俄庄协助会，又复大举搜办，市况非常活跃，市盘开至四十二三元，形势至为稳挺。祁宁红茶，据英伦传来消息称：本年中国祁门红茶，因上海开盘迟缓之故，商家非常渴望。近数日来，头二批货多有陆续运到，随到随销，去路大为活泼。其中百元左右之中庄货，尤为畅销，商家多有获利。因此，纷纷来电补货，形势颇为乐观，故昨交易不寂，而以宁州高庄货尤为活泼……

《申报》1936年7月2日

皖赣红茶运销工作报告简要

本省与赣省府，鉴于红茶日益衰落，不特有关国际贸易，且影响数百万茶农之生计，特组织皖赣红茶运销委员会改善红茶运销，以谋发展，虽以事属草创，艰苦备尝，然本年工作进行，尚称顺利，兹将本年工作概况，分述于次：

一、登记茶号

祁门128家，浮梁67家，至德46家，共计241家。

二、办理贷款

祁门906500元，浮梁430100元，至德198000元，共计1534600元。

三、产销茶额

甲、出产：祁宁红共79366箱；

乙、销售：至9月底仅存200余箱，余均悉数售出，价格最高为每担275元，最低为43元。

四、减低贷款利息

本年贷款，月息8厘，往年茶栈放款，月息1分5厘。

五、制茶之改进

甲、限定各家须单独设厂制造。

乙、制茶人须有5年以上之经验。

丙、派员分驻各县，督导制茶，以增产量。

丁、实行产地检验，改良品质。

六、运输之改进

甲、路线之改变：（1）祁门茶箱由芜屯公路转江南及京沪铁路直达上海。（2）浮梁茶箱，由景德镇公路至鹰潭转浙赣及沪杭铁路直达上海。（3）至德茶箱由至德帆运至安庆转轮运沪。往年须一律绕道九江，须时久，运费大，途中屡生意外损失极大。

乙、运输之迅速：因路线改变，缩短途程甚多，各路复调备专车，日夜赶运，故异常迅速。

丙、运费之减轻：各路均减折收费，往年绕道九江，途程遥远，需费自大，而浔沪间轮运运费，复由茶栈包办，浮收甚多。

丁、运输之安全：本年因不须帆运经鄱阳湖绕道九江，途中已无风险，而茶箱自起运地点至上海复交中央信托局保险，以策安全。

七、推销之改良

甲、减轻佣金：本年只收佣金2%，不收其他任何费用。往年茶栈巧立各种名目，共抽收15%以上。

乙、品定等级：设立茶叶品质评定委员会，公开品评茶质等级，以定价格，而免竞争取巧。

八、陋规之革除

（1）往年茶栈对茶号之种种苛削，不胜列举，本年均一律革除。

（2）往年茶号对茶农苛削，有扣样茶、收秤钱、找尾、折扣等名目，本年已一律革除。

（3）往年茶区土劣，多有巧立名目、征收公益捐等情事，本年已通令一律严禁，有祁门陈某等阳奉阴违，经据案惩办。

《经济建设半月刊》1936年第2期

皖赣红茶运销委员会章程

（二十五年三月廿四日第八五八次省务会议通过）

第一条 本会以发展皖赣两省红茶为宗旨，定名为皖赣红茶运销委员会。

第二条 本会委员由皖赣两省政府就（下）列人员分别聘委之：

    一、全国经济委员会农业处处长；

    二、两省政府财政建设厅长；

    三、银行及其他贷款机关代表。

四、茶业专家。

第三条 本会设常务委员5人，由全国经济委员会农业处处长暨两省政府财政建设厅长兼任，并互推1人为主任委员。

第四条 本会设主任秘书1人、秘书1人，承主任委员之命，办理本会会务。干事3人至5人，承秘书之命办理文书、会计、庶务调查等事务。

第五条 本会任务如下：

一、关于指导种制之改良事项；

二、关于介绍贷款及保证信用事项；

三、关于便利运输事项；

四、关于推广销路事项；

五、关于调查宣传事项；

六、关于其他之改进事项。

第六条 本会为办理皖赣两省红茶运销事务，于上海设运销处，于适当地点得设分处。

第七条 总运销处设经理1人，副经理1人，由本会委任之。运销处及应设之各分处，其组织及办事细则另定之。

第八条 本会及运销总分各处经费以经售茶叶价额2%之佣金拨充之，不敷时由全国经济委员会补助二成，余八成由皖赣两省政府按所属地方产额摊派。

第九条 本会会址暂设安庆。

第十条 本会常会每年二次于一、九两月举行，由主任委员召集，必要时得召集临时会议。

第十一条 本会办事细则另定之。

第十二条 本章程如有未尽事宜，由两省政府商同修正之。

第十三条 本章程自两省政府公布之日施行，并分报全国经济委员会暨实业部备案。

《经济旬刊》1936年第11期

皖赣红茶运销统制刍见

胡浩川

本年我省会同江西办理红茶运销统制，协议筹备，为时仅及一月。茶业范围广大，关系复杂，策行复兴，事属创举。设施既感仓卒，手续未尽周详。此亦任何经济改进事宜在业务之初期，事实所牵，势所不免。然以重心在握，目的已达。关于今后进行，浩川奉令条陈所见，谨就一得之愚，分别呈述于次。

一、生产事宜应设权力机关办理

委员会下，应与推销组一例，设一办理生产事宜之权力机关。于生产地域为经常之住在，于生产工作为系统之统制。通盘筹划，因事制宜，使能发挥直接效率，随时发现问题，得以立即就地解决。

此项机关，重在主持设计，增进行政效率。主管一人而下，设办事员若干人，不须为庞大之组织。但须付以实权，即得于县以下之地方机关，为强有效力之委托或交办之权，茶业团体，尤须绝对服从指导。

二、组织茶商

祁红区域中之祁门及至德已有公会，但除年收巨额会费之外，一无所事。浮梁则并此有名无实者而亦无之。应亟就本年茶号为基础，指定若干商人，责令重新或从事组织。先行设立筹备会，拟具规程经呈送核准后，再行正式成立。组织必须健全，规模必须弘实，足以担负政府交办及其本身应办事业。

茶业统制，政府只能主持大计，以及目前农商力所不逮之事业。生产改进及其有关事宜，仍须促进商人自动办理。换言之，运销由政府经理，统制必行之直接；生产由政府予以指导，统制宜行之间接。官商合作，始能收复兴之功效。如茶号登记，茶师登记，贷款介绍，工厂检查，技术指导……均作成计划，制定表格，颁发农商团体，负责办到。运销会之生产权力机关，即根据所呈送介绍之报告表格，予以实地之严格调查，并随时为强制之指导。是者即予认可，误者纠正，非者取消。事事如仍由政府为之，未免劳费之太甚矣。

三、促进茶号之合理化

祁红茶号，经营极不合理。故投机取巧，无所不用其极。请就实际症结，稍稍详加探讨，藉供参考。

甲、关于组织者

1.临时集合。大多茶号之主持者，通称经理，并非商人；既无资本，又无技术，即普通之商业常识而亦未具。唯特在乡里为族村领袖或薄具田产之资望，每于茶季之前，活动贷款，□则召集其集团之股东，开始营业。失败之后，亏欠茶农茶价及茶栈之贷款，即行不负责任。乃由其集团中改换他人出面活动，仍复暗中把持，巧变多端，花样百出，而无固定组织。

2.规模狭小。本年茶号即以祁门而论，预定制800箱者仅一家；600箱者亦仅一家；400箱者3家；300箱者32家；其余均200箱，达88家。就中间有一人设立二三以及四五号者，亦不为大规模之经营。管理既疏，浪费又大，其不合理，有如此者。

乙、关于业务者

1.公然舞弊。规模既小，营业又全无标准。其下焉者，且复往往任意舞弊。

（1）原料毛茶。毛茶在开始收买时，价格恒高，逐日下跌，甚至一日之间，相去悬殊。间有茶号经理，利用机会，先则以少报多，后则以多报少。弥补失其平衡，账面上之虚数太多，成货过少。于是诿为毛茶太湿，做头（即生熟货之比例）不佳。

（2）加工费用。做200箱，开支4000元，为一般之标准。就中浪费固多，不实不尽，为数亦巨。

考其所以如此之原因，无非经理剥削股东而已。每一茶号（独资经营者绝少）股东虽仅三五，而每股东又各有附股者，30元、50元、100元，至多二三百元。附股者不出名，惟正股东是赖。正股东又惟经理之是赖。故当地有"经理稳赚钱"之讴歌。然以舞弊过甚，发生纠纷者，亦所恒有。

2.管理无方。茶号经理，具有制茶技术者，十无二三。技术外行，事事委之于人。进货做货，各有所司，七手八脚，不相统属。盖毛茶精制，不在处理之能尽其手续，而在进行过程中之无差误。祁红之大弊所谓毛病者有三：

（1）发酸。非上烘之太迟，即堆积之过厚。若上烘过量，若火力太小，若毛火后未行冷却，亦皆为致发酸之因子。至收入毛茶本身已发酸者，当别论矣。

（2）烟熏。由烘茶木炭，有未烧过清者使然。

（3）过焦。或炭火太大，或经烘太久，或翻拌不时，即生是弊。（若火力不足，尚有补救之余地者，姑不置论）

本年祁红出品，偏弊太甚，以致不适需要者，约占1/4。同是头批二批茶叶，已经脱售，价格相差之最甚者，与一与五比而犹不足。严重惊人，至于此极。至于上列各项毛病，只须工厂之布置合理，处理之调节有方，监察之周到不懈，即可获得安全。非如分筛搧簸，须视原料身分，因利乘便，随事制宜，有赖纯粹技术，始克有济。虽然，做工精粗净杂，虽在市场之上，关系甚巨。但就其左右价值评判言，以视发酸、烟熏，主顾难得，价格见贬，犹不及其过甚。能与过焦之茶，差相伯仲。尤有进者，祁红具有天然品质，纵小有劣变，尚易于脱售。乃以制造过于失调，遂至品级太为不齐，售价悬殊，苦乐不匀。本年统制运销，贬价竞卖之风，为之尽戢。农商出品，已售清者，或已获利倍蓰，或已蚀本巨大。尤甚者，直同废物，迄今犹无人过问。似此不平衡之怪现象，即祁红在民国二十年之黄金时代，亦所不免。湖红、宁红、温红，即从无此事。统制运销之最高目的，似在调剂市场供给，平衡价格。故于祁红出应市场，必须使如屯溪绿茶，能有相当之标准价格。按之本年伦敦汇价茶价，以及上海过去市情，祁红每一市担，应有260元之高。但能得此最高价格者，仅有8宗，箱额不过400而已。其它超出200元以上者，亦不过2000箱。此项头批茶叶，售价在百元以下者，为数反较此为多。

以上事实昭告，祁红须谋稳定价格，实有必要。毫无疑问，价格稳定，须求品级之齐同或近似，始可坐而致之。市场能有标准价格，农民生产品毛茶之价格，乃亦可以为相当之规定。

总之，茶号组织及其业务，在今日如此不合理之状态下，实为祁红改进最大暗礁。统制执行，以致在在而有搁浅危险。应以全力从事取缔，从事限制，促进其合理化。换而言之，即奖励扶植善良正当之茶号，使之愈益发展，投机取巧者，不应予以存在。此则任何商行为之事业，均应如是，固不仅祁红之所特须也。然则，促进祁红之合理化，将如何进行乎？试仅举其原则如次。

1.茶号须依一般商号或公司组织法为固定之经营。

2.茶号须为固定组织外，更须扩大范围，充实设备，并提存公积金，以策逐年之发展。

3.营业须确立预算，改良簿记，业务绝对公开，制止舞弊及无理之开销。

4.技术员工，严格雇用。

四、从速设立茶业金融机关

茶业为短期之营业，活动资金，有赖临时周转，较其他商业需要迫切。向之贷自茶栈，不便固多。今之贷自银行，利率虽轻，而以时间限制綦严，出品欲求待价而沽，或向海外直接推销，亦为事实之所难许。必须设立茶业金融机关，专事办理。

1.股本定为200万元，官股占40%，一次拨足；商股占60%，4年收足。

2.皖赣红茶以7万箱计，第一年每箱6元为标准，收40万元；第二、三、四年，商股不付官息，不分红利，并其营业之公积金，以及茶号之公积金，一律作为股本，3年平均，必不难得80万元。

3.此项茶业金融机关，在股本未收足前，不须独立营业，委托地方银行办理。

4.开始营业，资金未达200万元，势必不敷周转，即由地方银行，信用透支，作为放贷。

五、生产之奖励与取缔

茶之栽培制造，均属生产范围。栽培上之不合理，如茶园之不集中，如株丛之不调整，改进实施，均非三五岁月所能奏效。制造分为两部：初制由栽培者为之，精制则由茶号为之。其技术之运用，零乱散漫，不相联系。农商间称经济关系，不知互为休戚，共谋发展，以尽其调查生产上应有互助之能事。有时转以利善冲突，茶商对于茶农，使用大秤，抑勒价格，巧取豪夺，手段之辣，无不达于极端。农民无奈，惟有应之以暴采滥制。茶号精制无理情形，已详于前。生产改进之道，目前似应以侧重取缔为急务。

1.提倡嫩采。规定采摘标准，即悬一芽两叶之三叶摘，以为倡导之责，并促令茶号提前开秤收买。止买日期，亦须预为公布。农民反时采制，须使之有充分准备。

2.稳定价格。茶叶品质，早采晚采（即嫩采与老采）相去悬远。应按期规定标准价格，例如采制之初60元一担，差额不得过20%，即最高者72元，最低者48元。尾期为30元，最高者36元，最低者24元。

3.取消陋规。茶号陋规，约有两端：

（1）数量上之剥削。如称茶特用旺秤，称伙特用低称。出入之间，相差极巨，以及九四、九八之扣样芽是。

（2）茶价上之剥削。如抑低铜元价格，恒较市价短少20%，即本年铜元兑换率为300枚，乃作240枚。是只许找出，不容找进。又换算时，茶叶斤两及茶价，双方复行抹头去尾。

凡此之属，农民之受盘剥，毛茶愈少，损失愈大。一般情形，最少亦有10%之巨。此应严格取缔，以利茶农。

4.统一用秤。茶号用秤，各地不同，起码为司马秤分12两，较市秤大69%，仅有祁门奇岭一带极少地方如此。其他各地，用25两者最多，较市秤大93%。茶价愈低，用秤愈大。分庄之秤，又较门庄为大。农民用秤，用以秤摘工之鲜叶，有大至54两者。摘工按斤论值，大秤所得，每斤不过二三分。剥削虽酷，然与被剥削于茶商者相总，犹九牛一毛耳。但在摘工方面，为数固亦非等闲也。

统一办法，一律改用市秤，由运销委员会制造公卖。有改用大秤者，从严惩办。

5.工厂检查。一般工厂，设备既感不足，布置亦无条理。虽由有经验技术者主持精制事宜，亦无所用其技。凡登记茶号、工厂经检查不合格者，责令扩充改造，达于合理章度，始予认可。举例言之：如每一烘炉，一日烘毛茶40市斤，约合现在用秤20斤，最为适可。做200箱者，至少应有烘炉120个，此为最低之基本数。每加50箱，加烘炉20个，此为其标准数。他如毛茶及毛火茶摊厂，应有相当之面积。动用工具，应有相当数量。

工场之改造与扩充，生财资本，得按实际需要，由农商团体之介绍，举行相当之利用贷款。

6.取缔劣茶。（1）毛茶。凡农民出售之毛茶，如有劣变情形，茶号得拒绝收买。如有掺杂陈茶或隔年老叶末者，并得加以扣留。

（2）茶号之精茶，有发酸者，只许内销；他如烟熏以及过焦茶叶，亦须经过相当时间，始能运送上海。此种限制，以免优良茶叶之外销受其阻碍。牺牲局部，以利全体，忍痛执行，盖亦势所不能已也。

7.其他。属于生产改进与取缔之基本及助成工作，如茶号登记，茶师登记及其训练，包装改良等等，应由生产权力机关，斟酌办理，不再详细申述。

六、产量及箱额之限制

1.祁红产量，究有多少，向无可靠统计，有之自本年始，大数为7万箱。迄最近止，已售出6万箱，所余1万箱，几尽为劣变物。就中西坑合作社之头批茶叶，发酸最盛。及小魁源之头批茶叶，弊受烟熏。上海洋行，无人过问。样寄伦敦，均有承受。前者须货到评价，后者出一先令两便士，亦合国币百元。即此一端，祁红生产过剩（上海市场谓仅能年销5万箱）之说，已不足信。或以本年二三批箱，近于倾销，盖取一部分湖红而代之使然。按本年湖红滞销，实以伦敦存货过多，亦不足为据。实际本年产量，并不多于既往，故以此7万箱为标准数，有主张限制者，实无必要。提倡嫩采，取缔劣质之后，必可短少若干数量，品质亦因之见高，外销则无何困难矣。至多届时视海外祁红存货，稍加伸缩耳。

2.合作社及茶号之申请贷款，无不预定箱额。责令出齐，除农商当事者外，亦多以为诟病。其所持理由，不外：

（1）进货多则易出毛病，难求精美。

（2）出箱有定额，势非收买一部分粗老之货不可。

（3）各各如数出齐，不无酿成生产过剩危险。

按之事实，理由均极薄弱。即以本年合作社而论，茶叶出大毛病者，平均箱数不多。最多400箱及360箱之两社，出品不失中上，可以见矣。为顾及农民利益计，为取缔投机取巧计，为促进营业信用计，为保障贷款安全计，凡申报箱额，必须严禁短少。如春茶不足，须以夏茶补交，或代之以绿茶，但不得申请贷款。短少箱额即售价纵高，亦不能免予追究。

七、茶号应予以适当之分布

各地茶号，皆集中大村镇。其他偏僻之地，茶号既少，甚或分庄亦复不多。分布地域，极其不匀。如祁门北乡仅有茶号1家，南乡边区之地，情形近似。因是，茶号集中之地，初则原料形成供不应求，乃即放价竞买。既而无茶号区域之农民，闻风靡至，而又酿成供过于求。茶号利以极尽抑价剥削之能事，路途遥远，时间久长，毛茶势无肩回或别寻主顾之余地。本年祁门如塔坊、历口等地，商农发生冲突，均属茶号丛集之地。货踊止买，迫逼生变。故茶号之设立，须根据各地生产之情形，为适当之分配。或在茶号缺乏之区域，尽量组织合作社，或资助当地流行之"园户公司"（即茶农集中其生产，自行加工运销，为非法人之合作社；但往往□入绅士操纵），亦所以济穷补偏之道也。

八、贷款办法

茶业贷款，农商须分别办理：

1.茶号。凡茶号及其工厂之登记检查，由茶商公会办理，经实地审核合格之后，予以认可。向茶业金融机关申请贷款，由公会介绍，运销会见证，凡信用卓著者不须保证；否则，须有认可茶号若干家，行承还或连环之担保。

2.合作社。贷款改为信用，按社员预报生产之多寡，分别先期贷给。茶叶完全成箱之后，转为抵押贷税。信用贷款，即依据各社员送交毛茶数量及其估价，并应摊负之加工费，详为核算。超过信用贷款或不及者，分别补贷追缴。其介绍人由联合会任之，保证人为理事长及监事长。

九、设立茶叶堆栈

本年茶叶，在待运中，一律利用民房堆存，搬运不便，亦无安全设备。运销处须于茶叶之集中地点，建筑合理且有相当规模之堆栈，以便收储而策安全。

此项堆栈，茶季之外，并得利用为其他农产品或货物仓库之用。

十、贩卖之管理与推进

1.专买专卖

茶叶海外贸易，不如宋明塞外贸易之能稳健发展，固由强敌竞起，失其独霸权威。实则贸易制度之无理，亦为最严重之一症结。施行统制，虽中介之梗阻已除，而洋商之操纵未解。最高理想政策，乃在国营之专买专卖。即农民生产，由政府设立工厂，一律强制收买（并可先期贷款），商人不得经营，加工制造，转卖与国外需要者。盈亏损益，政府负其全责，于生产者概无关系。此为茶马政策时代陈规，并非创制。今日可否实行复古，须待珍重考虑，优裕准备；即予实现，似有难乎其从事也。

2.管理贩卖。为今之计，精制事业，仍由农商经营。但其所有出品，无论检验合格与否，概须送交政府，直接支配，为有效之管理贩卖。

（1）评定价格。农商送交茶叶，由运销会依据规定有时效之标准茶，斟酌国内外之行情，精密审查，规定价格。价格以标准茶之所定价格为标准，分为若干级，每级占标准价格2%。有特佳者，超过最高级时，给付奖金。不合格者，另行处理。评价既定，发给全价60%，待到所有茶叶出售之后，盈余亏折，为比例之分配。农商有不愿受管理者，并得让渡其他农商法人，或茶业金融机关承受之。

（2）推销方法。

甲、公开拍卖。

茶叶出应市场，应在上海设立茶叶拍卖所，行定期之公开拍卖。每周预定3次，先期布样，逢一、三、五或二、四、六拍卖。并得由拍卖所认可之掮客，担任接洽。交货过磅、算价以及收价一切手续，由拍卖所会同掮客处理。惟茶叶管理人员及掮客，一律不得承买任何拍卖茶箱，免除操纵。

乙、海外推销。

中国茶叶，迄今仍不能在茶叶市场中心之伦敦，取得公开拍卖之资格。唯一原因，乃在无品质近似之大宗出品，供应需要。全部红茶，既经管理，可以制定二三品级，从事拼和，使鸡零狗碎之繁杂产品，汇为巨量。并使之达到所制定之品级，无或参差，得于伦敦市场与海外各产茶国茶箱，为公开之竞争拍卖。但致之实现，非经过相当期间接洽不可，明年仅可从容准备或从事试行而已。主要办法，在与上海经营茶业洋行合作运销，去年永兴洋行曾承办合作社茶叶数宗，得价均较上海出售为优。伦敦亦有中间商人，愿承介绍。至于北欧市场，祁红亦大有推销希望，同时须积极图之。

海外直接推销，技术及商业人才，似宜仿照荷属印度之爪哇及苏门答腊前例，雇用英人办理。二十年前荷印茶叶生产及其贩卖情形，颇与中国类似。自经雇用英人策划进行，遂以日益发展。迄最近止，推销业务，仍复由英人为之协助。盖中国红茶海外贸易枢纽，几于完全操在英商掌握之中，直接推销，势必在在发生利益上之冲突。国人办理，于此僵局之打开，不易得心应手。他不具论，即市场途径不熟，即有无从推进之苦。雇用英人，实可收事半功倍之效。

（转录皖赣红茶运销委员会工作报告）

《经济旬刊》1936年第13-14期

皖赣红茶总运销处工作报告

一、总述

本处依据皖赣红茶运销委员会组织规则第二条之规定，于本年5月5日在上海成立，迄今凡六阅月，业已完成一周使命，爰将经过事实综其概略分述如下：

溯本处成立之初，茶栈正以停兑期票及全体歇业为要挟。其所持理由：①为运委会成立茶栈必致失业。②茶栈已放各款必致落空。于是运委会为救济上述困难计，乃有下列三案之决议：①尽量罗致茶栈中之人才佐理会务。②债权人提出数额经债务人承认应行偿还者，由运销处于售茶后召集双方依照习惯处理，如有纠葛由双方自行依法解决。③本年各茶号有已接收茶栈贷款者，则于将来该茶号出品售罄后，所得茶价除扣佣金及垫付费用外，悉数交由原贷款人与茶号结账。如原贷款人自愿取回贷款在出品未起运前，而所放茶号资格及所贷额数合于运委会规定，经证明属实者，即转移其贷款及利息。在此种决议之下，经上海市政府、市商会等劝导解释，茶栈始与本处合作。乃由茶栈公推郑鉴源为推销组主任，嗣以本处所订推销组办事纲要，茶栈认为将茶栈一概抹煞，绝对不能接受。郑鉴源亦以不能离开茶栈立场为词，恳请辞职。劝解无效，即以推销组主任一职由经理兼任，改聘郑鉴源、王余三为副主任，此事乃告一段落。同时洋商方面亦悚于本处之成立于彼或有不利，曾经二度会议提出三项问题请求答复：①运销处是否欲将红茶自己运出国外？②交易上一切费用须与从前相同。③运销处须保证所交货品与茶样一致。当经本处召集茶商代表会议，决议答复如下：①本年红茶外销先与洋商交易，不拟自运出国，但外商或有停止收买则只得自行运出。②交易上费用仍旧，但不得额外需索。③本处保证货色货样完全相符，否则照价赔偿或退还之。经洋商函复"满意"，乃得开始布样推销。惟以事属创举，既无轨辙可循，兼受外界种种牵掣，深愧规划未周，无以副两省政府之期望。兹幸皖赣红茶运销委员会年会开幕，对于产制运销之前途必有详密之讨论，远大之绸缪，特就本处本年措施经过撮叙事实类列于册以为报告，祈指正焉。

二、关于总务事项

本处组织依照本处组织规则正、副经理之下分设四组：一曰总务组，下设文书、经费两股；二曰经济组，下设出纳、会计两股；三曰运输组，下设安庆祁宣景鹰至德九江杭州等运输事务所；四曰推销组，下设评定、推销两股。合组设主任一人、副主任二人，上承正、副经理之命，下则指挥各该组人员处理各该组事务。其事务之分配如下：

1.总务组。文书股掌理撰拟、翻译、收发、校对、缮写文件、保管卷宗、典守钤记等事项，经费股掌理经费出纳、编造支付预算、支出计算及庶务事项。查本处收入全恃佣金，编造预算之时以能收5万元佣金为限，故本处经临两费，均依此项数字审核事实，以6个月计算分配于各组，现在收支尚能适合。

2. 经济组。会计股掌理关于登记账册、造报表单、茶号结账等事项，出纳股掌理款项收支、保管提单等事项。

3. 运输组。掌理红茶收发、转运、起卸及保管事项。本组为指挥便利起见，附设于安徽公路局内，其下设有安庆祁宣景鹰至德九江杭州等运输事务所，各所设主任一人，干事若干人，办理各该所事务。

4. 推销组。评定股掌理评定品质价格，由本处函聘对于茶业素有经验及各号之主盘人组织品质评定委员会，以执行关于品质评定之事务；推销股掌理布样、交易、过磅等事项。

三、关于经济事项

经济事项本处设有专组管理，而事务之繁重实为本处各组之冠，爰自茶号贷款起至售茶结账止，其间所经过之事实分为四大类：①曰茶号贷款，②曰箱茶接收及提发之处理，③曰会计之制定，④曰现金出纳，分类详述于后：

（一）茶号贷款

吾国茶业衰落之最大原因如运销之不得其法，及茶业金融之艰于周转等，业经详述，于是低利贷款实为必要之举。此种扶助茶业之办法，应可顺利进行，乃上海茶栈竟视此种放款权为其专利，多方反对皖赣两省之设施，并以停兑及歇业为要挟。虽曾引起一度风波，惟事属创举，究应如何进行方不失政府扶助茶商之至意，乃由运委会与安徽地方银行订立借款协约，商洽借款。政府保证所借之款，由会贷与茶号。贷款既以茶号为对象，则茶号应举行登记，不向登记者不许收制。共登记资格以有资本3000元能制箱茶200件及掌号有5年经验者为合格，并制定红茶号登记规则、茶号申请登记书、登记保证书、登记保证规则、贷款核定书、登记证、贷款合同等件，由会派员至祁、浮、至等处依法办理。计祁门合法登记者有公馨等121号，总计贷款882500元；浮梁合法登记者有天利和等67号，总计贷款417550元；至德合法登记者有竞生等44号，贷款共199000元。又有贵池县恒晋昌、恒信昌两号，因未及登记贷款，先以箱茶运沪作抵申请介绍贷款，由本处介绍至芜湖安徽地方银行贷款6000元。综计祁、浮、至三县茶号除自有资本者外，贷款茶号共计234号，贷款数额最多者为24000元，最少者为2000元，平均每户为6430元，合计1499050元。此项利息均以按月8厘计算，较之茶栈之最低利息1分5厘尚少7厘，即每月为茶号减轻负担达10493元，其有利于茶商实至巨大。然此种轻利借款诚恐商人移作别用，殊失政府发展茶业之意，故于借款之初即估计每箱成本为50元，以六成贷款计算，则每贷款30元即须缴茶一箱，依此标准全数缴足者固不乏人，越过预额者亦有，其未缴足者于贷款之担保亦无妨碍，盖平均计算实已越出预额之外也。

上项贷款业将全部收回，结果尚属良好，惟本年以时间忽促，对于贷款进行之手续，总额之分配，以及顾虑贷款之安全，均有待于来年之改进。

（二）箱茶接收及提发之处理

本年红茶贷款既由政府出资，故茶号收买之茶叶须运至指定地点，交由本处统运统销。关于运销情形另有专章详述，此处所述者为箱茶到沪后之保管及提发等事之处理。

各县红茶花香产量统计表

县别	红茶		花香		总计	
	箱数	大面	箱数	大面	箱数	大面
祁门	32258	498	7715	154	39973	647
浮梁	17947	245	4006	79	21653	324
至德	12119	173	4749	86	16868	259
宁州	9617	97	5717	100	15334	197
共计	71941	1008	22187	419	94128	1427

（甲）箱茶抵沪时之接收手续。先由运输分所以提单寄至本处，即依照提单所有记载详细登入保管账，然后交由安徽地方银行驻沪专员盖章，发交中国旅行社托其代提、报关及缴付运费等事。当时以箱茶多有破坏，该社不愿负责，乃由本处派员与该社会同点收，押运至仓库取回栈单，登入保管账内。

（乙）箱茶之提发。箱茶到沪后即每一大面批扦样茶2箱发交推销组提出布样，并将逐日到茶数目及存茶一览表抄送推销组，以便谋沽茶如成交，即将栈单检交推销组，提出送与洋行。

（丙）报关。凡由长江运来之箱茶例须报关，此项手续系托由中国旅行社代办，除验关扛力外，所有报关及派司等费一概免收，实减轻商人负担不少。至于花香，如不运销外洋，须每担征税2.4元，若一一为之先纳税款，则将来售销外洋又须向海关取回，手续既繁时间亦极不经济。爰由中国旅行社向海关提出7000元之保证金，以后花香进口即无须完税，如花香全部售销外洋，此项保证金即得提回。在本处所耗仅轻微之利息，而便利茶商者则甚大。

（丁）仓库之预定。按箱茶堆置最忌混合他物，尤以茧子为甚，盖香味经过腥膻之气极易变质。故本处成立之初即与上海银行订立契约，以该行第二仓库B3为本处堆茶之仓，不得掺杂他家货物。惟B3面积仅容8000箱，当茶涌到时，该仓已不敷用，遂与该行临时商定另行拨出A3、B4、A6及第一仓库，堆存最多时达3万箱左右，措置裕如实该行相助之力也。

（戊）堆置之计划。箱茶同时涌到，若不将堆置之计划预先布置，则仓库接收时极易凌乱。故由本处先以户名箱数分列一境送交仓库，仓库方面即得预事布置，估量尺寸宽度，划分地位，入栈时按线位排列。故发茶时既无甲乙相混之虞，更无或多或少之嫌，秩序井然，殊称便利。

（己）存栈保险。为策箱茶安全起见，故存栈保险实为必要之举。然若分户投保，手续既繁而保险费率亦高，本处既有一定堆栈，自可应用统保方法。故指定存茶地点，由上海信托公司承保，以每日箱茶之多少而上下其保额，手续既简便，费率亦较低廉。平均每千元约出保费1元，较之往年茶栈分户投保者约省2/3以上。所举各节均因统运统销而发生，其所得之利益亦必待统运统销而后可。盖往昔各茶号分户进行，其靡费自必较大，如箱茶抵埠时之提运系中国旅行社代办，费用既属低廉，而订约以后更不受天气阴雨、人工稀少、工价高涨之影响。至于堆栈之预为布置以免品质之受伤，应用统保方法以求保费之低廉，其利益尤属显而易见，若非统运统销，实无由达此目的也。

（三）会计之制度

（甲）划分科目。按现述之会计科目，仅包括经济组经办之事务，关于经费事项由总务处掌理，不在本科目之内，计分资产、负债、损益三大类，其详细科目列举如下：

　子、资产类
　①存放银行
　②垫付款项
　③中国旅行社运费户
　④皖赣红茶运销委员会
　⑤总运销处经费户

⑥存出保证金

⑦红茶抵押借款

⑧茶号预借茶价款

⑨茶号水客预借旅费

⑩安徽地方银行备还贷款户

⑪运输分所

丑、负债类

①售出茶价款

②安徽地方银行贷款户

③安徽地方银行垫付运费户

④运输分所

寅、损益类

①佣金收入

②利息

③手续费

④杂损益

（乙）编制账表。按本处经办事务均系创举，为慎重及预防改革起见，对于账簿之编制采用活页式。除现款收付账及银行往来账，红茶保管分户账因具有特殊性质，特予编制外，其余如垫付款项及各分户往来损益等账，悉用空白账。惟所拟货物、金融两类账表系统虽有未尽善之处，但与事实尚能吻合，爰将两类账表系统列举于后：

子、货物类

红茶提单保管账 ⎫ 红茶运销分户账 ⎧ 存茶一览表
红茶栈单保管账 ⎭   ⎩ 箱茶统计单

丑、金融类

现款收付账
- 垫付款项账
- 售出茶价款账
- 红茶抵押借款账 ┐
- 茶号水客预借旅费账 ├ 茶号往来总账 ┐
- 茶号预借售出茶价款账 │ 茶号计息总账 ├ 余额表
- 银行往来账 ┘
- 中国旅行社运费户账
- 皖赣红茶运销委员会账
- 安徽财政厅茶税户账
- 存出保证金账 ┐
- 总运销处经费户账 ├ 收支对照表
- 佣金收入账 │
- 利息账 │
- 手续费账 │
- 杂损益账 ┘

（丙）登记程序。

子、关于货物方面以前项第一表处理之。

丑、关于金融方面以前项第二表处理之。

寅、关于结账方面以前项第二表第三系账处理之。

卯、关于每日收付余额对照以前项第二表第四系表处理之。

（丁）稽核。本处因人员及时间关系虽未制有传票，但均由分户账为之分析登记，惟对于单据方面未能详加剖明者，仍仿传票之法，开一清单附于单据之后，稽核时仅须将总账之摘要日期分类复查，分户账及各项单据自易辨别。

（戊）单据保管。本处既如上述关系未能定制传票，本应将各项单据逐日编订成册以资查核便利，嗣以各方汇集之单据修短不一，难于整理。爰特分类编订以期整齐，而查核时以账籍为对象，逐日翻阅，不至挂漏矣。

（四）现金出纳

（甲）经收茶款。推销组发茶至洋行，经过磅员过磅对账后，即以对账单送经济组，由组内收款员前往洽收，收款员核对收款之数与对账单无误，即加盖收款戳记，将款带回，送存银行，一面通知推销组将磅单送处，以便分户入账，计自6月10日起至8月31日止，共收茶款计国币2763607元2角1分，为便利查阅贸易盛衰起见，特制表如后：

各县茶号逐月收入茶款统计表

月份	祁门	浮梁	至德	宁州	样茶	合计
6	652708.60	157419.24	151762.83	3030.85		964321.52
7	563401.96	404974.39	247447.38	134322.94		1350146.67
8	220775.35	124064.17	26287.26	77498.19	519.50	449139.47
9	101552.70	31892.57	35600.09	49225.73	458.88	218729.97
共计	1537838.61	718350.37	461097.56	264072.71	978.38	2982337.63

各洋行贸易表

洋行	茶款	洋行	茶款
怡和	1360505.32	汪裕泰	46516.68
锦隆	401383.96	同孚	20308.22
协助会	304922.95	永兴	12982.78
保昌	209335.25	杂户	22743.77
兴成	151122.97	杜德	73608.80
协和	146541.54	天祥	67280.63
天裕	113487.49		2982337.63
华荣	51597.27		

（乙）茶号借款。查茶号水客（即主盘人）因沽售时与本号有成本关系，率多来沪主盘，其未能亲自来沪者亦托其他水客代为主沽，来沪后向本处在贷款外发生借贷关系，爰分述如次：

A.茶号水客预借旅费。茶号水客抵沪后以生活费用不敷，向本处告贷旅费，但水客众多，且多不相稔熟，故于签订契约时规定每县举一二代表出面向本处订借，另由代表按户分派，以水客领款签名单附于债据之后，以便分户入账，在茶款内结算，计至9月30日止共借4500元，计祁门600元，浮梁600元，至德3300元。

B.红茶抵押借款。本处为辅助生产及顾全茶商经济困难，故对于茶商有未及登记贷款及续办箱茶资力不逮，愿以缴存头批箱茶向本处作抵，申请贷款者，亦另订借约以备商借，至9月30日止共计贷借14700元，内计祁门9200元，至德5500元。

C.茶号预借茶款。茶号主盘人每见售过磅即纷请先行贷借，或已收银预知结账有余存时，即不及等待结账向本处预领余款，但本处以运输分所垫付款额及各项杂费尚未入账未及一一为之结算，爰于纷纷请求无法应付之中为之订立领借申请书，由茶商填入箱茶数及应收未收或已收之茶款，除去贷款外酌予领借，本处经审核其所缴箱茶及收款与应收未收之款除去贷款外估计尚有余存时，即分别酌借，截至9月30日止共909432元。

（丙）垫付运费及其他。本处统运箱茶其所有运费一切统归本处代付，往年茶栈仅自九江起代付输运水脚，今年则迳自产茶区接收箱茶时即为之垫付各项费用，其繁简自不难意度之。至于垫付地点可分为两段，一为本处，一为本处运输分所。

A.运费。本处直接代付者计铁路、轮船、提卸力、本埠运输四项，运输分所代付者计汽车、帆船、上下力、转口水脚四项，计截至9月30日止，本处及运输分所所垫付运费数目分列如次：

	运输机关	金额		运输机关	金额
本处垫付	铁路	26789.90	运输分所垫付	汽车	61581.10
	轮船	16675.04		轮船	478.00
	铁路提卸力	684.38		轮船上下力	1045.98
	本埠运输	9539.89		九江转口水脚	2998.47
	共计	53689.21		共计	66103.55
总数			119792.76		

附注：表内所列轮船运费因习惯上关系付费时均按提单所载之运费率实数付给，所有回用，均由运输分所交涉收回，惟截至报告时，有一部分尚未收回，故未列入。

B.其他。本处直接代付者计有保险、报关、税饷、修箱、补火、伙食、洋行、杂费及仓库租力八项，运输分所垫付者计有税饷、报关、保险三项，计截至9月30日止本处及运输分所垫付数目分列表如次：

	项目	金额		项目	金额
本处垫付	保险	9618.96	运输分所垫付	税饷	3.72
	报关	202.79		报关	92.75
	税饷	316.12		保险	81.62
	修箱	362.20		共计	178.09
	补火	814.55			
	伙食	2489.10			
	洋行杂费	49549.78			

	项目	金额		项目	金额
本处垫付	仓库租力	3545.74	运输分所垫付		
	共计	66899.23			
总数			67077.32		

说明：

（1）税饷一项系本处代运茶梗茶子所应纳之关税。

（2）伙食一项系一部分茶号水客寓居推销组所用之缮费。

（3）修箱一项系一部分箱茶中途受震过甚破碎为之修补者。

（4）补火一项系因一部分红茶火工不足。本处推销组为之火烘焙制所用工料之费。

（5）洋行杂费分七项，列表如次：

名目	扣息	打包	检验	楼办	楼磅	修箱	海关检验
计算率	千分之五	每箱0.112元	百斤0.11元	每字9斤	每箱0.02元	每箱0.1元	每箱0.03元

洋行杂费分目统计表

月份	扣付	扣息	打包	检验	补办	修箱	楼磅	海关	水渍换箱	通佣	合计
6	扣	4821.57	1057.04	643.14	7.72	5.18	1.48		320.38		6856.51
	付				212.78	91.80	18.36	27.54	230.04		580.52
7	扣	6745.55	4374.37	2043.29	182.16	165.57	37.44	14.67	133.20	15.74	13712.29
	付		481.48	174.34	2138.73	1657.82	464.14	507.87	326.00		5750.38
8	扣	2240.90	1671.42	618.28	73.45	83.70	18.94	14.01	2.30	3.93	4726.93
	付			346.81	3110.86	3899.66	787.14	687.29	1606.20		10437.96
9	扣	1093.26	1045.95	490.46	60.64	84.59	22.96	12.09	18.50	2.75	2831.20
	付		307.98	22.31	1031.16	1676.46	335.28	517.56	763.30		4653.99
预扣		14901.28	8184.78	3795.17	323.97	339.04	80.82	41.07	474.38	22.42	28126.93
补付			789.46	543.46	6493.53	7325.68	1604.92	1740.26	2925.54		21452.85
共计		14901.28	8938.24	4338.63	6817.50	7664.72	1685.74	1781.33	3399.92	22.42	49549.78

附注（1）表内分预扣与补付二种，预扣系向洋行收款时在茶款内扣除者。

（2）水渍换箱费系包括角条铅锁，水渍换箱种种损失均由茶号主盘人亲自与洋行接洽承认，委由本处代付者。通佣一项即系通事佣金，该款由本处列入佣金开支，不付茶号之账，因系茶款内扣除，故亦列入此表。

（6）仓库租力。本处与上海银行订立合约，以每箱计算，存栈一月仓租3分，不足一月者以一月计算，另每箱仓力3分。

3分计：上海银行仓库2278.02元，上海银行仓力987.12元，其他仓库196.04元，其他仓力84.56元。

（7）保险费一项：

（A）运输险——

①由中央信托局保险部承保

保率：祁—沪2/1000。

饶—沪2.25/1000。

至—沪4.05/1000。

浮—沪0.45/1000。

9月30日止共付保费计国币9192.39元。

②由中国保险公司承保

保率：杭—沪0.6/1000。

9月30日止共付保费计国币24.9元。

③由美亚保险公司承保

保率：浮—沪0.34/1000。

9月30日止共付保费计国币13.25元。

④由四明保险公司承保

保率：皖—浮0.25/1000。

9月30日止共付保费计国币43.47元。

以上共付保费计国币9279.83元。内计祁3992.93元，浮2601.82元，至2685.08元。

B.存栈险——

①由上海信托公司承保

保率计分：上海银行仓库15/1000，八折一五扣，实1.8/1000；

招商局堆栈16.1/1000，一五扣，实2.42/1000；

上海银行仓库（棉花统堆）40/1000，八折一五扣，实4.8/1000，

9月30日止保额计国币27万元，保额最多时计国币160万元，此项保费尚未收去。

②由福隆、泰平保险公司承保（样茶）

推销组、源利栈保率85/1000，一五扣，实12.75/1000，保额计国币6万元，9月30日止已付保费计国币420.75元，以后保额减为3万元。

（丁）拨还贷款。按本处于6月10日起陆续收到茶款，为数匪细，当时审查本应留存之款，如茶号商借款额等等，其余即扫数拨还地方银行，计自6月10日起至9月30日止，共计拨还贷款共1423000国币，内计6月份还658000元，7月份还545000元，8月份还100000元，9月份还120000元。

（戊）代收茶税。运委会为便利茶商及谋运输迅速起见，特商准皖财厅通令皖省产茶区各税局将经过箱茶应征营业税款暂不征收，予以记账。一面由财政厅委派专员以茶税红色通知书送处核对，委由本处依照税额计入茶号之账，以便结算时扣还归厅，计代扣收茶税共国币12654.37元，内计祁门9202.51元，至德3451.86元。

（己）存出保证金。按本处为创办机关，余外发生贸易及银钱上种种关系，一

时自难取得人之信仰，于是有两项保证金之存出：

A.洋商茶业公会保证金。此项保证系保证货样相符，往年茶栈运销由茶业公会出面担保，本年自应由本处担保，计国币5万元，担保期间为10个月。

按查此项保证固由洋商公会要求，在不明底蕴之局外人视之或以为迁就事实过甚，实则此项保证，本处为扩张外销坚外商信用起见，不得不有此表示。同时为此项保证无相当信用，故拨款5万元息存交通银行，商由交通银行为之书面保证，按实际货样断无不合之理，故本处不至有损毫末也。

B.花香报关保证金。按茶末（即花香）出口可免关税，若销售内地仍须纳税，此为海关制度，固政府提倡外销之至意。此项花香经过内地关卡时，海关即予以注册，在沪报关进口时，例须先在海关缴纳税款。一面向海关抄录派司，俟销售外洋时，再将此项税款收回。出纳之间手续既嫌繁重而遗漏尤所难免，遂由本处拨款7000元缴存海关，凡本处报运进口之茶末即予免税放行，俟全部茶末销售外洋时，即将此款收回。

（庚）佣金收入。本处对于茶商仍沿旧例抽收2%之佣金，既无其他剥削，即为茶商经办事务之回扣，亦全数归茶商自有。计自6月10日起至9月30日止，共计抽收佣金总数为59646.98元，内计祁30776.60元，浮14367.00元，至9221.94元，宁5281.44元。

（辛）计算利息。本处因贷款及种种代垫款项均有利息关系，故记账方面即按实收实付日期记账。同时以各输运分所垫款在先、报告在后、日期颠倒势难按照余额计算利息，故特在茶号往来总账添入计息金额一栏，以资将先后收付款项排齐日期计算金额，再从事计算利息，手续虽稍嫌麻烦，然计算正确，务期本处与茶商之间两无所损。本处对于茶商欠款，既如银行低利贷款利率计算，而茶款有结存本处者亦即以本处存放银行之利率补与之，而票贴则由本处赔补，故茶商接受本处之结单后，以欠息既低微，同时尚有存息补回，均喜形于色称道不止。

计至9月30日止收进利息8656.31元，存出利息960.41元。

收入	银行息	1570.90元
茶号息		7085.41元
支出	银行息	484.82元
茶号息		475.59元

（壬）结账。

A.收支之核对。本处为减轻茶商负担，所有一切代垫各费，均按照实付数目记入茶号，往来之账，毫厘不爽，惟以茶号户名相同而类似者颇多，难免无甲乙错列之事。为免发生错误起见，爰于结账之前将收支数目加以核对，务祈账单发出后茶号无请求纠正之烦，本处无多方窜改之弊。

B.抄写结单。本处与茶号结账既系按日计算，因各运输所垫款在先，报告在后，收付款目日期每有颠倒错乱，计利息时不能顺序推加，较诸银行结息其复杂或犹过之。而结单发出势不能不为之排列整齐以求简明醒目，故誊写结单时即就账内所有逐日收付余额与计息金额一栏对照，以求平衡，而利息积数遂亦顺序，故茶商复核时甚感便利。

C.领款之手续。茶商收到本处结单时，本处为慎重起见，特附通知核对书两联，请其即时加以核复，认为无误然后凭领条邀同保人来处领取余款。

上述结账三端不外乎慎重之中求一确切公允，故茶商对于本处结出之账单咸为满意，盖本处始终以运委会减轻茶商负担之主旨为之也。

（五）账略报告

本处全部收支9月底为止计收付总数达1200余万元，兹列表如后：

收支对照表

收项		民国二十五年九月三十日		付项
总数	余额	科目	余额	总数
		资产		
2905608.20	77340.89	存放银行		2982949.09
	57000.00	存出保证金		57000.00
	1423000.00	安徽地方银行备还贷款户		1423000.00
14700.00		红茶抵押放款		14700.00
3000.00		茶号水客预借旅费		3000.00
871442.00		茶号预借售出茶价款		871442.00
195530.08	11602.51	垫讨款项		207132.59
	9972.00	皖赣红茶运销委员会		9972.00
7.82	36936.67	总运销处经费户		36944.49
2452.75	413.30	运输分所		2866.05
322.68	98.71	通事佣金户		421.39
	1500.00	宁茶佣金户		1500.00
		负债		

总数	余额	科目	余额	总数
2723126.54		茶号往来	16293.64	2706832.90
2982337.63		售出茶价款	48.99	2982288.64
1505050.00		安徽地方银行贷款户	1505050.00	
72497.67		安徽地方银行垫付运费户		72497.67
264610.29		银行往来	8030.61	256579.68
47833.04		中国旅行社运费户	411.03	47422.01
12867.72		安徽财政厅茶税户	2823.35	10044.37
12314.64		提发箱茶车力户	12314.64	
8240.00		保险赔款户	2400.00	5840.00
1413.53		存栈保险费户	1713.53	
32563.79		暂时存款	1136.21	31427.58
978.38		样茶户	890.69	87.69
		损益		
59646.98		佣金收入	59646.98	
8656.31		利息	7695.90	960.41
	305.65	手续费		305.65
59.26		杂捐益	14	45.10
11725259.31	1618169.73	合计	1618169.73	11725259.31

四、关于运输事项

查以前箱茶均循昌江至鄱阳，经九江以达上海，转辗既多费时恒在一星期以上，况鄱阳湖浩荡无际风波难测，本处为策安全求迅速轻成本起见，故于宁茶之外决舍水道而就陆运，几经规划决定路线如下：

1. 祁门茶循芜屯路至宣城转江南铁路运沪。

2. 浮梁茶循屯景景南路运至鹰潭转浙赣铁路运沪。

3. 至德茶集尧渡街用帆船运往安庆装长江轮船运沪。

4. 宁茶由修江用帆船装至涂家埠转南浔铁路至浔装长江轮船运沪。

（甲）起运时之手续路线既经规定，于是设祁宣景鹰安庆九江杭州等运输事务所以办理红茶收发转运起卸及保管事项，并规定于起运时应注意，（1）每一牌号应一次运出不可分作数次；（2）搬上搬下不可碰撞以免损坏木箱及花纸；（3）运输中及堆存时应尽量避免潮湿。

（乙）代垫运费，往年箱茶运费除九江轮运以外均由茶商自理，本年自产地至沪之一切费用均由本处代垫，计共垫款119792.76元，查汽车运输费率系本年4月25日由安徽省公路局、江南铁路公司、祁门茶业改良委员会三方订定合同，本规定每箱不得超过40公斤，如超过40公斤2%者以两箱计算运费。嗣安徽公路局为体恤商艰起见，自动改为箱茶在42公斤内仍照一箱计算，超过42公斤照50公斤计算，50公斤以上照两箱计算。虽有数家已照原约缴付，然大多数茶号实已受惠不少。又轮运水脚例有回扣，本处对于各茶号则以实支实付为原则，本年由安庆交轮之水脚共计支出11644.76元，收回回扣达1757.16元，此项回扣均经如数发交各茶号领回。至九江方面则委托江西裕民银行办理，其水脚每吨原价17.3元，以两个八五、一个九五折实只合10.87元，较之从前已少4.26元。手续费以前茶栈每箱取7分，其余各费则须另外开账，该行共取0.17元，将补箱验关小工资力一并在内，故又较廉于前也。

（丙）运输保险。本年运输保险系由中央信托局承保，其保险费率及其他一切手续均详载于合同之中。本年度共计出险两次，一为祁门公益昌头批大面"华英"73箱于5月19日在休宁扬村地方车遭翻覆，二为贞元祥箱茶89件，于5月22日运往鹰潭在韩家渡渡河时驶上跳板右轮侧入河中浸湿24箱，均由中央信托局照所保数额如数赔偿。内计贞元祥2400元，公益昌5840元，其损害之箱茶则由中央信托局收回。

本年运输事项以时间匆促筹备期间过少，事实上有未兼顾之处。如（1）各茶号每批所交茶箱多则一二百件少亦数十件，而汽车容量既狭，各号茶箱又急于起运，自不能不迁就事实以免争执，遂至每一茶号同一牌名之茶箱不能一次装运。（2）茶箱木板既薄且多湿板所制，风吹日晒极易脱箔，而内层锡皮亦不坚固，汽车震动力强易于破坏。（3）交箱地点无堆栈之设备，致箱茶涌到时无处堆置。以上情形实有待于来年之改进也。

五、关于推销事项

（甲）往昔推销概况。吾国祁宁红茶向为欧洲各国所欢迎者皆绿色香隽永所致，印度锡兰爪哇日本等处之茶，利用机制日谋改进，而祁红尚可在伦敦市场占一部分劳力者亦即在此。光绪末年至民国元年之间，祁浮之产额共达13万余箱，推销即在汉口承受，半为俄商，余则英美德法丹麦等国合为市场。宁茶产额亦在十七八万箱，销路俄国居首，美国次之。祁宁花香亦运汉口供俄商压砖之用（名为米砖），数量较今有数倍之多。宁州花香售价且在祁门之上。欧战以还，俄国商务收归国营，汉口最大之俄商顺丰、新泰、阜昌三行相继歇业，所设砖茶场亦同时停工，因之销路滞塞，产额减少，英商复拒绝祁宁在汉口交易，此祁宁运沪推销之原也。惟往昔汉口交易时代茶未上市，洋行即为预购，故成茶到汉随沽随磅，不过一月之间即可销罄无余，较今之待茶上市始发电外洋报告出产之多少，香味叶底之好坏，再待外洋来电方始开盘，或先寄样俟外洋见样后再去电抖揽生意者，不可同日而语矣。

（乙）推销之手续。推销时之手续可分为五部：一曰评价，二曰布样，三曰交易，四曰过磅，五曰收银。关于评价事项责至繁重，故本处特组品质评定委员会专理之，以期妥善公允。查往年由茶栈推销各自为主，不相统属，一遇滞销，茶商既争先脱售，自愿贬价，洋行亦乘机操纵肆其伎俩，跌风一起即难收拾。本年因合作社跌价争估，曾经影响茶市，及经本处设法制止，规定首字不得低于百元，市面始趋稳定。惟以叶底带暗、火工不足，香味欠佳，影响于价格至巨也。复查本年品质之所以如是者约有三因：（1）因汽车装运每箱不能超过40公斤，于是箱大茶少，致有洩气走火之事。（2）因采摘之时天雨绵绵寒燠不均，兼之春天气候易于还潮，稍一不慎，即成火软之病。（3）因去年火工过高致销路不畅，今年反是复有"过犹不及"者矣。故产制运销事宜并重，顷者茶已售罄，若以售价为标准衡量，本年茶产品级有如下表：

价格 \ 件数 \ 地名	祁门	浮梁	至德	宁州	合计
270—200元	623	86			709
200—151元	1576				1576
151—101元	5193	1198	81	62	6534
100—51元	15089	11123	7026	296	33534
50—15元	11007	5490	7623	12483	36603
总计	33488	17811	14720	12841	78956

（丙）洋行杂费。洋行各种费用名目繁多，高低不齐，往年由茶栈推销出费多少悉凭自理，此次既由本处统销，原欲一律革除，只以积习过深，操之未可过急，惟有截长补短以求统一，经与洋行商定各费如下：

1.打包费每包0.112元；

2.楼办12斤照价七五折；

3.茶楼费磅费每箱共0.02元；

4.修箱费每箱0.1元；

5.扣息5/1000；

6.海关检验费每箱0.03元；

7.检验费每百斤0.11元。

以上各费既经召集茶商代表开会共同决定，复向洋行声明，此项规定暂以本年为限，绝非永久性质，来年革除着手自易也。

（丁）样茶之保管。历年样茶均经散漫殊为可惜，故运委会特规定由品质评定委员会负责提存保管，按日报由正、副经理复核，转报运委会指派专员监督，俟变价后专款存储作为两省红茶公积金。截至9月底止，已成箱39件，业已估出，除将各费扣除实得洋890.69元，尚有余茶在整理之中也。

《经济旬刊》1936年第13—14期

皖赣两省红茶实行统制运销

吴承洛

皖赣两省政府，为挽救祁门、至德、浮梁三县出产之天然优美红茶，恢复国际市场及便利运销起见，特于4月1日会同组织红茶运销委员会，办理统一运销事宜。惟此事沪市洋庄茶商认为有碍彼等营业，遂表示反对，并向政府提出四项要求：（一）推销组以各栈经理为主体，一切办事员工，完全由各栈调用。（二）佣金仍照向例，抽取2%。（三）茶箱运至上海时，须立时将提单交推销组，俾即提茶出样，以免贻误市面机会。（四）凡与推销有关之经济事项，一律由本组直接办理。嗣以未得切实要领，遂又于4月22日举行紧急大会，发表宣言并自次日起，同业14家茶庄，一律停兑发给皖赣各茶号之放款期票。［按洋庄茶业（茶栈）收茶办法，向系贷款与各茶号，由茶号向茶农收买茶叶，凡该茶号向茶农收得之茶叶，均归贷款之茶栈销售，再由茶栈售与沪上各洋行出口。茶栈贷款办法，以茶号收茶数额为标准，先付现款若干，及期票若干。是项期票，俟到期承兑，其贷款利息，按月自1分至1分5不一，此次洋庄茶业公会实行停兑，即对上项期票，虽已到期，而不予以承兑。］因是茶市金融，顿形恐慌，后经市商会之劝导，始自5月6日起先将绿茶放款开兑。惟红茶放款则仍行停兑，以俟问题之完全解决。上海商界闻人钱承绪受中华工业联合总会及全国商会总联会两团体之委托，出任调解。结果建议一折衷办法，即以政府担任种植、改良、检验、装运工作，而其销务则完全由商人主持，以收官商合作之效。惟须取得省府当局及洋庄茶商之同意后，方能决定具体办法，故问题迄编者草此文时尚未告解决。但省府方面之统制工作，业已实施，上海皖赣红茶总运销处，业于5月5日布告成立。而祁门、至德、浮梁三县茶号，登记亦已办理竣事。计祁门登记茶号125家，浮梁76家，至德40余家，总计贷出款额150余万元。关于省府方面统制红茶运销之目的，据运销处副经理曾雨辰氏谈，决非藉统一运销之名，以谋财政上之收入，更非与民争利。政府为保障银行投资，且搭放二成，将来银行万一有损失时，即以政府之二成先行贴补，故政府办理统一运销，反有巨额经费之支出。政府对于救济红茶，拟分四点去做，即（一）产，（二）制，（三）运，（四）销，关于产与制两方面系时间问题，新的种制方法，正由茶叶改良场，在试验推行中。关于运与销，系经济问题及组织问题，以政府之力量出而改良运销，与茶叶贸易之前途，大有利益。中国红茶，在世界销场衰落，重要原因，由于成本昂贵，运销改良，即系针对成本昂贵之设施，统一运销以后，绝对可减低成本。（一）茶号以前承贷茶栈款额，利率1分5厘，现在具领政府贷款，利率8厘，计减少利率几及一半。（二）茶号茶箱以前经鄱阳湖转九江至上海，经过颇多风险，去年茶箱，在鄱阳湖沉没2000余箱，损失之巨，实非商人所能担负，且经鄱阳湖转九江至上海运费颇昂，现在政府统一运销，由公路铁路联运，既平妥又敏捷，运费亦特别便宜。（三）茶号以前销售茶叶，悉数委托茶栈，佣金及其他使费，几占茶叶售价15%。现在政府统一运销，只收2%手续费，其他一概不取。政府认为经此三点，改良以后，成本必可减低，成本低，外汇又有利输出，红茶贸易之前途，自较乐观。政府再稍假时日，从产与制两点积极着手，红茶危机之挽回，颇有希望。

至皖赣两省府办理统一运销红茶之动机及经过，系因红茶目下已日趋衰落，政府不得不从事挽救。本年二月间全国经济委员会召集茶业技术讨论会，皖建厅提议统一祁红茶运销，以利国际贸易一案，当经会议通过。于是皖省府遂本会议通过之原则，派员赴赣接洽，扩大统一运销之范围，由全国经委会农业处及皖赣两省府积极规划，结果遂决定组织皖赣红茶运销委员会，4月1日该会在安庆正式成立。对事业计划纲要决议：（一）关于运销者，由两省公路局充分准备车辆，在祁门、浮梁产区汽车站接受商号茶叶，分别运至宣城、鹰潭，交江南铁路及浙赣铁路转运赴沪。既可担保安全，并能节省时间，其运费较从前由鄱阳湖运九江装轮，且稍减少；至德茶箱，亦改由安庆装轮，极为便利。（二）关于推销者，在上海设总运销处，延聘中外茶师，组织茶叶品质评定委员会，平衡市价，茶价无由抑勒，洋商亦不至被人欺蒙。并拟在伦敦设分销处，谋直接输出，更拟与俄国接治，恢复固有市场。（三）关于贷款者，分为三项：第一项，由安徽建设厅与交通银行合筹40万元，安徽二成，交通八成，贷给祁门各茶叶合作社。第二项，由皖赣两省府与安徽地方银行合筹140万元，地方银行八成，计112万元，余二成皖认20万，赣认8万元，全部贷给祁门、至德、浮梁三县茶号，月息8厘。不计复利，年底还清，如届时茶叶未售罄，得展限2个月。第三项，由江西裕民银行独家贷款30万元，给修武、铜鼓、武陵三县，其利率与安徽同，亦为8厘。

《时事月报》1936年第6期

皖省统制红茶及洋庄茶业停兑之经过

茶叶为我国特产，向占出口贸易之重要地位。近年以来，印度、锡兰、爪哇、日本各地提倡种茶，因之我国茶叶国际市场，几尽为所夺，茶叶贸易，一落千丈。本年二月，全国经济委员会特召开茶业技术讨论会，安徽建设厅即将"统一祁红运销以利国际贸易"一案，提请大会讨论，当经会议通过。安徽省政府即本会议通过之原则，派员赴赣接治，扩大统一运销之范围。由全国经济委员会农业处赵处长、江西省政府委员萧纯锦及安徽省政府代表何崇傑等积极规划，决定皖赣红茶运销委员会之组织及其事业计划纲要，先后由江西、安徽两省政府委员会议通过。皖赣红茶运销委员会乃于4月1日在安庆正式成立。其章程内容大要如次：

（一）组织。定名为皖赣两省红茶运销委员会。委员由两省政府就下列人员分别聘委。（甲）全国经济委员会农业处处长。（乙）两省政府财政、建设厅厅长。（丙）银行及其他贷款机关代表。（丁）茶业专家。内设常务委员5人，由农业处长及两省财、建两厅长担任，并互推1人为主任委员。会内设秘书1人，干事3人至5人，分办各务。会址暂设安庆。

（二）任务。有六项。（甲）指导种制之改良。（乙）介绍贷款及保证信用。（丙）便利运输。（丁）推广销路。（戊）调查宣传。（己）其他改进事项。

（三）运销总分处。于上海设运销总处，在九江、安庆、屯溪3处设运销分处，接收各茶号所制红茶，负责转运上海，统一销售。并筹设分销处于国外伦敦等处。

（四）经费。会费及运销总、分处经费，以经售茶叶价格2%之佣金拨充，不敷时由全国经济委员会补助二成，余由两省政府按所属地方产额摊派。

根据上述章程第一点之规定，第一次大会时当经推定全国经济委员会农业处赵处长连芳，及皖赣两省政府财政、建设两厅长计5人为该会常委，处理日常事务，并决议各种要案如下：

（一）关于运销者。由两省公路局充分准备车辆，在祁门、浮梁产区汽车站接收商号茶叶，分别运至宣城、鹰潭，交江南铁路及浙赣铁路转运赴沪，既可担保安全，并可节省时间，其运费较从前由鄱阳湖运九江装轮较为低减。至至德茶箱，亦改由安庆装轮，极为便利。

（二）关于推销者。在上海设总运销处，延聘中外茶师组织茶叶品质评定委员会，平衡市价，茶质无由抑勒，洋商亦不至被人欺骗，并拟在伦敦设分销处，谋直接输出，更拟与苏联接洽，恢复固有市场。（因我国红茶向以苏联为出口大宗）

（三）关于贷款者。分三项：第一项——由安徽建设厅与交通银行合筹40万元，安徽二成，计8万元，交通八成，计32万元，贷给祁门各茶叶合作社。第二项——由皖赣两省府与安徽地方银行合筹140万元，地方银行八成，计112万元，余二成皖认20万元，赣认8万元，全部贷给祁门、至德、浮梁三县茶号，月息8厘，不计复息，年底还清。如届时茶叶未售罄，得展限2个月。第三项——由江西裕民银行独家贷款30万元，贷给修武、铜鼓、武陵三县茶号，其利率与安徽同，亦为8厘。

上述三项决议，亦即为该会业务之主要部分。据该会预计，本年拟制成祁红6万箱，宁红3万箱，以应市场之需要。贷款办法亦经决定，计祁红每箱贷款30元，6万箱计180万元，即以前述第三决议之第一第二两项来源贷出；宁红每箱贷银15元，2万箱计需银30万元，即以前述第三决议之第三项之规定，全部由裕民银行担任。斯项银行方面之贷款，均由该会担保其信用，而被贷者均须为登记合格之茶商。

该会成立后，即积极进行，茶号登记，据报载截至4月26日为止，仅祁门、至德、浮梁三县已有二百数十家向该会登记，贷出款项已达160万元。上海运销总处，已委程振基氏为处长，于4月30日由芜赴沪筹备设立祁门、宣城、安庆、九江、鹰潭等处，则拟设立运销总分处，以便新茶收成时便利交易。

此次皖赣两省当局实行红茶运销，在茶农茶号方面并无若何反响，惟上海洋庄茶栈于2月间闻悉茶叶技术讨论会之决议后以为贷款茶号系茶栈之业务，今改由银行贷款，不啻妨害其业务，且本年已放出款二三十万元，乃群起反对，致电政院财、实两部及皖省府，请予撤销运销委员会之组织。政府方面则以过去红茶交易手续流弊滋多，不独贷款利息高昂，直接增加成本间接影响茶叶外销，而经营红茶贷款者只6家，且均兼营绿茶。而红茶出口数额，仅及绿茶1/5，影响甚少，仍照既定方针进行。洋庄茶业公会以所请未获要领，乃于4月23日相率停兑，以示抵制并发表停兑痛急宣言如下：

上海市洋庄茶业同业工会全体茶栈，停兑汇票痛急宣言。迳启者，窃洋庄茶业，为出口大宗贸易，自互市以来，即由我同行惨淡经营，70余年未尝中断。本年二月间，全国经济委员会农业处召开茶业技术讨论会议，安徽建设厅忽提祁红运销办法一案，结果仅得原则通过，并须顾及出口茶商即茶栈之失业与债务。其确认我同行业务之应予维持，已属显而易见。惟本会为郑重将来，顾虑意外起见，复请上海市商会转电皖政府询问究竟。嗣接皖冬电复开不至妨碍茶栈放款，请转告毋庸多所疑虑等语。各茶栈始积极筹资，分别入山放款，为数已达一百数十万元。据皖省政府突于4月1日，联合赣省政府代表，在安庆成立皖赣红茶运销委员会，议定统制两省红茶运销办法，藉名救济，实图省营。本会阅报纸登载后，即根据上开批语，并叙入茶栈既贷放巨款，则与茶号休戚相连，对于茶叶运销切身利害，能使债务有所保障，必得茶叶归栈销售。若省府一面明许茶栈放款，而另一面统制运销，是以不妨碍茶栈之前提，兼达建树威信，体恤商艰之本意等语。具文呈请免予置议，以昭大信。未□批复，嗣推派代表孙子萧、卓镜澄、卓华谱等赴皖请愿，面向财建两厅长陈述茶栈地位、放款情形及一切意见，并于政府威信、商人业务兼筹并顾之下，从权拟具折衷办法，提出条稿，推诚商榷。次日承建厅陈秘书、财厅卢科长转告条稿完全容纳，如回沪能征得同行同意，补具正呈到达，即可批准电复，本府不另行放款，并非与民争利等语。旋本会于9日听取该代表等报告，当即具呈邮达。迄今十日，又无批答，而省府即于此时派员进山办理茶号登记兼随放款矣。此本案经过之大略情形也。

总计省府此次所行政策，有非情理所能推测，非文电所能昭信者。如云不至妨碍茶栈放款，今于已领栈款之号，自行放款非妨碍而何？如云无庸多所疑虑，今文来不批，代表在省拟具办法面呈许可，本会正式具呈又不批示。非使人多所疑虑而何？如云并非与民争利，今放款各节多援茶栈旧章，且审查担保尤有甚焉，非争利而何？同行本有情理可言，有省电可执，特以茶讯已届，呼吁又穷，不能强省府之曲加体恤，立予转图耳。

揣省府蓄意之深，手段之辣，全体茶栈，慄慄自危，今日统制红茶，明日统制绿茶，势必同归于尽，不得不为身家性命计，急求自救之策，特分向中央主管机关，痛切陈明。在未得正当解决以前，经一致议决，自4月21日起停兑歇业，嗣经上海市商会暨虞洽卿先生极力劝慰，展缓两日实行，一面急电皖省请予采纳茶业请求，并电呈上海市政府转电皖省。而截至22日下午5时止，未奉皖省府电复。本会声嘶力竭，不蒙矜恤，迫不获已，经紧急会议议决，自4月23日起即就业务停顿之下，将所有本市出口全部红绿茶放款□□，无论已未签见，一律停兑，以示决心。并函请上海市商会，转函银钱两业，如因此引起纠纷，谅安徽省当局必能负其全责，盖茶栈放款多由息借而来，订定售茶即归。今无茶可卖，风声已播，又谁肯贷款于茶栈者？此等势□万难之苦衷，亦皖省府迫之使然也。呜□茶栈十年悠久之历史，又受约法保障自由之营业，等于鸟死哀鸣，岂非天乎？事关紧急，变出非常，用述颠末，敬乞全国工商业团体，主持公道，感且不朽，谨此实告，诸希公鉴。

洋庄茶业宣告停兑以后，各方函电呼吁，纷为茶商请命，扰攘旬日，未能解决。且停兑范围，延及绿茶，其情势尤形严重。在此期间，洋庄茶业公会，推派代表向上海市商会请愿，要求电请皖当局撤销运销委员会，并商议开兑办法。中华工业总联合会及全国商会联合会，亦派钱承绪氏赴京、皖请愿，商讨解决途径，建议官商合作办法。沪市政府复训令复业，市商会再函劝导，洋行亦迭函警告。嗣以钱氏建议，皖省已表示容纳，同时运销总处程处长亦已抵沪，协商解决途径，已有端倪。洋庄茶业公会，乃接受上海市商会之劝告，决议于5月6日起绿茶先行开兑，惟红茶开兑当候至事件完全解决之后。兹再将开兑绿茶公告，附录于后，以资参考。

迳启者。本会因皖省统制红茶，穷于呼吁，不得已于4月23日停兑歇业，一切经过，具见宣言。现绿茶即到，念弗及待，业蒙市商会函劝，又转来市政府训令，又承全国经济委员会赵农业处长派凌专员舒谟莅沪，一体劝告复业。加以各产茶区域工商业团体函电纷驰，佥嘱顾及茶商茶农生计，而各洋行亦叠次函催出样。本会仰体□□及各公团美意，并念事关民生国计，不忍恝置。待一致议决，将所有各栈绿茶汇票，准自5月6日起开兑，并照常营业。惟皖赣红茶放款，仍须候正当解决以后再行开兑。除函请市商会转达银钱两同业公会查照外，特此登报敬告，即希公鉴。

关于红茶统制运销及洋庄茶业停兑，其事实已如上述，兹再就本问题略抒意见如下：（一）出口茶之统制运销，原则上应为国民所拥护，盖茶业之衰久矣。出口贸易，每况愈下，如祁红为仅余的出口之大宗，但亦递年衰落，去年又比前年锐减。长此不振，茶农茶商，势将同归于尽。复兴之道，不仅关于运销，但改良运销，亦为主要手段之一。过去情形，茶号茶栈，重重剥削，复阽于洋商，价格由其操纵，以致茶农获利极薄，而华茶出洋后之成本，则高于日本、锡兰者远甚。时至今日，除非国家坐视茶业之灭亡，否则必须于生产技术、运销方法大加改良。故结果必趋于统制之途，此无论何人，不应反对者也。（二）本市茶栈之反对，以为皖省此举，为夺茶商之生机，查皖茶复兴运动，包括改良技术、救济茶农、便利装运、整理价格，乃一大组织之计划，其本意应不在与商人争利，不过欲轻减各级之剥削而已。茶业至今日，整顿则兴，放任则亡。本市茶业公会，去年亦曾有六项意见之呈请，可知茶商之根本利益，在茶业之振兴，而不在传统的利益之把持，诚以事业日衰，把持无益也。吾人以为本市茶商与其反对新潮，不如自求合作。倘官厅办法，使茶栈血本受损，或有其他非法之压迫，则政府应能加以保护，舆论亦将为之声援。何则国家之任何改革，固不容使某一部分人民，特受损失也。虽然，观皖府表示，本期待茶商合作，当此草创之时，本市茶商，毋宁宜贡献其知识、经验，期以官民合作之力，达到改良对外交易之目的，似不宜长持极端态度，使茶业公共受损，而己身亦终归淘汰也。（三）同时，有愿皖省府注意者，就"销"而论，其症结在洋商支配，不在华商作梗，此为多年演成之事实。自非充实力量，长期准备，内而改进茶质，减轻成本，外而调查国际，布置市场，殊不能扩商权于海外，故统制贸易之收效，非一朝一夕之事也。皖赣今设运销合作总处于上海，对洋商方面，向无历史，而又势不能直接运销海外，是在此过渡期间，仍宜兼利用茶栈之组织，努力与之合作，加以保护，而责其改进。茶业公会，应不乏通达时务之人，倘不碍茶栈之根本存在，应可发见合作之方法也。吾人对皖茶复兴，极表注意，去年以来之新计划，应坚持到底，必期成功，任何阻挠，宜加抗拒。如茶农合作组织之奖励，公平贷款之实行，技术改良之试验与劝导，装运之指导与改良，各商号剥削之减免，皆须积极贯彻，毋中途不前。惟同时对于运销商人，应指导以新的途径，使之参加新的组织，于上海茶栈，尤宜注意，盖彼等为出口贸易之枢纽，不宜见市场之纷扰也。据以上诸义，吾人主张上海茶栈停兑事宜，早日和平处理，而共同致力于中国茶业之复兴。

《商业月报》1936年第5期

皖赣统制红茶运销与浙江茶叶之出路

朱惠清

一、引言

我国茶叶至今日已陷于空前未有之危境，外而国际贸易市场被人占夺殆尽，内而茶商各自为政，中间商人层层剥削，若不迅谋挽救，前途更不堪设想。顾政府欲言改革，亦匪简易。即以审慎周详计划精密出之，亦常招致茶商之反感，故政府必先具决心，始足以言改革。月前皖赣两省统制红茶运销后，果也上海洋茶庄之停兑风潮即突然发生，然皖赣两省当局毅然不顾一切，并力推进，以拯救红茶之濒于绝境，诚属可钦可贵之举。虽事出仓卒，未能顾及风潮之发生，卒以最大之决心，坚强之魄力，冀达运销之统制，其勇于改革，有足多者！

此次皖赣两省之统制红茶运销，对于浙省似无若何影响。盖皖赣统制之标的，为红茶之运销，其对象当为红茶，而浙省则以产绿茶为大宗，且绿茶自有其固有之市场，与之竞争于国际市场者，惟日本一国而已。然绿茶大市场，如美国市场之渐为日本绿茶所充斥，苏俄销路之为日本绿茶所包办，非洲摩洛哥、法国之加税与日本之竞销，皆足予吾人以莫大之打击，深感挽救办法之刻不容缓，以免仓皇失措，而再蹈红茶之覆辙。故皖赣两省之统制红茶运销，间接实多足供吾人之参考。

二、皖赣统制红茶运销之缘起与经过

皖省鉴于：（甲）祁红在国际贸易上原有特殊之地位，近年来衰落异常，原因虽多，而运销之不得其法，茶业金融之艰于周转，实为其主因。（乙）红茶成交，经过手续极为繁琐，故剥削之机会甚多。各茶行于每批成交时所扣2%之手续费。茶栈每一经手之沾润，如保险费常超过实数二三倍，堆栈费无论一日、十日咸照一月计算，以及每箱两半磅之"吃磅"，取送货样时之"窃样"，计算数量之上下其手，送交货款时之任意延缓，与夫贴现之九九五回扣，借款之1分5利息（今改为1分2厘5）等等。（丙）茶叶装箱之后，一律须运至九江交货，运费增加，而剥削名目又达20余种之多。（丁）茶叶运输方面每欠安全，因产区辽阔，中途遭受意外者甚多，如去年在鄱阳湖沉没2000箱即其著例也。（戊）茶叶品价亦未能一律，因旧式茶商缺乏统一组织，以致互相竞争，每箱茶价，开盘收盘有相差竟达百余元之巨者，亦有以劣质茶叶而售高价者，因而丧失国际信用，而令采购者失所依据。（己）产销失其平衡，又不免引起投机。如茶市较佳时，茶号既获得相当利润，则次年除正当茶号外，投机者闻风兴起，借款茶农；制茶者既多，毛茶价格因而高涨，制茶成本因而增加，茶农虽可稍稍获利，而投机之茶商所获，则不能如预期之厚利矣；及第三年，茶农鉴于上年之获利，乃大量种植，是时投机者则以去年之失败，相率停业，正当茶号亦不敢大量制造，于是毛茶乃供过于求，价格大跌，茶农乃蒙重大损失，茶号又稍获利益，如此辗转循环，而流弊遂滋生矣。故皖省乃以根本救济之法，自以指导茶农组织健全之运销合作系统为最妥善。而在此过渡时期，仍以利用原有茶业组织之茶号为便捷，一面由政府组织委员会以管理之，并负介绍借款之责，使茶号得有充分收茶之款，茶农得有充分销茶之路，政府且得乘机统一运销，确定标准，以期改良茶叶品质，恢复国际贸易之地位。故今年2月20日全国经济委员会召集茶业技术讨论会于南京时，皖省建设厅厅长遂提出"拟请组织祁红运销委员会，利用茶号贷款收茶以利特产"一案，当经审查会决议，以"安徽建设厅所提祁红运销办法甚为周妥，希望迅为试办，惟须顾及出口茶商（即茶栈）之失业与债务"等语，提交第三次大会议决，修正为"安徽建设厅所提祁红运销办法原则通过，但须顾及出口茶商（即茶栈）之失业与债务"。于是皖省当局为扩大统制运销之范围，派员赴赣接洽。4月1日皖赣红茶运销委员会成立于安庆，并议定任务六项：（甲）指导种制之改良，（乙）介绍贷款及保证信用，（丙）便利运输，（丁）推广销路，（戊）调查宣传，（己）其他之改进事项。更于上海设总运销处，以办理两省红茶运销事务；于九江、安庆、屯溪、珀汗等处设运销事务所，接收各茶号所制红茶，并负责转运上海，将来且拟于伦敦等处设分销处，为推广国外销路。对于茶号贷款办法，则规定三项：第一项由安徽省建设厅与交通银行合筹40万元，安徽省建设厅二成计8万元，交通银行八成计32万元，贷给祁门各茶叶合作社；第二项由皖赣两省政府与安徽地方银行合筹140万元，地方银行八成计112万元，余二成皖认20万元，赣8万元，全部贷给祁门、至德、浮梁三县茶号，月息8厘，不计复息，年底还清，如届时茶叶未售罄，得展期2个月；第三项由江西裕民银行独家贷款30万元，贷给修武、铜鼓、武陵三县茶号，其利率亦与安徽同，每月8厘。此三项决议后，该会预计本年拟制成祁红6万箱，宁红2万箱。贷款亦经决定，祁红每箱30元，共计180万元；宁红每箱15元，共计30万元。而被贷者，均须为登记合格之茶号，每号最低标准规定为：1.资本3000元，2.箱茶200件，3.掌号5年经验。凡未登记者，不得营业。此外复详订保险办法，并规定运货标准，此则对茶号之负担减轻不少，而于货物之保障亦安全多矣。对于运输，可谓已达完全统制之目的。惟货物之出路，在于推销。历年洋庄茶之推销，均以上海茶栈为媒介。各地茶号或茶商，于乡间茶农处收入初制茶叶，再加拣制加色装置后，转运沪上，是为"路庄茶"；若直接初制茶运至沪上后，再加改制者，称为"土庄茶"。但无论"路庄""土庄"，除华茶公司一家自制货品，直接运销外洋外，余均须落于茶栈，由茶栈分送货样于各洋行，评定价格，分别成交，再由洋行或拼制或改装运销于海外各地。现运销委员会虽设总运销处于上海，但创办伊始，与洋行毫无渊源。对于推销方法，亦缺乏经验，故其最初计划，仍拟利用原有茶栈，代为经纪，不过限制其额外之利益与不正当之剥削，以期逐渐达到统制之目的。复以茶栈如不就范，则营业失败，原有栈之组织，或将归于瓦解。故运销处一面为救济栈商失业计，一面为吸收熟练人才计，即尽量延揽栈方员工，以调整充实新的机构，而完成代替茶栈之作用。在理想之计划，似于茶之销路，并无若何困难及意外之影响，孰知反引起4月23日上海洋庄茶栈之停兑风潮！

　　风潮之酝酿，于技术讨论会闭幕时业已开始。上海洋庄茶栈知皖省将有统制祁红之举，故即分别请求，冀图和缓，上海市商会曾为转电皖省府，请顾全茶栈生机。皖省府于3月2日复电中有"办法尚在妥慎研讨，不致妨碍茶栈放款，请转告毋庸多所疑虑"等语。至4月1日，皖赣红茶运销委员会正式成立，上海洋庄茶栈，既以皖省此举不畜妨害其业务，且本年茶栈放款出贷款已达50余万元之巨。皖省府即许以"不至妨碍放款"，复令茶号退还借款，前后言行不符，认为茶栈此中所受之损失，应由皖省府负责。故以此为口实，向各方呼吁，并推派代表赴皖请愿，提出官运商销之要求。盖茶栈对运销统制之原则，固不敢公开反对，惟推销经纪，则坚决不甘放弃也。然皖省府则以所要求与统制运销之宗旨相凿柄，碍难接受，于是洋庄茶业公会乃议决于同月23日起，实行停兑。

　　茶栈停兑，对于统制红茶运销并无若何影响。盖皖赣两省当局既已放出大批款项，以代替栈商之借款，其停与不停相等，且事实上茶号既须退还借款，前领期票，直无须兑现。然考诸历年茶栈收茶办法，向系事前贷款与产区各茶号，由茶号向茶农收买茶叶，凡该茶号向茶农收得之茶叶，均归贷款茶栈销售于洋行，而由洋行出口。茶栈贷款方法，系以茶号收茶之数额为标准，而茶号即赖所得之款以周转，当地金融机关，以茶栈期票信用素著，亦乐于接受，故茶栈所出之期票，在产区金融方面，确占重要地位。今茶栈声明停兑，则当地金融不免突呈紧急状态，此于当地社会经济影响极大，亦皖省当局所未预察及此也。上海市商会得各地金融机关之函请呼吁，乃劝导洋庄茶业同业公会，勿固执成见，以纾商艰。茶栈中人，固不乏明大义者，遂经决议，于5月6日起，对绿茶先行开兑，对红茶则以尚待考虑，顿成悬案，虽运销处与各茶栈有合作推销及各种折衷办法之议，然终以双方利害相悖，成为僵局。

三、皖赣统制红茶运销对浙省茶业之影响

皖赣统制红茶运销对浙省茶业似无不良影响，唯上海茶栈停兑稍有反应，即绿茶不再放款是已。历来惯例，茶市金融，半靠茶栈周转。若一旦停止放款，仓卒别无接应，则资源断绝，各地茶号势必不能收货，其影响于工商及农村者，实至严重。浙省为绿茶出产之重要地区，关系尤为密切。然茶栈究属商人，原以牟利为目的，今红茶运销既遭打击，若并绿茶而亦放弃之，是不啻自陷于绝境，虽愚者不出此，况商人乎？此固无庸顾虑者也。然则此次皖赣统制红茶运销，其予吾人特别注意者，果何在耶？鄙意以为：（甲）此次皖赣统制之目标，完全集中于茶栈，在茶业市场中，茶栈原有其作用与贡献，故欲取消其额外之利益，必先设法代替其作用。兹者运销处以事出仓卒，未曾顾及，以致既打击之，复欲利用之，栈方原非易与者，自难收效于朝夕，是以目前之形势，运销处非直接负责不可。推销方面，固当有待于努力，而盈亏之间，所关实巨。上海茶栈10余家，历年辗转为各地茶号所拖欠者，总额在400万元以上，其所牺牲亦非少数，今运销处取茶栈之营业而代之，对于已往债务，如何清结？将来亏损，如何弥补？均有待详加筹划。而今年举办伊始，若一帆风顺，则收效自宏，万一不幸，遭受意外挫折，则非特皖省地方银行担负莫大之风险，而茶农茶号原期此善于彼，以图改进；今利未见，而害已先至，则人民固有之信仰已失，而政府之措施，益觉艰困矣！（乙）茶叶之运销，如其他货品，必须转手数次，即茶农售于茶号，茶号落于茶栈，茶栈介于洋行，洋行售于国外，然后再逐级分配与消费者。且每一转折，消耗随之，其成本不啻逐步增加。若以国内之程序言，则洋行为最后之剥削者，即洋行剥削茶栈，茶栈剥削茶商，茶商剥削茶农，茶农殆为最后之被剥削者。虽然，茶农亦有其剥削之对象焉，其对象为何？即茶地是也。盖茶农既受层层之剥削，资力既已衰微，对土地之培养，虫害之防制，耕耘之设施，摘制之手续，即莫不因陋就简。一面既听其自然，一面则竭力采摘，其结果，生产力自渐趋萎缩，而地不能尽其利矣！若以省际地位言，上海茶

栈固为茶号茶农之剥削者，但以国际地位言之，则我国经营之人及生产之地，莫非被人剥削者。故图谋改进，若以最高之目标而论，似应从经营对外贸易入手，以直接推销国际市场为最合经济原则。若以最低之目标而论，则似应改良生产技术着手，以提高品质减低成本，为最合经济原则。兹者运销会舍此两种，而从取缔茶栈之剥削下手，其原则自无可非议，但本末缓急与夫利害轻重之间，实不无研究之余地。至于皖赣统制运销之成功如何，吾人固未敢臆测，然根据近日报端所载，前途似有无限之光明焉。

四、今后浙江茶叶之出路

浙省茶产遍及全省，红茶虽不若皖赣之著名，然平水绿茶之输出，在国际贸易上，向居极重要之地位。兹以目前绿茶市场于美国、苏联、非洲摩洛哥等处之危机，实有急待积极筹划，以防患于未然之必要，则红茶之覆辙，庶几不致重蹈矣。

最近实业部以各省茶叶产销亟待研究改进，而为普遍指导，统筹划一改良办法起见，特指派国际贸易局副局长张嘉铸、上海商品检验局技正吴觉农、汉口商品检验局技正戴啸洲，及实业部科长张宗成等统筹拨订改良各省茶产办法，以便逐步实施。又皖赣自实行统制红茶运销以来，上海商品检验局即举办茶地检验，分别派员赴祁红区、屯绿区从事实地检验工作，皖赣茶业之复兴自立可期待。至吾浙所应注意者，不仅谋消极之生产与制造，以及国内运销之改进，革除茶商之剥削，且须向国外为积极之推销宣传，恢复并开拓海外市场，以谋浙茶之复兴。故言浙茶今后之出路问题，鄙意可分治标与治本两策。治标之策，则宜联络各省，协助中央，合力组织一对外贸易公司，次期直接推销于国际市场。如此则茶叶之运销，不必经过洋行，茶栈制度自归淘汰，而对外又可取回经营自主之权。盖凡百物品，其价格莫不先由售主自定，而我国茶叶自受印度锡兰及日本排挤之后，其价格全操自洋商，加以对外缺乏宣传，国际印象日趋恶劣，若不亟图振作，前途殊鲜乐观。至于治本之策，自以改良生产技术，提高品质，组织运销合作机关，减低成本为要图。惟浙省产茶区域过于散漫，集中不易，改革綦难。故宜划定数区以为实验之地，采办机器，以为制造工具。而于主要产茶各区，规定管理方案，使茶号化零为整，不得自相竞争，以免粗制滥造之弊。而简便之策，又莫如以各区茶号为单位，分别成立股份有限公司，就茶农、产地、人工及原有之环境，酌量分为第一第二……若干工厂，则制造家数减少，成本自可减低，而各区运销统一，耗费之节省更不知经济几何矣。凡此均简而易办之事，若能逐渐达到价廉物美之境，则对外贸易，自不难复趋于繁荣也。今浙省平水绿茶改良场经本厅与实业部计划筹设并派专员实地调查后，已定于本年8月1日在绍兴成立，从事于栽培、制造与运销之改进，嗣后设能扩充至茶产各县，则浙茶之复兴亦指日可待。唯本省茶商，组织尚未巩固，虽有公会之设，然彼此鲜见联络。无庸讳饰，故对本省茶叶之出口将来应有之独立运销组织，抑或与皖赣上海总运销处及其他各省相联络，而统一于中央，则尚待各方详密之讨论矣。

《浙江商务》1936年第6期

祁红将实行统制产销

【祁门讯】顷据可靠方面消息，谓全国经济委员会对本年祁门红茶营业，拟全部统制，产制运销，概归茶业改良场与农村合作社主持。俾对国际贸易，可以挽回利权，一方面推广销场，一方面剔除从前茶栈茶商之积弊。现传农村合作社对各处所组织之茶叶产销合作社，举行严格检查，如不合规程即令取消。将来期查各社，对于每社所产茶数量及制茶箱数，合计需款几何，均须具报预算表，再行计划发给款项，以达统制产销目的。此后一班失败茶商，冒充茶农者，或将站不住脚跟。至于操纵剥削之茶栈，或亦无形消灭，凡属农村茶农，当可得实享投资救济之利权。

《皖事汇报》1936年第6期

交通银行试办祁门红茶放款

已放出30余万元

交通银行试办祁门红茶放款，已在祁门设立办事处，由行监督进行，其放款区域，指定为皖省祁门、至德、浮梁三县，由当地皖省府及全国经委会指导成立之合作社，以为保证。闻第一期放款自4月5日至15日已放5万元，第二期自15日至25日已放10万元，第三期自25日至现在已放20万元，合计30余万元，其利息规定为月息8厘，期限自3月至6月不等。

《金融周报》1936年第1卷第20期

祁西新茶上市每斤茶草价须六角

升算成本每担须二百六七十元

【祁门讯】顷据下段西路茶界中人谈，谓高塘闪里，资本雄厚之茶号，于数日前，购买谷雨前嫩茶草，价目甚昂贵，计每斤售价6角。此种嫩草，3斤才能制成干茶1斤，以眼前价格升算，每担干茶，须合成本180元，再加人工食用各种计算，总价格，须达二百六七十元。此种高庄红茶非资本充实之茶号莫能经营，至前途销场情状如何，尚难预料。

《皖事汇报》1936年第10—11期

筹划组织皖赣红茶运销委员会

本省祁门、至德两县所产红茶素负盛誉，惟因茶商茶农资金缺乏，生产方面既难改进，运销方面复被操纵。兹为救济农村及复兴红茶起见，爰经商同赣省拟即组织皖赣红茶运销委员会，并介绍茶号向银行贷款，一面于运销方面力谋以政府力量协助改善，俾得提高国际贸易地位。又关于整顿各县工商团体事项，续据视察委员报告来安、祁门、舒城、桐城、歙县、凤台、怀远、黟县等县县镇商会最近状况，其有组织不健全或届期应行改组者，业经分令各该县政府严饬依法选举，组织健全。至各团体经部，核准备案者，计有霍山县商会及京广南货米粮采运等同业公会，业经分别转饬知照；其改组或改选章册尚合转部核办者，计有全椒县商会及无为县铁工业、芜湖县铜艺业等同业公会；其章册不合经指示发还更正者，计有霍邱县三河尖镇及凤阳县蚌埠镇商会，霍邱县旅社业及该县三河尖镇山货、杂货、药业、染业、酒坊、粮坊、木工、六陈等同业公会。又关于会计师及公司登记事项，本月据会计师陈超仑呈请登录，经部核准，无锡广勤纺织公司及大中华橡胶厂呈请设立芜湖支店。又关于工厂事项，据临泉县政府呈报该县民生工厂建筑厂舍工料价单，及计划预算，均经分别指示令饬遵办。又关于劳资争议事项，据芜湖、太湖两县呈报推定二十五至二十六两年劳资仲裁委员名单，已分令存候汇报。又关于本省提倡工商业情形，如厘订手工业及小工艺奖励办法，调查各县商会公会状况等，均在继续办理，以期彻底完成。再关于度政事项，前据六安县政府呈以寿县正阳镇度量衡三器未能如期划一，以致影响邻县推行，当经令据寿县政府呈复已令检定分所会同正阳商会认真办理。又各县度政经费尚有未经确定者，现经通令各县务将度政经费列入二十五年度概算内，其余如审核各县度量衡检定分所工作月报表、各项调查表、保送学员前往全国度量衡局检定人员养成所训练等事项，均经照章继续办理。

经营红茶之茶号茶农，因资力薄弱，为人操纵，运销既不合理，生产更无从改良，若不力图挽救，茶业前途实属危险万分。爱商同赣省府组织委员会，拟介绍银行以低利贷款茶号，使资金得以灵活，并改善运销方法，使茶农之毛茶便于销售，今后拟切实进行，务达复兴红茶之目的，至整顿工商团体及推行新制度量衡，亦均拟继续努力推进。

《安徽政务月刊》1936年第19期

建设厅实施统制本省茶业

先从祁门等处红茶入手　向沪银行借拨200万元

【安庆讯】本省建设厅厅长刘贻燕氏，以茶叶为本省主要农产品之一，值兹农村经济枯竭之秋，茶业生产建设，实为要图。前经邀请专家多人，在芜湖开会，研究改进方法，认为非实行统制，无从收效，并鉴于产茶区域过广，拟先就祁门、至德等处红茶，入手试办。其施行方法：一、改良出品。二、划一货价。三、接济资本。闻刘氏已商得沪银行界借拨法币200万元，并经呈请实业部批示照准云。

《皖事汇报》1936年第7—8期

本年祁红运销结果极圆满

各茶号获利达百余万

祁门红茶，为吾国著名特产，销行外国已久，惟近年来，因方法不善，及茶业金融难于周转，致出口日渐衰落。省府有鉴于此，除一面讲求辅导茶农改良生产制作等救济办法外，一面并组织运销委员会，为茶号介绍借款，使茶号有充分基金，茶农有充分销路。办理以来，成效卓著，记者为明了办理经过详情起见，特往建厅探寻，告详情于次：一、登记茶号。计祁门、浮梁、至德3处，共241家。二、办理贷款共计1534600元。三、产销茶额。共计出产72032箱。四、减低贷款利息。以往茶栈月息为1分5厘，今则减为8厘。五、制茶之改进。限定制茶技术，派员监督指导，检验品质。六、改良运输。缩短路线，减省时间，减低运费，保障利益，约在一百余万，九月底即已全部售罄，较诸往年须至开年二月始可结束，已提前数月，此项拆息，亦可减少许多。并闻两湖红茶，本年因本省实行管理运销，致遭惨败云。

《皖事汇报》1936年第28—29期

本部积极改良祁门红茶

皖省各县，素以产茶著名。皖西既以产绿茶著称，而皖南祁门等处之红茶，则更驰名于国际。每年输出总额，达七八百万担，价值数千万元，关系农村经济甚巨。往昔销售苏联及欧美各国，常有供不应求之势。惟近年以来，因茶商墨守成法，焙制装潢，两不改良，未能适合国外需求，益以日、印、爪哇等茶竞销影响，国际市场，悉遭侵夺，以是外销年不如年，茶业一蹶不振。本部有鉴于此，当经与全国经销委员会皖省府联络合作，先就皖省之祁门设立茶叶改良场，以技术方法研究改良祁门红茶，分技术、总务两科，技术科下分茶叶化验、合作推广、包装改良、分级试验、机械实验等各部分，以求装法进步，出品提高，其机器均系由外洋购来，并于该地凤凰山，建筑大规模茶场厂房，招收当地茶农，施以简浅训练。兹据本市茶业界消息，祁门改良场设备，自去年筹备迄今，刻已布置就绪，房屋机械等，本月内均可装竣，预料本年祁门红茶新茶上市，在品质上必能放一异彩。一方面并拟银团合作，推广合作社所，长期贷放茶业贷款，辅助茶农经济，力求增加生产。

《实业部月刊》1936年第1卷第1期

皖省府独办祁门茶区

安徽祁门，为我国出产红茶之区，其茶区原由本部与安徽省政府会同办理，近本部以应交由地方政府办理为宜，故特训令农业司张科长暨上海商品检验局茶业组主任吴觉农前往视察，会商管理该场事宜，并决定交由安徽省政府办理，吴觉农氏业已返沪。据称，现祁门茶区，已决定交皖省办理，每年经费六万元，由本部与皖省府平均分配，一切事宜，均由皖省府负责，本部只作技术上之协助。该地新茶区约二千亩，旧茶区一千亩，关于运销问题，则未曾讨论云。

《实业部月刊》1936年第1卷第6期

祁门茶叶运销合作近况

祁茶改良场向对茶叶运销合作事业提倡颇力，顷悉该场于二十四年度底指导成立之合作社，已增至三十七社，社员共一千四百余人。每社员代表茶农一户，每户以五口计，即有七千余人，约居全县人口十分之一。上年度制茶共八千箱，约全县产量四分之一，全部经由该场介绍向交通银行贷款约四十万元，以资经营，该场对合作社所办事业，为派员调查各村庄，并绘制略图，调查茶叶产量及山价，指导合作社社务业务，代理运输，评定品质，及介绍保险等项。

《合作行政》1936年第8期

祁门红茶区茶业近况

张宗成　严赓雪

一、绪言

红茶一项，向为我国出口货之大宗，自印度、锡兰相继栽培仿造而后，贸易遂一蹶不振。顾农产物之品质，半亦由于天然环境所造成，我国茶叶之尚得苟延残喘于国际市场间，实得天独厚之故耳！

祁门红茶，遐迩著名，盖茶树宜高山，喜多矿物质之土壤，而不宜氮素肥料。宜湿润而不喜汗积之水分。山地愈高，茶质愈佳。祁地处仙霞、天目二脉之冲，境内万山起伏，不宜稻麦，不宜蔬果，而于红茶制造及栽培则甚相宜。故其制造红茶之历史虽仅六十年，而盛名不替，至今在世界红茶业中，尚得相当地位，有由来矣！

祁地崇山峻岭，已如上述，惟依地势言：西南高而东北卑；依疆界而言，亦西南展而东北促，故茶叶之分布，亦西南盛于东北。在乡间，农民占95%以上，除东北二乡外，凡农民无有不种植茶株者。

民国二十年，据该县调查所得，全县人口总数为97162人，其中，男丁为52003人，女丁为45059人，则其茶农之总数当在50000人以上。又据，前北京农商部调查：祁门茶园面积在35000至40000亩之谱。依产茶量言，祁门一县间，各茶号今岁产茶总箱额为32263件，各合作社今岁产茶总箱额则为7331件，约言之：两共计有4万箱。据经验所得，每亩茶园以产毛茶半担计（正茶约半箱），则祁地茶园面积当在8万亩左右也！

在祁门从事红茶事业者，在昔日仅茶号一种。茶号，系当地绅商所设立，时值茶季，先接受沪上各茶栈之放款，然后收买民间毛茶，精制后再运沪外销。民国二十三年而后，祁门茶业改良场始协助茶农，组织保证责任茶叶运销合作社，以自制、自运、自销为原则，迄今已经成立者达25家，分布于四乡。祁门茶业改良场，由前农商部时代开始设立，中遭变更者屡，今已成为公立机关矣。

今岁祁茶出产甚多，沪市盘价亦高，外销至畅，日就衰落中之华茶，仍有祁红一种，能驰骋于国际市场间，抑亦可喜之事？则其产地实况，能不公诸国人，而为其他各红茶区之楷模者乎？

二、今岁祁门一带茶业概况

（子）制造方面

（一）毛茶

1.各乡毛茶民间之一般制造法

"毛茶"，即粗制之红茶也，凡鲜叶（即生草）经采摘、萎凋、发酵、烘焙而后成。其每一阶梯，在制造过程中，均占重要地位，然而各阶梯间之"适当"度，在民间固全凭经验而定也。

采摘。阴历谷雨节前后，茶树始芽，于是各乡均先后采摘（俗称开园）。采摘之时，分行工作，不得紊乱；而所采之生叶，其方式每不能固定；有二旗一枪者，有一旗一枪者（旗，即嫩叶；枪，即嫩芽），有任意胡为见嫩叶即采者，不一而足。祁地茶户，采摘技术甚为熟谙，采时运用左右二手，将拇食二指敏疾摘下，轻置篮中，手法轻快，大约每人每日平均可摘茶叶八至十斤（二十两秤）。然农民恒贪小利，其于每一采摘之间，常附有生叶三枝以上，考红茶制造原料，以二旗一枪之生草为最佳，故不独有损于品质，抑对于茶株亦有所不利也。祁地春茶约制三四批不等，而每茶株受采摘之数量亦称是，其时间恒隔一月左右云。

萎凋。红茶之品质，关系于原料者固甚大，而制造上之第一重要门户，固全视乎萎凋之适当与否也。生草采得后，即均匀堆置于阳光之下，使叶内水分随之蒸发，其堆置务宜均而薄，萎凋时间则依温度、湿度、风率，及厚薄度而异，大约自十四小时以至二十六小时不等，印度孟博士对于萎凋之温度与时间，曾有相当之研究，兹述其结论如下（注一）：

表一 气候温度与萎凋时间之差异表

温度	时间(风燥天)	时间(普通天)	时间(湿度饱和天)
80℉	19小时	19.5小时	26.25小时
81℉	18小时	18.5小时	25小时
82℉	17小时	17.5小时	23.25小时
83℉	16小时	16.5小时	22.25小时
84℉	15小时	15.5小时	21.25小时
85℉	14小时	14.5小时	20小时

而民间则多凭经验观察，俟生叶之主脉与嫩叶力折不断，叶软如棉，以手握之，绝无反抵臭之而有悦鼻之清香，挤之能出粘性而附指之茶汁者，即为适度矣！

揉捻。揉捻之目的，以使茶叶成条，破碎其内部细胞组织，令其汁液外溢，凝集于叶面，使其香与味易于为沸水所浸出。惟其方式有至足改进者：盖祁门一带，多以足揉，其法预将足部洗净，穿上新制之鞋，取萎凋叶四至五斤，置于桶内，以右足紧踏茶叶向后揉转，而以左足扒集散开之叶，向后揉踏，如是交互替置，至液汁流出，叶身卷拢，取出解块，分筛之而决定其适度与否。此种揉捻方法，固易于着力，然日人曾摄制影片，向国际宣传，谓华茶之不卫生，于外销上不无打击，故祁茶之改良，于揉捻方法，亦当亟须商榷者也。

发酵。发酵能使丹宁质由无色而变为红色，香气与发酵无大关系，而碳水化合物之一部分亦得分解而成糖类，然过度之发酵，则此种糖类不旋踵而转变为酒精矣；适度之发酵，其叶色恒于新铸之铜币，而为市场上所最为欢迎者。发酵方法，则将已揉捻之生叶，堆置于匾中或特制之发酵床上，不宜太厚（约二时至五时），切忌不匀，上覆以布，时须注意其空气之流通及温度之调节，其时间则规定如下（注二）：

表二　发酵时间与堆置厚度之差异表

堆置厚度	发酵时间（小时）
2时半	3.5
3时半	4.5
5时	6

惟民间则均依香与色之程度，而决定其发酵之适当与否也。

烘焙。烘焙有"打毛火"与"打老火"之分，其目的使停止发酵及水分之减少也。打毛火时，将发酵适度之茶叶，摊放极薄，厚度均一，用华氏180度内外之高温，烘焙15分钟，翻拌二三次即可；毛火后，取出摊冷，俟其冷透，然后再打老火。打老火后时，摊叶可较第一次为厚，用华氏110度至120度之温度烘焙之。在烘时须拌三四次，使茶叶平均干燥，以手折之能发声立断时即可取出。惟在民间，往往无所谓毛火和老火，其干燥工作均藉之天然日光者。

自采摘至烘焙，茶叶之粗制工作已毕，既成"毛茶"矣，农民即可担负出卖，茶号收买后，再从事精制工作。

2.祁门茶业改良场，今岁初试机器制茶情形

祁门茶业改良场有二十余年之历史，其中因各种关系，旋设旋废者屡，自得经委会补助以还，日有扩充。今岁春茶，该场山草不足应用，于是吸收民间茶草，凡揉捻毛火等项，均由机器为之。该场有德国克虏伯工厂出品巨型揉茶机一部，粗制筛分机一部，烘干机一部，二十匹马力柴油引擎一部。惟今岁则运用台湾大成工厂所订购之揉茶机、烘干机，每日制成之毛茶约在二三百斤。机器纯制，在该场尚为第一次，头批42箱，在沪已昭公信，盘价为每担275元，为祁门今岁之最高盘价，即二批22箱，亦能得240元之高价。

当今岁场内初用机器揉捻时，多不能得农民信仰，金谓祁红之固有风味——所谓"祁门香"者，将因此减少。今盘价已开，品质已定，农民观念亦渐打破，斯种心理方面之纠亦可谓今岁该场之重大收获也。

3.民间毛茶生产费用之估计

近年以来，毛茶价格惨跌（详见下文），农民生活，因此每况愈下。然而茶园间之各项费用则并不减低，依今岁毛茶价格而言，每亩生产所得，实不能偿其各项

开支，但于地理上、环境上，均舍业□外，实无他法。此种隐情，作者在祁门乡间时，时闻兹于茶农口中。于是，强暴者挺而走险，皖赣边界，地方不靖，于茶界兹不振非无故也。兹据调查所得，每亩茶园之栽培费用，列表于下（注三）：

表三　每亩茶园生产资金估计表

类别		摘要	金额	备考
垦植费	开垦	工资	12.50元	约二十五工，每工工资五角
	苗种	价值	1.20元	约三斗，每斗以四角计，如上数
	管理	工资及利息	12.00元	植后，四年始小采，七年始正采，工资利息约计如上数
	合计		25.70元	
常年抚育费	摘工	工资	17.00元	约产生叶170斤，每斤一角计，如上数
	中耕	工资	2.50元	每年二次，约五工，每工五角，如上数
	除草	工资	2.50元	同上
	施肥	价值	12.00元	菜饼三石，每石四元，如上数
	地租或地税		20元	
	垦植费息金		2.57元	预定垦植费年息一分，如上数
	杂费		2.00元	农具，消耗，间作种籽，其他
	合计		38.77元	

4.今岁祁门各乡毛茶山价逐日涨落情形

毛茶价格，涨落不定，即一日之间、一时之内，于同一店号同等货品中，亦能有二种以上之价格。盖此种贸易，除依品质外，尚因需要度及商业道德而转移，甚至茶商欺侮茶农乡曲，故意杀价，茶农若将毛茶至别处兜卖，则往返于山路之间，毛茶品质将受损坏，不得已，忍痛出脱，故毛茶价格，各乡各号均各自为政，价格统计，紊乱极矣。

作者于祁门35家茶叶运销合作社指导员逐日报告表中，统计其每日四乡之平均价格，此35家合作社，平均分布于祁门四乡，故统计所得，或尚可代表今岁祁门四乡毛茶之逐日平均价格也。

表四　民国二十五年春季祁门四乡毛茶山价逐日价格统计表

月	日	平均最高价			平均最低价			平均扯价			备注
		元	角	分	元	角	分	元	角	分	本表价格均以一担为单位
4	29	54	8	8	54	1	4	54	8	1	

月	日	平均最高价			平均最低价			平均扯价			备注
		元	角	分	元	角	分	元	角	分	本表价格均以一担为单位
4	30	54	6	6	48	1	6	49	1	5	
5	1	47	1	0	43	6	4	45	3	8	
5	2	42	3	0	37	6	0	39	5	9	雨
5	3	40	3	4	35	2	7	37	7	5	
5	4	34	2	0	28	6	4	33	1	5	
5	5	29	2	1	25	3	9	27	3	3	
5	6	29	4	7	25	2	0	27	6	5	
5	7	24	8	2	21	9	2	23	0	0	雨
5	8	24	2	3	21	4	1	22	9	2	
5	9	22	9	7	19	4	0	21	8	8	
5	10	20	6	2	18	7	0	19	6	1	
5	11	19	1	3	16	1	8	17	9	8	
5	12	18	5	6	16	1	0	18	1	9	
5	13	17	3	7	15	2	5	16	3	9	
5	14	17	2	7	15	2	7	16	2	6	
5	15	17	3	7	15	0	7	16	6	0	
5	16	16	4	2	14	7	3	15	0	7	
5	17	14	7	1	12	4	6	13	8	2	
5	18	15	0	6	11	3	6	13	0	7	
5	19	14	3	0	11	6	0	13	2	8	
5	20	16	8	0	12	4	0	13	7	9	是日以后毛茶渐少,故价格反涨
5	21	15	0	0	13	7	0	14	5	0	

如上表,今岁毛茶每担之平均最高价为54元余,平均最低价为11元余,即各乡间第一日开秤时,其价格亦未超过70元。曾忆民国二十、廿一两年,其平均最高价格在百元左右,最低亦得在40元以上,即自民国十八年以来,毛茶之平均最低价格亦在20元左右,其视今岁,又将如何耶?(注四)

依今岁情形言,每担山价平均扯价在23元2角间,每担以产毛茶一担计,则与第三表之所示,其收支相抵,尚须亏折10元之多(毛茶23元2角,间作物2石,每石3元计,共6元,其总收入为28元左右,而总支出则为38元左右)。

（二）正茶

1.毛茶之精制

毛茶精制后，即可销行于市上，而成正茶，精制云者即欲使其形式整齐，品质纯一而已，故简言之不外"筛""拣""簸"三步骤。虽然此三步骤，亦岂易言者哉！其繁之处，恐非老于此中之人所不能道也。

分筛之目的，为使其得形式之整齐。然而筛之种类及运用则甚繁，以产地言：有赣铅县河口所产者，有自赣婺源县（昔隶皖）所产者，前者曰河口筛，价廉而不耐用；后者曰婺源筛，各厂多用之。依孔眼论：又因其大小之不同而分为十等级，每等级间独有正副二阶段（河口筛则无），自第十号而后，又添"草末""铜板"二种，则其孔眼益密矣。（表五）（注五）

视表五，筛种类之繁，孔眼差别之微，非老于此者不能辨。而筛之使用，又不能一律，毛茶开始分筛，有自五号筛起者，有自二号筛筛起者，各依毛茶之状态暨需要度而异其趣。筛茶技术尤有多种，约分"抖""切""分""捞""飘"等手法，此纯系技术问题，老茶师运用自如，初学者不得一使也。

"拣别"多用女工，除心细外，少技术上之应用，其所欲拣出者为茶子（即乳花）、梗子、碎片杂物等。

簸则使其净，轻片细屑等非人工所能拣净者则簸之。簸用簸盘，引用夹杂物与茶叶重量之不同，而使其在空气分开，如簸有所未足，则用风车扇之，风车有出口多起，除净茶之出口外，尚依形状大小而分为粗扇、细扇、子口扇、尾扇等。此种风车或簸盘之使用，均依技术及经验而定，亦无一定之法则也。

兹依一般情形而论，将自毛茶起至正茶止，其所经过之各种途径，以图表解之，较之用诸笔墨，易于了然多矣。（图二、三、四。由于图一原图模糊不清，且正文中未提及，与正文关系不紧密，此图从略。）

表五　婺源茶筛孔眼大小等级表（注五）

筛号	孔眼(cm)（长×宽）	10cm²面积中之孔眼数	备注
1 正	0.95×0.95	80.7	
1 副	0.75×0.8	92	
2 正	0.75×0.75	95	
2 副	0.7×0.65	100	
3 正	0.5×0.65	135	

筛号	孔眼(cm)(长×宽)	10cm²面积中之孔眼数	备注
3 副	0.5×0.5	174	筛孔愈小,竹篾亦愈细故,孔数亦非比例式的增加也。
4 正	0.5×0.45	220	
4 副	0.4×0.45	247	
5 正	0.35×0.4	272	
5 副	0.3×0.35	333	
6 正	0.3⁻×0.3⁻	420	
6 副	0.25×0.2	485	
7 正	0.25×0.2	612	七号以下,竹篾之粗细,量似矣,而孔眼因相差太微,仅能以(一)或(十)表示之
7 副	0.2×0.15	696	
8 正	0.18×0.15	841	
8 副	0.15×0.15	908	
9 正	0.1⁺×0.1⁺	1260	
10 正	0.1⁻×0.1⁺	1806	
9 副	0.1⁻×0.1⁻	1506	
10 副	0.1⁻×0.08	2024	
草末	0.08×0.08	2450	
铜板	0.05×0.05	3306	

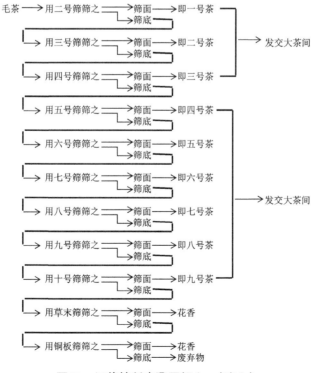

图二　红茶精制步骤图解之一(注六)

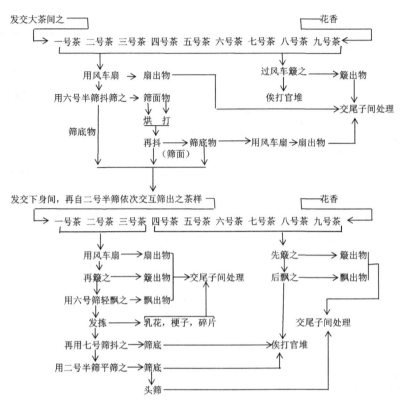

图三　红茶精制步骤图解之二（注六）

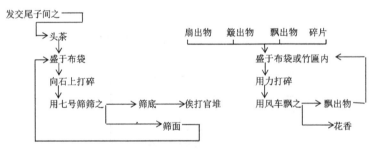

图四　红茶精制步骤之三（注六）

说明：精制，简约言之，可分三部，即大茶间、下身间及尾子间，其次序，依毛茶精制时所经过之顺序而论，每部均能产纯茶，此纯茶俟打官堆后即可销售，花香、乳花、梗子另装他箱，与正茶分开销售，为副产品之一。

打官堆之目的，即使形状不同之茶样混合，如第三图解中大茶间及下身间之四、五、六、七、八、九号茶样，尾子间之七号以下茶样，其形状大小每阶梯均不同，因茶号所进之毛茶品质亦各异，盖此等毛茶并非一日所进、一家所制、一地所产者，故虽同隶某种茶样，而色、香、味往往各殊，于是，品质上不能收纯一之效矣。故须在装箱时，将前日苦心所筛得各阶段之茶样，再行混合，此种混合即称"打官堆"。打官堆少技术之可言，惟必求其平均混合，往往反复行之在三回以上，每次官堆之茶量，恒在20箱以至100箱间［约1000斤至5000斤（十八两秤）］，务便在同官堆中任何地位，任何可能方式，任意所取得之小量茶样，能代表此整个官堆之一切品质，斯为可矣！

官堆后即可装箱，箱用木制，材料则采用枫香，板厚约二分，外糊花纸，纸上加印牌号及茶名等标志，箱内更衬以铅罐，以防潮湿，罐内再袭以毛边纸，茶箱之标准体积为20寸×18寸×18寸，惟实际上则均稍有参差。以容量言：以能容十八两秤（旧秤）之茶叶50斤为准则，箱内各边缘在昔则衬以三角木八根，今年遵实部通令加添四根，箱口四根采用直角形不等边三角木，须钉固于板上，余为直角形等腰三角木，铅罐之底边四周及四立边，均制成模棱式之缺角状，或小圆形角度，上口各边则均用直角，铅罐之高度，须较箱低二至二点五分，使不受挤压也，兹将其图样绘列于下（注七）（图五①）。

沪商品检验局，曾订有茶箱取缔办法：凡茶箱出口，须按照下列各项之规定，否则，得令其改装后，方准出口：

A.箱内四角及上下边缘，须各加钉木条四根，计共十二根，以增茶箱之支持力。

B.箱箔内壁，须用坚洁纸张，妥为裱糊，使茶叶与铅箔完全隔绝。

C.箱外须注明茶类、商标（大面名目）、件数、毛重及净重（新制）、采制时期，制茶商号及地点。（注八）

（2）精制工厂之技工、设备、费用及生产品

技工。凡在茶厂内之工作人员，兹总名之曰技工，技工之数量如经理、副经理、司库等，均固定为一人。在茶号则此等职位均股东为之，在合作社则由理监事长等充之，三项以外尚有：

I.雇员：四人至六人。

A.司账。管理外账及毛茶账（若为茶号而另股分庄，则尚须添雇）

B.司秤。司秤茶事务。

C.复秤。司秤秤过之毛茶，复由其重秤一次。

① 原图《改良茶箱模式图》，因不清晰而删去。

B、C两项，大多数合作社及茶号或改称"看货"及"司秤"。看货则决定毛茶之价格（理、监事长或正、副经理当然有权增减），司秤以断其重量。若出箱额而在200箱以上，则尚得酌添。

D.掌烘。司既买毛茶之摊松等事项，并督令烘师上烘。

Ⅱ.茶师。所有簸、筛、飘、烘等技工，均称曰茶师。茶师人数，依出箱额而定，但老于制茶者，不无有经验上之规定，大约出箱在150件以下者，则每10箱规定1人，以此为基本数，每增50箱，一律减20%，视下表而自明：

表六　出箱额与茶师数增放关系表（注九）

箱数	人数	备注
150	15	
200	19	
250	23	
300	27	最高标准数
350	31	
400	35	
450	38	
500	43	

亦有包工制者，由工头一人包定其金钱总额，然后由工头支配人数，但此种则于茶号间尚不多见，在合作社则绝无也。

茶师依技术及经验而分上手、中手、下手三种，此三种人数之比例，依合作社制茶工厂今岁之规定：上手至少须占总数之50%，中下手至多各占25%。

Ⅲ.拣工。即检取乳花梗子之工人也，其人数恒较茶师为多1.5倍，即茶师2人，拣工须3人，其人选多用女工。

Ⅳ.工役。打杂、厨司等工人均是也，大约4至8人。兹将今岁合作社制茶人员调查表，择一例举之（表七）。又，祁门茶场今岁精制之组织，列图如下：

```
                          经理
┌──────┬──────────────────────┬──────────┬────┐
 烘部            分筛部                  部扇        拣部
正烘 副烘 帮烘  抖筛 切筛 分筛 飘筛 捞簸 簸盘 看拣  粗扇 细 扇 子扇  拣工
                                              尾扇 尾扇
```

图六　民国二十五年祁门茶场精制工场技工和组织系统图

表七 淑里村合作社制茶人员调查表(民国二十年五月二日)出箱估计200箱

职别	籍名	籍贯	年龄	经历	备注
经理 (或理事长)	黄耀南	祁门淑里	25	曾在浮梁西湾萃和祥任分庄经理两年,文堂分庄经理及内账各一年,箬坑乾元亨任外账一年,箬坑自营华馨祥任内账一年。	
副经理	黄达材	祁门淑里	32	曾在本村戈德祥分庄司账一年	
掌号	陈欣二	祁门下文堂	54	曾在文堂任分庄门庄经理及吉昌祥副烘各一年,任箬坑乾元亨副烘一年,伦坑监烘一年。	
司银钱账目	黄秉之	祁门淑里	25	曾在本村一德祥任分庄司账一年,伦坑任分庄司账二年,渚口公和永任司账二年。	
茶师 (即工头)	李昭相	江西上饶县	40	曾在闪里诚信昌任包头一年,箬坑乾元亨任包头四年,渚口公顺昌任包头三年。	
制茶工人	上手12人、中手6人、下手2人				均江西上饶县籍
拣工40人(陈五弟等)					多浮梁县籍
打杂(杂役)6人(黄志全等)					本村人

填表注意事项: 1.经历侧重制茶方面。

　　　　　　　2.制茶工人籍贯在备注中注明人数。

　　　　　　　3.拣工在备注中注明来路。

设备。工厂之设备,以烘炉为最重者。盖烘炉之多少,恒能左右茶叶之品质。据今岁粗放的调查所得,大约每出茶叶2箱以有烘炉一个为标准,若其比例而不及1:2,则出品之正茶有酸味或霉味之虞。此虽未能得正确之统计,然凭经验所得已历试不爽。茶筛之多少,亦依出箱额(毋宁说茶师)而定,约言之:大约制茶500箱,需茶筛百余块。此外,如圆匾、竹席、发酵床、簸盘、风车、揉捻机或揉捻桶、拣茶台等亦必不可少者。

费用。正副经理及司库不支薪,此在合作社固有明文规定。而在茶号中,该项人员均操之于大股东之手,事实上必无所谓薪金也。技工工资,以季节而论,所谓"季",依今岁而言,春茶季约跨三月,真正工作期约月余,兹将技工、工役、雇员一般之工资额,列表于下(表八):

职别	工资(元)	备注
司账	12—16	
司秤	14—20	
复	12—16	
掌烘	30左右	
茶师	16	上中下三手平均约数
拣工	5—8	
工役	10—14	

工作人员。均供膳食，每季每名伙食约6元，茶水、黄烟、香烛在内。此外，如租金、水木工、用具、添修、茶箱、铅罐、锡工、花纸、纸张簿据、木炭、油烛、杂支等项，亦需资甚大，择将合作社生产成本预算书，择一例举如下（茶号方面，无甚轩轾）（表九）：

表九 祁门县马山村保证责任运销合作社制茶成本预算书（民国二十五年）

科目			预算数 万	千	百	十	元	角	分	申请贷款数 万	千	百	十	元	角	分	备注
第一款茶叶生产借款预算	第一项毛茶估价	第一目 生产押价		3	6	0	0	0	0		3	6	0	0	0	0	每担平均估价30元，六成付价18元，合计如上数
		第二目 合作资金		2	4	0	0	0	0								毛茶四成扣价，每担12元，全部作为临时资金，合计如上数
		合计		6	0	0	0	0	0		3	6	0	0	0	0	本社毛生茶产量约200担，每担平均估价以30元计
	第二项制茶生产费	第一目工资 第一节雇员				6	8	0	0				6	0	0	0	司账1人12元，司秤1人14元，掌烘1人30元，复秤1人14元，共4人
		第二目 茶司		3	2	0	0	0	0		2	5	0	0	0	0	共20人，每人平均16元

科目			预算数							申请贷款数							备注
			万	千	百	十	元	角	分	万	千	百	十	元	角	分	
第一款 茶叶生产借款预算 · 第二项 制茶生产费	第一目 工资	第三节 拣工			1	2	0	0	0			1	0	0	0	0	共20人，每人平均6元
		第四节 工役				7	0	0	0				6	0	0	0	共6人，每人平均13元
		小计			5	7	8	0	0			4	7	0	0	0	
	第二目 租金	第一节 工厂				8	0	0	0				6	0	0	0	
		第二节 制茶用具				6	0	0	0				5	0	0	0	
		小计			1	4	0	0	0			1	1	0	0	0	
	第三目 添修	第一节 添置			1	7	5	0	0			1	0	0	0	0	
		第二节 修理				2	0	0	0				2	0	0	0	
		小计			1	9	5	0	0			1	2	0	0	0	制茶用具及动用器具
	第四目 茶箱	第一节 木壳			1	6	4	0	0			1	0	0	0	0	每箱以6角计，再加3角本计8元
		第二节 铅贯			2	8	6	0	0			2	0	0	0	0	每箱以1元1角计
		第三节 锡工				2	8	6	0				2	8	6	0	每箱以1角1分计
		第四节 花纸				1	3	0	0				1	3	0	0	每箱以5分计
		小计			4	9	1	6	0			3	4	1	6	0	精茶200箱，花香60箱，共需箱子260只
		第五目　木炭				8	0	0	0				6	0	0	0	约需木炭100担，每担以8角计

科目	预·万	预·千	预·百	预·十	预·元	预·角	预·分	贷·万	贷·千	贷·百	贷·十	贷·元	贷·角	贷·分	备注
第二项 制茶生产费　第六目 纸张簿据				3	7	0	0				3	0	0	0	
第七目 油烛　第一节 煤油				2	5	0	0				2	0	0	0	约需煤油5听，每听以5元计
第二节 洋烛				1	0	0	0				1	0	0	0	约需洋烛二木箱，每箱以5元计
小计				3	5	0	0				3	0	0	0	
第八目 伙食			3	0	0	0	0			2	0	0	0	0	共50人，每人平均以6元计，柴、水、点心、犒赏一概在内
第九目 杂支				8	0	0	0				6	0	0	0	以前八项外之开支，列入此项
合计		1	9	3	6	6	0		1	4	2	0	6	0	
第三项 其他　第一目 运费　第一节 运费			2	0	8	0	0			1	0	8	0	0	
小计			2	0	8	0	0			1	0	8	0	0	由本社运至大北埠肩力，每箱以8角计，260箱合计如上数（本社至大北埠45里）
合计			2	0	8	0	0			1	0	8	0	0	
总计		8	1	4	4	6	0		5	1	2	8	6	0	本预算，一概以元为单位

（第一款 茶叶生产借款预算）

生产品。精制工场之主产物，即为精茶。毛茶一担，大约可产精茶40斤以至70斤，当视技术上及需要上而异其趣，普通则一担毛茶，以折合一箱精茶为原则，副产物则如下列（注十）：

花香。即茶片与茶末，其产量约占20%，亦能外销，系供制造砖茶之原料。

乳花。即茶子约占精茶5%，外销于南洋群岛一带，而华南人氏亦嗜之。

梗子。约占精茶3%至5%，为贫民饮料，亦有外销至南洋群岛一带者。

参考文献

注一：H.J.Moppet:Tea Manufacture its Theory and Practice in Ceylon。

注二：同上。

注三：安徽省立茶业改良场丛刊第一种：祁门之茶业。

注四：同上。

注五：本人于二十五年五月在祁门茶场实际量得。

注六：参考《全国经济委员会农业处农业专刊第八种：祁门冬期茶业合作训练班讲演集》，更依作者经验而绘得者。

注七：全国经济委员会农业处驻祁专员办公处民国二十五年四五两月报告《包装改良》。

注八：上海商品检验局：改良之茶箱。

注九：民国二十五年祁门茶业改良场审核各合作社制茶预算标准。

注十：祁门县保证责任运销合作社二十五年春季生产贷款说明书。

（丑）统计方面

（一）二十五年度祁门一带茶号之数量、分布、贷款额，即出箱估计额

所谓祁门一带，实包括皖南之祁门、至德及赣北之浮梁三县也。今岁茶号总数三地共242家，内以祁门为最多，共128家；浮梁次之，共67家；至德又次之，共47家。以贷款额言，三县均由皖地方银行贷予，其总额为1481000元：祁门占882500元，浮梁占399500元，至德占199000元。预计交箱总额为59490箱：祁门占33090箱，浮梁占16260箱，至德占10140箱。兹将今年三地茶号实况，罗列表格于下：

表十　二十五年春祁门浮梁至德三县茶号各方比较表

项目 县别	祁门	浮梁	至德	备注
茶号总数	128家	67家	47家	
贷款家数	121家	67家	44家	
贷款总额	88250元	399500元	199000元	
每家平均贷款额	6929.39元	5962.7元	4627.89元	

项目＼县别	祁门	浮梁	至德	备注
最高贷款额	24000元	8000元	8000元	
最低贷款额	4500元	4000元	2000元	
出箱总额	33090件	16260件	10140件	贷款时所根据之估计数
每家平均出箱额	258件	243件	216件	
最低出箱额	200件	200件	500件（未贷款）	至德县贷款家数之最低价额为200
每箱平均贷款	26.67元	24.57元	19.63元	

表十一　二十五年春祁门茶号贷款等级表

项目＼贷款额	家数	占百分率%	备注
10000元以上	6	4.7⁺	最高贷款24000元
9000元	22	17.2⁻	
8000元	18	14.1⁻	
7000－7500元	19	14.8	
6000－7000元	43	33.6	
5000	12	9.4	
4500	1	0.8	最低数
0元	7	5.4	未核定3，毋庸借款4
合计	128	100.0	

表十二　二十五年春祁门茶号出箱估计等级表

项目＼出箱估计	家数	百分率%	备注
200－250箱	59	46.1	最低数200箱
250－300箱	32	25.0	
300－350箱	21	24.1	
350－400箱	1	0.8	
400－450箱	3	2.5	
450箱以上	2	1.6	最高数800箱
合计	128	100.0	

表十三　二十五年春祁门茶号贷款额与出箱估计额关系表

出箱估计 / 借款额	200	230	240	250	260	270	280	290	300	320	360	400	600	800	合计
4500元	1														1
5000元	12														12
6000元	22	3		7	3	4			3						42
6500元				1											1
7000元			3	2	3	1		1	3	1					14
7500元				1	3				1	1					6
8000元						7	5	1	1	3					17
9000元								2	19			1			22
10000元									1						1
11000元											1	1			2
12000元												1			1
15000元														1	1
24000元													1		1
合计	35	3	3	11	9	12	5	4	28	5	1	3	1	1	121

表十四　二十五年春浮梁茶号贷款等级表

项目 / 贷款等级（元）	茶号数	占百分率%	共估款额（元）	备注
4000	2	2.99	8000	
5000	15	22.39	75000	
5500	17	25.37	93500	
6000	5	7.46	30000	
6500	9	13.44	58500	
7000	17	25.37	119000	
7500	1	1.49	7500	
8000	1	1.49	8000	
合计	67	100.00	399500	平均每箱贷24.57元

表十五 二十五年春浮梁茶号出箱估计等级表

出箱估计＼项目	茶号数	占百分率%	共占箱额	备注
200	28	41.79	5600	
220	2	2.98	440	
230	1	1.49	230	
240	10	14.94	2400	
250	2	2.98	500	
260	7	10.45	1820	
270	2	2.98	540	
300	10	14.94	3000	
320	2	2.98	640	
340	1	1.49	340	
370	1	1.49	370	
380	1	1.49	380	
合计	67	100.00	16260	平均每家出242⁺箱

表十六 二十五年春至德县茶号贷款等级表

借款额（元）＼项目	家数	占百分率%	共占款项（元）	占贷款总数百分率%
0	3	6.38	0	0.00
2000	1	2.13	2000	1.00
3000	1	2.13	3000	1.51
4000	26	55.31	104000	52.27
4500	5	10.64	22500	11.32
5000	5	10.64	25000	12.59
5500	1	2.13	5500	2.78
6000以上	5	10.64	37000	18.53
合计	47	100.00	199000	100.00

表十七　二十五年春至德县茶号贷款等级表

项目\出箱估计	家数	占百分率%	共占箱额	占总箱额百分率%
80	1	2.13	80	0.78
150	1	2.13	150	1.48
200	37	78.70	7400	72.98
220	1	2.13	220	2.17
240	2	4.26	480	4.75
250	1	2.13	250	2.46
260	1	2.13	260	2.56
400	2	4.26	800	7.89
500	1	2.13	500	4.93
合计	47	100.00	10140	100.00

（二）祁门各茶号之实际出箱额及其品质之一般情形

祁门各茶号之实际出箱额，据皖省各地方银行统计，自5月10日起至6月24日止，先后运往上海者计有32263件（花香、梗子除外），其与估计额之33090件相较亦相去不远矣。

表十八　民国二十五年春祁门茶号实际出箱额暨运送日期表

茶号	贷款额（元）	出箱估计（件）	实交头批数		实交二批数		实交三批数		实交四批数		实交尾批数		总数	增减	备注
			日/月	数量	日/月	数量	日/月	数量	日/月	数量	日/月	数量			
公馨	8000	300	25/5	120	17/6	60	22/6	47					227	-73	
益馨祥	8000	200	12/5	67	25/5	68	18/6	45					180	-20	
瑞春祥	5000	200	16/5	65	29/5	74	17/6	43					182	-18	
义和昌	5000	200	21/5	78	8/6	78	24/6	20					176	-24	
树德	5000	200	14/5	75	1/6	46	18/6	48	24/6	4			173	-27	
同和昌	5000	200	17/5	87	10/6	56							143	-57	
永生祥	5000	200	14/5	64	28/5	84							148	-52	
联大	9000	300	11/5	70	26/5	66	15/6	108					244	-56	
慎昌祥	6500	240	20/5	60	28/5	72	17/6	63					195	-45	

茶号	贷款额（元）	出箱估计（件）	实交头批数		实交二批数		实交三批数		实交四批数		实交尾批数		总数	增减	备注
			日/月	数量	日/月	数量	日/月	数量	日/月	数量	日/月	数量			
同华祥	5000	200	14/5	75	12/6	81							156	−44	
日升	9000	280	19/5	92	30/5	66	7/6	76					234	−46	
公大	7500	240	13/5	110	1/6	130							240	0	
永同春	6000	240	18/5	80	30/5	82	16/6	70					232	−8	
同大	9000	300	13/5	84	29/5	80	2/6	62					226	−74	
同芳	6000	240	15/5	99	30/5	61	1/6	50					210	−30	
慎昌	9000	300	12/5	81	1/6	119	4/6	98					298	−2	
均益昌	6000	240	20/5	27	31/5	74	9/6	45					146	−94	
同泰昌	9000	300	18/5	112	29/5	116							228	−72	
同茂昌	7000	240	14/5	76	29/5	70	31/5	34					180	−60	
德和昌	6600	260	14/5	90	31/5	72	16/6	61					223	−37	
慎余	15000	600	14/5	141	1/6	180	16/6	220					541	−59	
怡大	9000	300	17/5	72	2/6	70	16/6	80					222	−78	
怡昌	9000	300	13/5	60	27/5	64	15/6	118					242	−58	
失同昌	6000	220	25/5	100	19/6	64	21/6	37					201	−19	
公益昌	7000	300	28/5	69	27/5	87	17/6	68					224	−76	该号曾遇翻车
胡怡丰	9000	300	16/5	70	3/6	70	18/6	16	19/6	80			236	−64	
诚信祥	7000	280	21/5	72	31/5	64	10/6	79					215	−65	
常信祥	9000	300	11/5	30	16/5	69	2/6	121	18/6	88			308	+8	
同大新	9000	300	11/5	60	26/5	62	29/5	55	15/6	50			227	−73	
公昌	9000	300	11/5	60	26/5	62	29/5	51	15/6	26	16/6	22	221	−79	
丰失昌	9000	300	17/5	75	26/5	122	15/6	38					235	−65	
志成祥	6000	240	24/5	87	2/6	83	18/6	31					201	−39	
大华丰	6000	220	16/5	63	27/5	54	3/6	30					147	−73	
源丰祥	6000	200	19/5	66	28/5	59	4/6	60					185	−15	
同薪昌	6000	240	13/5	60	30/5	60	4/6	60					180	−60	

茶号	贷款额（元）	出箱估计（件）	实交头批数		实交二批数		实交三批数		实交四批数		实交尾批数		总数	增减	备注
			日/月	数量	日/月	数量	日/月	数量	日/月	数量	日/月	数量			
同昌	6000	200	22/5	63	3/6	50	13/6	21					134	−66	
大同康	8000	240	15/5	84	30/5	90	16/6	31	17/6	67			272	+32	经理汪景行
景昌隆	8000	300	19/5	44	28/5	75	19/6	99					218	−82	
志和昌	6000	300	19/5	68	15/6	69	21/6	72					209	−91	
同春昌	9000	300	16/5	107	27/5	77	2/6	95					279	−21	
恒大	7500	250	12/5	103	26/5	69	30/5	62					234	−16	
同春安	9000	300	11/5	91	27/5	86	18/6	77					254	−46	
同德昌	6000	260	20/5	74	2/6	90	17/6	42					206	−54	
永益昌	6000	250	20/5	61	30/5	82	18/6	48					191	−59	
万山春	6000	200	17/5	94	31/5	98							192	−8	
苑和祥	6000	260	23/5	87	2/6	84							171	−89	
同裕昌	5000	200	12/5	69	27/5	59	31/5	28					156	−44	
景新隆	6000	200	19/5	66	30/5	56	16/6	17	12/6	77			216	+16	
吉和长	9000	300	13/5	102	29/5	107	8/6	93					302	+2	
源丰永	6000	200	11/5	74	26/5	68	17/6	84					226	+26	
同失昌	7000	300	16/5	97	21/5	75	28/5	33					205	−95	
吉善长	9000	300	15/5	113	29/5	93	7/6	157					363	+63	
同兴昌	6000	200	11/5	82	29/5	64	31/5	40					186	−14	
元吉利	6000	250	20/5	60	30/5	83	18/6	40					183	−67	
元兴永	9000	300	14/5	97	5/6	79	10/6	64					240	−60	
同和昌	7000	250	17/5	87	28/5	105							192	−58	
隆茂昌	7000	250	18/5	115	1/6	63	6/6	58					236	−14	
益大	6000	250	18/5	58	31/5	83	17/6	25					166	−84	
恒昌祥	5000	200	25/5	53	15/6	94							147	−53	
永昌	7000	300	24/5	81	9/6	90	23/6	74					245	−55	
怡昌	8000	260	21/5	98	28/5	51	12/6	119					268	+8	

茶号	贷款额（元）	出箱估计（件）	实交头批数		实交二批数		实交三批数		实交四批数		实交尾批数		总数	增减	备注
			日/月	数量	日/月	数量	日/月	数量	日/月	数量	日/月	数量			
恒泰昌	8000	260	11/5	90	28/5	101	1/6	67					258	−2	
同和祥	6000	200	17/5	76	31/5	71							147	−53	
致大祥	6000	200	20/5	77	28/5	60	18/6	31					168	−32	
大成茂	6000	300	19/5	70	14/6	37	15/6	33	21/6	30			170	−130	
大德昌	6000	260	19/5	67	31/5	100	17/6	63					230	−30	
同顺安	7000	230	24/5	127	13/6	80	14/6	69	20/6	15			291	+61	
恒吉祥	8000	270	24/5	104	13/6	75	14/6	97	20/6	97			373	+103	
聚和昌	9000	300	21/5	159	7/6	183							342	+42	
同馨昌	9000	300	13/5	120	26/5	60	31/5	60	18/6	60	22/6	138	438	+138	
笃敬昌	6000	200	24/5	98	10/6	78	24/6	10					186	−14	
成春昌	6000	200	24/5	75	3/6	74	17/6	50					199	−1	
饲志昌	6000	200	23/5	87	13/6	90							177	−23	
恒德昌	8000	270	22/5	110	13/6	99	24/6	153					362	+92	
泰和昌	7000	320	12/5	81	5/6	180							261	−59	
怡同昌	5000	200	23/5	74	6/6	88							162	−38	
裕福隆	6000	260	23/5	74	2/6	94	17/6	60					228	−32	
合和昌	6000	200	21/5	90	12/6	75	13/6	15	22/6	38			218	+18	
豫盛昌	6000	200	19/5	80	28/5	60	13/6	83					223	+23	
均和昌	8000	300	24/5	126	6/6	84	17/6	21	18/6	76			307	+7	
共和昌	6000	200	16/5	95	8/6	20	9/6	60	10/6	35			210	+10	
恒信昌	8000	260	15/5	103	13/6	120	20/6	84	21/6	105			412	+152	
同和昌	6000	200	23/5	88	12/6	71	17/6	31					190	−10	绍记
裕盛祥	8000	260	22/5	110	12/6	60	19/6	120	20/6	52	21/6	40	382	+122	
同人和	8000	260	25/5	82	28/5	83	6/6	20	7/6	100	21/6	114	399	+133	
致和祥	8000	260	18/5	170	6/6	130	18/6	110	18/6	17			427	+167	
利利	7000	230	23/5	58	5/6	70	15/6	62	23/6	80			270	+40	
隆裕昌	6000	240	11/5	70	27/5	80	6/6	60					210	−30	

茶号	贷款额（元）	出箱估计（件）	实交头批数		实交二批数		实交三批数		实交四批数		实交尾批数		总数	增减	备注
			日/月	数量	日/月	数量	日/月	数量	日/月	数量	日/月	数量			
裕和成	12000	400	24/5	120	5/6	60	8/6	120	21/6	165			465	+65	
信和昌	6000	240	19/5	86	28/5	77	16/6	41					204	−36	
至善祥	7000	230	22/5	96	10/6	60	19/6	60	20/6	70			286	+56	
益馨和	5000	200	26/5	176	20/6	93							269	+69	
恒昌祥	8000	260	19/5	144	8/6	147	23/6	190	24/6	19			500	+240	
成德隆	6000	200	14/5	54	28/5	46	19/6	17	20/6	91			208	+8	
闰和祥	8000	270	13/5	74	1/6	120	22/6	127	23/6	9			330	+60	
恒馨祥	24000	800	10/5	102	21/5	214	3/6	98	4/6	217	20/6	445	1076	+276	
公和永	6000	200	16/5	94	10/6	99	22/6	63					256	+56	
公顺昌	6000	200	15/5	68	10/6	85	21/6	76					229	+29	
裕春祥	10000	300	21/5	93	1/6	105	18/6	120	24/6	123			441	+141	
春馨	6000	300	11/5	65	31/5	72	19/6	74					211	−89	
华大春	5000	200	19/5	60	31/5	60	13/6	60	19/6	28			208	+8	
源利祥	6000	200	11/5	52	26/5	80	6/6	111					243	+43	
善和祥	6000	200	23/5	92	6/6	88	17/6	46					226	+26	
同志祥	6000	200	25/5	60	9/6	64	23/6	88					212	+12	
洪馨永	9000	300	22/5	164	30/5	60	14/6	68	21/6	63			355	+55	
联和昌	8000	280	24/5	104	13/6	76	14/6	9	20/6	96			285	+5	
大有恒	8000	280	15/5	92	29/5	89	17/6	58					239	−41	
同德祥	9000	300	11/5	115	31/5	120	6/6	107	21/6	145			487	+87	
同和昌	7500	300	17/5	59	27/5	86	12/6	151					296	−4	
瑞馨祥	8000	270	12/5	98	27/5	78	17/6	64					240	−30	
时利和	7500	250	20/5	90	12/6	86	13/6	80	19/6	57			313	+63	
德昌祥	11000	400	19/5	122	5/6	169	23/6	215					506	+106	
共和祥	7500	250	4/5	84	13/6	87	21/6	69					240	−10	
裕昌祥	9000	280	22/5	116	9/6	60	10/6	60	20/6	106			342	+62	
裕馨昌	6000	200	20/5	72	10/6	82	12/6	56					210	+10	

茶号	贷款额（元）	出箱估计（件）	实交头批数		实交二批数		实交三批数		实交四批数		实交尾批数		总数	增减	备注
			日/月	数量	日/月	数量	日/月	数量	日/月	数量	日/月	数量			
同福康	5000	200	17/5	66	28/5	65							131	-69	
永馨昌	8000	260	20/5	62	5/6	86	19/6	65					213	-47	
日隆	11000	360	12/5	60	21/5	68	5/6	107	17/6	15			250	-110	
永和昌	8000	260	12/5	55	1/6	57	17/6	46					158	-102	
恒德祥	7000	240	25/5	82	9/6	90	23/6	73					245	+5	
大同康	4500	200	21/5	90	5/6	102							192	-8	
未贷款客户													1316		
共计	882500	33090											32263	-827	

上列表格，系根据今岁地方银行（皖省）驻祁专员办公处，逐日登记出境箱数而得，表内之日期为茶箱出祁门县境之时期，更简略之如表十八，吾人可知估计额与实际额之相差不远，则不能不钦佩放款者目光之准，经验之宏也。

表十九 二十五年春祁门各茶号实际出箱额与估计额比较表

项目 ＼ 类别	实现数	估计数	茶号名称	备注
出箱总额	32263	33090		未贷款茶号在内
最高出箱额	1076	800	恒馨祥（实估）	
最低出箱额	131	200	同福康等（实估）	最低额在估计时有35家之多，固不止同福康一家也。
每家平均全箱额	252	258		小数以下不算
较估计数减少	-827			
超出额最多者	+276		恒馨祥	
不足额最多者	-130		大成茂	
每家平均减少	-6			小数以下不计
平均每箱贷款	27.35元	27.62元		除去7家未贷款算得

红茶品质之优劣，与制造时之谨慎与否有莫大之关系，而商人道德问题其影响亦不为少。今岁皖地方银行贷款时，其贷予贷之多寡，恒依该茶号自报之出箱数量

为准则。于是，品质方面将受其影响，盖贷款既依箱数，则从事茶号者必倾其全力，以求箱数之增加。然而设备也、人工也、原料也固仍若也，则品质之减低，为其当然之结果。今岁祁门红茶，无论茶号或合作社，均优者少而劣者多。作者曾将祁门茶号之红茶，任取34种，会同冯技士，抽验其品质，而代表茶号之一般出品（因以34种茶汁，其原产处分布于祁门四乡，事前任意乱取，且不知何地、何号所产，事后始根据上海商品检验局号单，对照而得该茶号之名称也），若夫祁红全部品级试验，则沪商品检验局当有报告，非此篇范围之内也。

表二十　二十五年份祁门34家春茶品质抽验表

茶号	牌名	号码	批别	件数	形状	色泽	香气	滋味	水色	总分	叶底	其他	地址
常信祥	红锦	286	2	60	7	7	20	14	16	64	B	有酸味	（西）小路口
常信祥	津锦	287	2	61	7.5	7.5	22	24	17	78	A'		（西）小路口
同和昌	吉昌	288	3	86	7.5	7.5	20	22	17	74	A"		（西）彭龙
景昌隆	隆昌	285	3	42	7.5	8	12	12	15.5	55	D	发酸	（南）余坑口
同和祥	乐乐	294	2	70	7.5	8	20	22	18	75.5	B'		（西）历口
同和祥	贡茶	295	2	66	7	7.5	20	23	18	75.5	B		（西）历口
合和昌	芽室	292	3	38	6.5	8	20	24	16	74.5	D		（西）历溪

茶号	牌名	号码	批别	件数	形状	色泽	香气	滋味	水色	总分	叶底	其他	地址
益馨祥	金堂	291	3	45	6.5	8	22	22	17	75.5	E'		（南）程村塥
懋昌祥	贡品	290	2	67	7	8	22	23	17	77	E"		（南）奇口
同志昌	宝宝	289	2	90	7	7.5	20	22	17	73.5	B'	焦	（西）环砂
豫盛昌	彩英	293	尾	7	形　似　花　香								（西）文堂
景新隆	皇后	283	3	74	7.5	8	23	24	16	78.5	B		（南）景石村
聚和昌	吉昌	279	2	83	7.5	8	20	20	17	72.5	B		（西）历口
景新隆	余大	284	4	20	5	5	18	20	17	65	B'		（南）景石村
集义昌	顶贡	282	2	40	8	8.5	20	20	17	73.5	B		（西）历口
华大春	华美	304	3	28	6.5	7.5	22	24	17	77	B'		（南）箬坑
大有恒	提贡	301	3	58	6	7	18	20	17	68	C	不正	（东）岑西
怡大	祁魁	308	4	80	7	7.5	22	22	17	75.5	B"		（南）塔坊

茶号	牌名	号码	批别	件数	形状	色泽	香气	滋味	水色	总分	叶底	其他	地址
至善祥	吉善	310	3	70	7.5	8	21	23	17	76.5	B'		(南)箬坑
同德昌	贡品	298	3	42	7	8	15	15	17	62	B'	烟味	(南)碧桃
同大新	大农	306	3	50	7	7	21	22	18	75	B'		(南)塔坊
同馨昌	美昌	302	3	138	7	7	22	22	18	76	A"	有锡□味	(西)闪里
公昌	恒兴	307	3	48	7	7	14	10	16	54	E"	微酸	(南)塔坊
益昌	益寿	313	3	48	7	7.5	20	20	18	72.5	C		(南)奇口
丰大昌	贡兴	305	3	38	8	7.5	12	12	15.5	55	B"	发酸	(南)塔方
日隆	贡珍	297	3	15	6	6.5	20	22	16.5	71	B'		贵溪
均益昌	春五	311	尾五	45	7.5	7.5	18	18	16.5	67.5	B"	日臭	(南)奇岭
裕福隆	仙艳	319	3	60	7	7	20	22	17	73	B"		芦溪
裕盛祥	协昌	309	3	70	7.5	7.5	22	22	17	70	B'		(南)箬坑

茶号	牌名	号码	批别	件数	形状	色泽	香气	滋味	水色	总分	叶底	其他	地址
瑞馨祥	仙峰	299	3	56	6.5	7	21	24	19	77.5	A"		（东）岭西
大同康	贡珍	316	3	98	7	7.5	20	22	17	73.5	B'		（南）箬坑
共和祥	寿星	658	2	87	8.5	9	22	23	18	80.5	A"		（西）石潭
元吉利	光利	312	3	40	7	7	21	22	17	74	B'		（南）奇岭
同顺安	同安	303	2	69	7	7	19	20	16	69	B"		正冲

附注：牌名号码、批别及件数，均依照上海商品检验局产地检查所登记者，总分以60分为及格，记分法详下文。

此34家中，内8家有坏味，此虽仅为二、三批茶叶，然而首批祁红即合作社出品，亦多有劣味者。虽今岁祁红销路大畅，除极酸极霉极有烟味不能外销外，其余稍有坏味均能出口，但此则纯系机缘耳（详下文）。若仍以缘会之适获而故步自封，则祁红外销其能不步两湖红茶奇之惨跌者耶？

（三）二十五年春祁门各乡保证责任茶业运销合作社之数量分布、贷款额及出箱估计额

前经委会农业处，鉴于茶农之倍受茶商剥削，于是经办合作事业于祁门，比今春茶季，凡先后成立者已有35家，其分布亦西南多而东北少（图七①），言其性质为保证责任产销合作社，规定每社社员至少有50人，出箱数量至少百箱，所需款项，由各该社事先制就预算，得经委会驻祁专员暨祁门茶业改良场场长核准后，介绍交通银行保证贷予之。贷款方式，分"生产""运销"二项：生产贷款，依各该社生产费用六成贷之，然最高额每箱以不过25元为原则（注一），分三期贷予之

---

① 图七民国二十五年祁门县境茶业运销合作社分布图由于原图模糊，无法辨认，本书从略。

（注二）；运销贷款贷予时，须按各该社之出箱额而定，出箱额不足，得按照扣除；箱额超过，得补贷生产款项，然其贷款额不得超过各该社已定之生产贷款数额。此外，又因其品质而估计价格，头批每箱不得超过59元，二批44元，三批34元，四批24元，作价既定，再依出箱总数而折合款项，因此而得之数字，再打七折，更扣去其生产贷款时已贷出暨应付各项用途之费用（如利息、运费、保险费等项），然后将其余数贷予之（注三）。兹将二十五年春茶讯，祁门茶业运销合作社运销贷款计算书，择一列举于下（表二十一）：更将合作社今春诸情况，各方统计所得，列表于下：

表二十一　祁门县双河口合作社支借运销贷款证明书
合同号数（　　）

		头茶	二茶	三茶	四茶	合计	花香	梗子	乳花
应交箱数		104	100	99	100	400			
实交箱数		112	110	94	94	410			
多箱(+)或缺箱(−)		+8	+10	−2	−6	+10			
品质		优	优	优	优				
每箱作价		59	44	34	20				
拟贷款额	每箱	41.3	30.8	23.8	14				
	合计	4626	3388	2237	1316	11567			
应扣款项	生产贷款本金	7858							
	生产贷款利息	约63元							
	运输等费	1640							
	其他								
	合计	9561							
实贷款额		2006							

　　迳启者，双河口社本年春茶四批，均已依据小样分别审查，结果具见上表。兹负责介绍支借运销贷款法币11567元整，除由贵行扣除生产贷款本息及应垫各费外，所余之款，即希准予照贷为荷。此致交通银行。

祁门茶业改良场 印
全国经济委员会农业处驻祁专员 私章
二十五年五月三十一日

表二十二 二十五年春祁门四乡保证责任茶汁生产运销合作社贷款估计表

项目 贷款额	社数	占百分率	备注
2500—3000元	2	5.72%	
3000—3500元	1	2.86%	
3500—4000元	5	14.28%	
4000—4500元	2	5.72%	
4500—5000元	10	28.57%	
5000—5500元	6	17.12%	
5500—6000元	2	5.72%	
6000—6500元	3	8.57%	
6500—7000元	2	5.72%	
7000—7500元	1	2.86%	
7500—8000元	1	2.86%	
合计	35	100.00%	

表二十三 二十五年春祁门四乡保证责任茶叶生产运销合作社出箱估计额一览表

项目 出箱额	社数	百分率	备注
100—150	5	14.28%	
150—200	14	40.00%	
200—250	7	20.00%	
250—300	7	20.00%	
300—350	1	2.86%	
350—400	1	2.86%	
合计	35	100.00%	

民国二十五年春祁门乡保证责任生产运销合作社股份、社员对照表（表二十四）

社员数 \ 社股	39	41	44	50	51	56	58	60	63	66	74	83	86	105	127	140	141	147	150	151	155	163	178	181	182	183	194	201	202	204	205	210	300	合计
15																																1		1
20-25					1	1		1																					1				1	5
25-30							1																	1										2
30-35		1	1						1						1				1												1			6
35-40	1			1							1	1		1		1				1		1	1				1							10
40-45																		1								1		1						3
45-50										1			1								1				1									4
50-60												1					2													1				4
合计	1	1	1	1	1	1	1	1	1	1	1	2	1	1	1	1	2	1	1	1	1	1	1	1	1	1	1	1	1	1	1	1	1	35

（四）祁门各乡茶业运销合作社之实际出箱额、牌名、品质、沪市盘价及实际贷款额

前曾论及茶号方面之出箱估计额与实现数之相差无几，今更证之以合作社，而愈信矣。

表二十五　祁门四乡合作社二十五年春茶各批预算数与实现数一览表

社名	头批			二批			三批			四批			备注
	估计数	实现数	增减	估计数	实现数	增减	估计数	实现数	增减	估计数	实现数	增减	
寺前	96	107	+11	90	64	−26	89	24	−65				(+)增，(−)减
小魁源	82	80	−2	72	81	+9							
马山	76	86	+10	68	82	+14	56	32	−24				
殿下	65	76	+11	54	45	−9							
溶源	65	69	+4	58	67	+9	57	6	−51				
双河口	104	112	+8	100	110	−10	96	94	−2	100	94	−6	
宋许	88	120	+32	77	78	+1	56	38	−18				
坳里	80	80	0	68	74	+6							
岑西	103	118	+15	103	39	−64	89	14	−75				
金山	80	84	+4	80	45	−35	51	0	−51				
石潭	81	78	−3	68	94	+26	65	84	+19	0	21	+21	
滩下	95	105	+10	79	90	+11	90	82	−8				
郭溪	80	86	+6	72	78	+6							
环砂	90	96	+6	80	104	+24	72	40	−32				
桃溪	90	81	−9	50	57	+7	40	64	+24				
张闪	96	101	+5	78	111	+33	86	98	+12				
双溪	84	94	+10	66	60	−6	0	44	+44				
流源	72	90	+18	60	64	+4	68	74	+6				
淑里	80	98	+18	60	83	+23	60	54	−6	0	13	+13	
磻村	98	116	+18	92	113	+21	90	82	−8				

社名	头批			二批			三批			四批			备注
	估计数	实现数	增减	估计数	实现数	增减	估计数	实现数	增减	估计数	实现数	增减	
伊坑	73	79	+6	65	67	2	0	4	+4				
庾峰	80	66	−14	65	90	+25	48	55	−7				
龙潭	110	102	−8	90	55	−35	82	67	−15				
石坑	80	76	−4	60	90	+30	51	5	−46				
湘潭	70	68	−2	32	39	+7							
石谷里	82	95	+13	82	90	+8	82	90	+8	83	87	+4	
仙洞源	90	94	+4	68	43	−25	68	0	−68				
下文堂	74	100	+26	68	60	−8	52	55	+3	0	29	+29	
西坑	80	81	+1	68	44	−24	80	41	−39				
莘团	90	93	+3	70	65	−5	50	14	−36				
裹村	74	76	+2	58	65	+7	68	57	−11				
南汉	73	93	+20	60	69	+9	15	31	+16				
石墅	86	112	+26	86	26	−60	74	0	−74				
查家	70	95	+25	60	50	−10	59	74	+15				
塔坊	100	100	0	100	100	0	100	102	+2				
合计	2937	3200		2501	2482		1914	1395		183	244		估计额总数7537，实现额总数7321

更依交通银行统计，将放贷运销贷款之25家合作社，其每批贷款数暨每箱贷予额列举于下（表二十六）：

表二十六　祁门四乡合作社二十五年春茶接受运销贷款各户一览表

社名	交头批箱数	每箱估价贷予	交二批箱数	每箱估价贷予	交三批箱数	每箱估价贷予	交四批箱数	每箱估价贷予	其箱交数	借运销贷款额	每箱平均贷予
小魁源	80	38.50	81	28.70					161	5405.00	33.57
马山	86	41.30	82	28.70	32	11.20			200	6263.00	31.31
殿下	76	39.90	45	26.60					121	4229.00	34.95
双河口	112	41.80	100	30.80	94	23.80	94	14.40	410	11567.00	28.21
宋许	120	39.60	78	25.20	38	14.70			236	7277.00	28.94
坳里	80	39.90	74	17.15					154	4461.00	28.07
滩下	105	40.60	90	28.00	73	19.30	9	4.00	277	8228.00	28.70
郭溪	86	41.30	78	26.60					164	5625.00	34.00
环砂	96	35.00	104	30.80	40	11.90			240	7039.00	29.33
桃溪	81	40.60	57	29.40	64	20.60			202	6283.00	31.00
张闪	101	32.20	111	25.90	98	23.45			310	8425.00	27.18
双溪	94	39.90	60	25.20	44	14.00			198	5879.00	19.69
流源	90	39.90	64	21.00	74	21.00			228	6489.00	28.46
淑里	96	38.50	83	28.00	84	18.70	13	12.60	246	7167.00	29.13
磻村	111	36.40	113	24.50	82	18.20			306	8301.00	27.13
伊坑	79	40.60	67	18.00					149	4482.00	30.73
庾峰	66	40.60	90	30.80	55	22.40			211	6684.00	31.67
石坑	76	41.30	90	25.60	5	9.80			171	5592.00	32.11
湘潭	68	40.60	39	28.70					107	3880.00	36.26
石谷里	95	41.30	90	29.40	90	33.80	87	16.80	362	10177.00	28.10
下文堂	100	40.60	60	14.00	55	18.90	29	22.40	244	6589.00	27.00
萃团	93	39.90	65	27.30	14	8.40			172	5603.00	32.57
裹村	76	32.66	65	29.40	57	25.90			198	5949.00	30.00
查家	95	38.50	50	25.20	74	20.30			219	6420.00	29.32
塔坊	100	41.30	100	30.80	102	23.80			302	9638.00	31.92
石潭	78		94		84		21		277	7832.00	21.05

此外，寺前、溶源、岭西、金山、龙潭、仙洞源、西坑、南汊、石坑等9社，或因出箱不足，或因中途停制，或以品质不佳，故未将运销贷款贷予，然而即此25家，亦已可窥全豹矣。

兹更将祁门茶号与合作社，就其实际出箱额而论，汇列各情况，列表如下（表二十七）：

表二十七　二十五年春祁门各乡茶号与合作社依实际出箱额而将各方比较表

项目　　　类别	茶号	合作社	茶号名称	合作社名称	备注
出箱总额(实)	32263	7321			合作社依表二十四总计
最高出箱额	1076	410	恒馨祥	双河口	
最低出箱额	131	107	同福康	湘潭	
每家平均出箱额	252	209			
较估计数增(+)减(−)	−827	−216			
超出额最多者	+276	+63	恒馨祥	石潭	
不足额最多者	−130	−124	大成茂	岭西	
每家平均减少	−6	−6			
每箱平均贷款	27.35元	31.71元			合作社依表二十六计算而得

然而言其品质，则更不能及茶号所产。

表二十八　民国二十五年春祁门四乡合作社红茶分级试验表

社名	大面	件数	总分	形状	色泽	香气	滋味	水色	叶底	其他	沪市盘价(元)	备注
石坑		76	87.5	8.5	9	28	25	17	A'		225	头批
湘潭	鲁峰	51	84	8	8	25	26	17	B"		140	头批
滩下	祁宝	75	82.5	8.5	8.5	25	24	17	B"	焦	110	头批
双溪		94	82.5	8	8.5	25	24	17	A'		130	头批
流源	义生	90	82.5	9	9	24	25	15.5	C'			头批
查家		95	82.5	8	8.5	25	24	17	B			头批
塔坊		100	82	8	8.5	24	24	18	B'		134	头批
石谷里	馨馨	95	82	8.5	8.5	24	25	16	A"		240	头批

社名	大面	件数	总分	形状	色泽	香气	滋味	水色	叶底	其他	沪市盘价(元)	备注
龙潭	龙龙	37	81.5	9	9	24	24	15.5	A'		260	头批
郭溪	华宝	86	81.5	8	8.5	24	25	16	A"		200	头批
龙潭	龙潭	65	81	8.5	8.5	24	24	16	A"		77	头批
双河口	新生	112	81	8	8	25	24	16	B'		145	头批
殿下	寒鲜	76	81	8.5	8.5	22	24	18	B'		140	头批
华园	萃萃	93	80	8	8.5	24	24	15.5	B'		83	头批
伊坑	华珍	79	80	8	8	24	24	16	B'		90	头批
滩下	祁英	30	80	7.5	8.5	24	24	16	B'		120	头批
桃溪	芽蕊	81	80	8	8	23	23	18	B	烟味	19	头批
马山	超群	86	79.5	8	8.5	22	24	17	A'		135	头批
淑里	淑贡	96	79	8.5	8.5	22	24	16	B'		86	头批
下文堂	精华	100	78.5	8	8.5	24	22	16	B'		115	头批
磻村	祁祁	111	78	8.5	9	22	22	16.5	B'		133	头批
石墅	华贡	58	78	8.5	8.5	22	22	17	B'		85	头批
湘潭	竹峰	17	78	7.5	7.5	24	22	17	B'		100	头批
仙源	薰薰	73	78	8	8	22	24	16	A'	微酸	90	头批
环砂	龙华	96	78	9	8.5	22	20	16.5	B'	微酸	130	头批
宋许	贡霞	120	78	8	8	24	22	16	A'		90	头批
三步塔	两魁	117	77.5	8	8	22	24	15.5	C		88	头批
石潭	同寿	78	76	8	9	22	22	15	C'			头批
裹村		76	75.5	9	8.8	22	20	16	B'	微酸		头批
南汊	和合	93	75	8.5	9	22	20	15.5	B"	微酸		头批
岭西	贡珍	62	75.5	9	9.5	22	20	15	A'	不正	200	头批
溶源	春品	69	74.5	8.5	9	20	20	17	C'	焦,烟	80	头批
庚峰		66	74	8.5	8.5	23	18	16	B	微酸		头批
金山	贡茗	84	73.5	8	8.5	22	18	17	B	微酸		头批
寺前	贡珍	107	73	8	8	20	20	17	B'	烟	85	头批
小魁源		88	73	8	9	20	20	16	B'	烟	88	头批
岭西	贡春	56	53	8.5	9	10	10	15	C"	极酸		头批

社名	大面	件数	总分	形状	色泽	香气	滋味	水色	叶底	其他	沪市盘价(元)	备注
张闪		101	52	8	9	10	10	15	C'	极酸		头批
西坑		81	40	8	8	10	10	14	B'	极酸且臭		头批
石墅	美贡	54	75	7.5	7.5	22	22	16	B'		75	头批副面
庚峰	英俊	90	67	7	7	20	15	18	A'	不正	70	二批
马山	合群	82	73.5	7.5	8	18	22	18	B	焦,不正		二批
磻村	祁魁	57	58	7.5	7.5	15	12	16	B'	微酸	52	二批
湘潭	松岐	39	72	6.5	7.5	20	22	16	B'	微有日臭	70	二批
龙潭	美美	52	65	6	7.5	16	16	15.5	C	味不正		二批
金山	赛茗	45	64	5.5	6.5	15	20	17	B	不正		二批
张闪			53.5	7	7.5	12	12	15	C	酸		二批
郭溪	祁珍	78	67.5	5	6	20	20	16.5	A	清淡		二批
殿下	赛春	45	66	7	7	18	18	16	B		70	二批
三步塔	云魁	91	49.5	7	7.5	10	10	15	C	酸		二批
淑里	淑王	83	72	7	7.5	20	22	15.5	B"		71	二批
西坑	珍珍	44	47	5.5	6	10	10	15.5	A'	酸		二批
查家	仙瑞	50	70.5	5	6.5	22	20	16	B'	淡	60	二批
石谷	大同	99	77.5	7.5	7	22	24	17	A'	有清香	75	二批
下文堂	珍奇	60	50	7.5	7.5	10	10	15	C'	酸		二批
桃溪	赛芽	57	69	6.5	6.5	20	20	16	B'	酸	70	二批
石坑	双妹	90	67.5	6	6	18	20	17.5	C	不正	56	二批
双溪	祁红	60	59.5	6.5	7	14	16	16	C	微酸	90	二批
双河	有道	110	71.5	6.5	7	20	22	16	C		57	二批
坳里	祁贡	73	62	6	6.5	16	16	17.5	C	有日臭	55	二批
仙源	春英	43	61.5	5.5	5.5	16	16	17.5	C	烟	50	二批
寺前	珍珍	64	65	6	6.5	17	20	15.5	C	焦	54	二批
环砂	凤芽	56	75	7.5	8	22	22	15.5	B		75	二批甲

社名	大面	件数	总分	形状	色泽	香气	滋味	水色	叶底	其他	沪市盘价(元)	备注
萃团	萃团	65	62.5	6.5	7	20	18	16	B	微酸	70	二批
宋许	贡芽	78	70	7.5	7.5	18	20	17	C"	不正	56	二批
溶源	佛品	67	75	8	8	20	22	17	C			二批
裹村	祁馨	65	51.5	7	7.5	10	11	17	D	发酸		二批
流源	义产	64	65	8	8.5	16	16	16.5	E'	微酸	80	二批
南汉		69	75.5	7.5	7.5	22	22	16.5	A'			二批
伊坑	国华	67	59	6	6	16	16	15	B	日臭，不正		二批
礴村	祁宝		71.5	7	7.5	20	20	17	A'		138	头批
小魁源	祥峰	81	66	6.5	7.5	20	16	16	C'	不正		二批

附注：

1. 沪市盘价一项自开盘之日起至6月30日止，7月1日以后未曾列入。

2. 品级审查资料依各该合作社送往上海商品检验局之小罐样品中抽取而得者，惟送交时间有先后，故三批以下尚付阙如，即二批亦有未全者。

3. 记分法依沪商品检验局红茶出口标准记分法之规定，总分以60分及格，100分满格，形状、色泽各占10%，香气、滋味各占30%，水色占20%，到底以等九级表示，作为辅助之参考，不在总分范围之内。

参考文献

注一：《二十五年春交通银行祁门保证责任生产合作社贷款暂行办法》。

注二：同上。

注三：同上。

（寅）运销方面

祁门红茶统制运销情况：

今岁春，皖省府曾以全力统制祁茶运销，虽经沪商竭力反对而不之顾，此诚得策也。盖目前各项生产品，须具纪律化、统制化始可与谋出路，欲谋祁红之复兴，统制运销为亟需实行之步骤，今岁因属创举，尚难免未尽善处耳。

祁红出境，在昔路由有三：自阊江南下入赣境，走鄱阳至九江，分赴沪、汉，此其一；自黟属渔亭镇（离祁东约50里），下徽江而达杭州，再转上海，此其二；走屯溪，北达宣城、芜湖，过京入申，此其三。一、二两项水路兼程，而第一项之路线迂回曲折，颇费时间，途中之危险程度则较大。今年统制运销，于是出境路线亦明令决定采由第三项。自祁门至宣城一段，由皖省公路局承包，全线长271公里，运费每箱2.1元，其运送之先后，依交箱时间之迟早而定，开有提单，注明号码，绝不淆混也。宜京、京沪两段则由江南、京沪两路负责。管理运送机关，以安庆之运销委员会为最高，在祁门分设祁宣运销事务所，内设主任及干事以司其责，茶商不得任走他道。平心论之，路线之最短者为第二项，但须经水道，不如第三项之速，且沿途均在省境，各方均予以便利。惜头批茶交箱拥挤，汽车不够搬运，未免使茶商啧有烦言耳。此外，各茶号均强制其保险费，以免意外，果也途中倾翻二次，茶商损失之不致太大，赖有此耳！

犹忆上述，今岁祁红，优少劣多，然沪市盘价则反旺，与统制运销不无关系。盖昔日凭各茶栈各自为政，今则由当局统盘筹划，于是除商业经验外，更添有政治力量以推进。此外如宣传也、信用也，均更甚于从前，故外销乃得而畅矣。

三、拟具此后复兴祁茶，应注意之各项

（子）政府宜广设制造工厂，实行工业上之统制

年来，政府对于祁茶不谓不加注意，然农民之能得切身利益者殊鲜，此则因政治力量其效不能直达民间，必于中间发生种种曲折，于是其弊丛生矣。然复兴祁红事业之政治力量，于农民不生隔膜者，舍广设制茶工厂末由。今岁实行统制，然其方式，仅自祁门各茶号所产之精茶起，至上海洋庄开盘止，在此过程内，于茶号、茶栈间之种种陋规诚大半淘汰，然而茶农与茶商间之种种隔膜，则仍不能消除其什一也。

今年茶农亏本已如上述，然在平里一带，试调查其今岁情况，则均较其他各地为佳。此无他，茶场收买生草之故也。茶农出卖生叶，较出卖毛茶其利有四：毛茶之发酵度与温、湿度之变化太速，农民往往不能得其适当点而制成优良之毛茶；即凭经验而得矣，又恒因挑贩出售，迂回山道中，中途变劣，其品质、价格因之减低，整个祁门信誉将受其影响，此其一。毛茶越宿而不烘，则所得精茶其味必酸，于是亟谋脱货，往往不能偿其本金，生草越宿则其叶萎凋，犹可制成毛茶以求脱货，此其二。农民制茶全凭经验，已如上述，然红茶品质之优良，大半关系于自生草至毛茶一步骤。以此种重要步骤而交托于一无把握而全凭经验之农民，此祁红品质之所以不能事先逆料，而沪市盘价之仍操于洋商之手中者也，此其三。今岁红茶统制，煞费苦心，当事实未成时，曾受茶商之极力反对，此无他，因未得有釜底抽薪之办法故也。若能在祁门四乡广设制茶工厂，再于城内设立总厂，则国家自制自

销，不统而自制，此其四。上述四点为荦荦大者，其他尚未计及也。

（丑）取缔茶号

经委会前农业处鉴于茶农之受制于茶商，于是，在祁从事合作指导，以扶助农民自制自销为目的，法至善也。惟合作社而不健全，则其结果恒并茶号而不如，盖中国教育之不普及，一二点者恒能假合作之名而将茶农操纵，于是茶号之陋规未灭，而合作社之新弊又生，农民诚不堪其扰矣！然此种情形，若从事于合作事业者能谨慎努力，犹可设法补救，惟合作社之目的为对抗茶号，祁地合作社数量不及四十，茶号则在百外，一乡中若合作社与茶号并立，则合作社鲜有不受其掣制而蒙其害者。且茶号之成立，于政府统制上亦不能收指臂之效，忆今岁本部通令，茶箱之三角木须添加四根，大多数茶号均不能遵守，此固为消息之不灵，抑亦民营事业之一弊也。

（寅）改良合作社务

祁地合作社之不健全，为不可掩之事实。于组织上、技术上均须从事改进，严防假借，改进社务，固属重要，而技术上亦须亟谋其增进，盖今岁合作社不啻茶号，除贷款时严定箱数，指导员监视社务业务外，于技术上则仍沿其旧，视其品级试验而益信，合作社务长此不振而欲空言改进乌可得耶？

（卯）木材问题

祁门山岭四合，林木孔多。木材问题，骤视之实属有杞忧之讥，然设稍一细究，则木材之供给，诚亦非统盘筹划不可也。

以茶箱一项言，非枫香莫属。今岁祁门红茶之产量，如上述，兹计算其所必须之原料如下：

茶箱容量：18吋×18吋×20吋；板之厚度：0.2吋则其每箱所需之木材为：4×（18吋×20吋×0.2吋）+2×（18吋×18吋×.02吋）＝288立方吋+129.6立方吋＝417.6立方吋

三角木12根共需木材（参考图五）：

$$6 \times \left(\frac{0.8\text{吋} \times 0.4\text{吋}}{2} \times 18\text{吋} \right) = 17.28 \text{立方吋}$$

$$2 \times \left(\frac{0.8\text{吋} \times 0.4\text{吋}}{2} \times 20 \right) = 6.4 \text{立方吋}$$

$$2 \times \left(\frac{0.7 \times 0.35\tan 45°}{2} \times 18\text{吋} \right) = 8.82 \text{立方吋}$$

$$2 \times \left(\frac{0.7\text{吋} \times 3.5\tan 45°}{2} \times 20\text{吋} \right) = 9.8 \text{立方吋}$$

17.28+6.4+8.82+9.8=42.3立方吋

共需：417.6立方吋+42.3立方吋=459.9立方吋

再加因制箱，而所消耗之木材（约占箱材1/3）则：459.9＋153.3＝613.2立方吋，约言之600立方吋。

则祁门、至德、浮梁三县制箱时，共需木材40000（祁门出箱数）＋8000（祁门在香箱）＋26400（浮梁至德二县出箱数）＋5280（浮梁、至德二县在香数）＝79680。79680×600＝47808000立方吋（1立方呎=12³立方吋，折合之则约得：27667立方呎）

约言之，年需伐胸高直径3呎(1米)干高20呎(7米)之枫树300株，然此仅通盘筹算耳。实际上，祁门一带，制茶箱之方式至不一律，有包于"箱司"者，有雇人伐树而自制者，其余存之木材尚未计及也。考枫香之树种，喜肥沃而湿润之土壤（注一）。祁门一带山地甚多，枫香于山麓间见之，山腰多杉，山顶多松。年来因植桐、植茶而开山者日众，平地间亦因与山争地，而农垦日亟，年伐大量之枫木，则十年二十年而后，其能取之无涯耶？又考枫香之木材，易折裂而不耐久（注二），其所以采用此木者，良以茶叶易吸收他种气味，故装箱木材宜以无味者始合式。树木之宜于制茶箱，在祁门一带而可资提倡者，除枫香外，可理合欢（注三）代之。合欢之木材，其折裂度较枫香稍杀，亦无味，而有改良土壤之功。该树高之分布较枫香为长，山腹间若能与茶寮混交，则茶树之受益非仅上述二者而已也（注四）。今岁祁门茶叶，在由皖至沪途中，虽有十二三角木之茶箱，然破裂时有所闻，愚意提倡祁茶（甚至波及全国之问题）必同时提倡合欢林，庶克有济。

杉木在祁一带触木皆是，惜有木味而不能制箱装茶，甚望木材化学家设法去其味，则祁门一带茶箱问题可完全解决。

再，每担箱精茶之制成，若以用木炭40斤计，则祁门一带……此种木炭大多自屯溪、婺源、浮梁一带而来，实则祁门一带，山中杂木，俯仰皆是。若能将林地善自经营，从事烧炭，兼集干溜液，则山林既不荒废，而地利亦得尽矣，"茶"与

"林"诚不能各自为政也。（完）

参考文献：

注一、注二：陈嵘，造林学各论。

注三：H.J.Moppet；"Tea Manufacture is Theoreyand Practice in Ceylon,"

注四：Eland Bald："Iudian Tea its Culture Manufacture"

《实业部月刊》1936年第1卷第8期

祁门红茶经委会拟定复兴办法

皖南祁门红茶之衰落，不仅关系徽州经济之枯乏，抑且影响国家对外贸易之减色。年来因产区农民，不知改良茶种及制茶方法，以致向称红茶最大顾客之俄国，近竟推广自种，需量日减，致祁茶海外销路年不如年。今后为打破茶业未来危险，实有急予挽救必要。过去当局及茶商，虽曾迭谋改进，但以限于经费，未展所图。最近全国经委会对复兴茶业计划推行，不遗余力。尤其是对祁门红茶，更加重视，除已拨款协建祁门茶业改良场，派员指导设立茶业产销合作社，设立沪推销处推广贸易外，兹该会又拟定各项复兴办法如下：（一）继续补助祁门茶业改良场，增辟经济茶园，以谋经济自给，并设立模范茶园，及模范制茶厂。（二）继续分级试验。（三）拟增聘人员，赴祁门各乡村，指导茶农，普遍组织祁茶产销合作社，同时在沪设立全国茶叶推销机关，试行国外直接推销。（四）举办产地检验，以防止劣茶掺混。（五）拟设立茶叶研究室，研究茶叶捐税、茶叶检验、茶叶金融及运输等问题，必要时，拟召开茶业会议，讨论茶叶产销一切问题云。（天津大公报）

《湘农月刊》1936年第1卷第1期

祁门推广合作社改良茶叶

皖省各县，素以产茶著名，皖西以产绿茶著称，而皖南祁门等处之红茶，则更驰名于国际。每年输出总额达七八百万担，价值数千万元，关系农村经济甚巨。往昔销售苏联及欧美各国，常有供不应求之势。惟近年以来，因茶商墨守成法，焙制、装潢两不改良，未能适合国外需求，益以日、印、爪哇等茶竞销影响，国际市场悉遭侵夺，以是外销年不如年，茶业一蹶不振。实业部有鉴于此，当经与全国经济委员会、皖省府联络合作，先就皖省之祁门设立茶业改良场，以技术方法研究、改良祁门红茶。分技术、总务两科，技术科下分茶叶化验、合作推广、包装改良、分级试验、机械实验等各部分，以求装法进步，出品提高。其机器均系由外洋购来，并于该地凤凰山，建筑大规模茶场厂房，招收当地茶农，施以简浅训练。兹据本市茶业界消息，祁门改良设备，自去年筹备迄今，刻已布置就绪，房屋机械等，本月内均可装竣。预料本年祁门红茶新茶上市，在品质上必能放一异彩。一方面并拟与银团合作，推广合作社所，长期贷放茶叶贷款，补助茶农经济，力求增加生产。

《农村合作月报》1936年第1卷第8期

赣皖合组红茶运销委会

"中央社"南昌廿二日电，赣皖两省府将合组红茶运销委员会，以两省财政、建设厅长及经委会农业处长为常委，会址设在安庆，嗣后两省出产之茶，由该会运沪推销。

《国际贸易情报》第1卷第5期

祁门红茶仍归商办

祁门红茶，为我国著名土产，前闻该路茶业，有由安徽省政府统制消息，上海各茶栈。以此举有碍茶栈债权利益，已由洋庄茶业同业公会电呈中央，要求展缓施行。兹闻政府为兼顾商业起见，除通令各商家，设法改良品质外，对于贸易方法仍由各茶栈照原放款办理。闻忠信昌等茶栈，均已派员进山，进行业务云。

《国际贸易情报》第1卷第5期

茶业接洽贷款

本年新茶，两月后即将上市，各茶栈已分头向银钱业接洽贷款，准备入山放款。祁门各红茶产销合作社，亦拟联合交通银行贷款，计生产贷款四十万元，运销贷款六十万元，共计一百万元，刻由祁门茶业改良场胡场长代表来沪接洽，现以担保问题尚未解决，致未正式签订合同，至上海银行对祁门合作社本年间已不再贷款云。

《国际贸易情报》1936年第1卷第5期

改善红茶运销意义与经过
——皖建厅长刘贻燕报告

安徽省建设厅长刘贻燕氏，于5月25日在招待新闻界席上报告救济茶农茶商，改进红茶，设立运销委会，及与洋庄茶栈谈判合作经过，兹录刘厅长报告如下。

（一）世界红茶市场与中国

红茶在世界市场50年来，有突飞猛进之势，总销量逐年增加，最近竟增加至数倍之多。中国红茶在世界市场，本居特殊地位，输出最多的年份为1886年，其数为1661325担，自1896年以降，不复有100万担的数目，竟从90万担逐渐激减至三四十万担。自1918年至1933年止，更激减至十余万担。其消长情形，竟与世界市场红茶总销量成反比例。长此递减，中国红茶业之前途，岂堪设想。

（二）皖赣红茶优点与危机

皖赣红茶原有三种：河红、宁红、祁红。河红已完全消灭，宁红亦格外衰落，祁红以气候地质关系，色、香、味异优越，为世界任何地方出产之红茶所不能及，是以尚能在世界市场勉强保持其地位。而近年度爪哇、锡兰、日本等处红茶竞销之影响，以及产销经营之不能随时代进化，销数亦日见减少，不谋救济河红之前车可鉴也。

（三）皖赣两省救济红茶业

皖赣两省府认定红茶业有急起救济之必要，原欲从改良生产入手，曾先后于修水、祁门设有茶业改良场，研究种植与制造之改良。现在修水场暂停，祁门场则加以扩充，为全国经济委员会实业部皖省府合组办理，设备大加充实，一面指导茶农，组织合作社，实行改良生产，并试行联合运销。惟依照此项计划进行，预计非三二年之短时间所能得到完美效果。为急则治标之计，惟有同时改善一般红茶之运销。改善运销之方法，一为统一运输，即利用两省最近完成之交通工具，直捷运输，以免除已往之绕道，及不安全之害；一为统一推销，即集中红茶为有组织之推销，以革除中间人索取陋规、高利贷放款、减价竞卖及种种把持操纵之恶习。吾人欲迅速恢复茶农、茶商垂危之生机，舍此似无他法。红茶运销委员会之组织，系本年来全国经济委员会举行茶业技术会议时，皖省府所提议经议决通过，因皖赣两省政府往复磋商，会同组织成立。其宗旨纯粹为改善红茶运销，谋整个红茶业之振兴，不特不从中微收任何规费，为政府图增收入，且于协助指导及保证贷款等方面，经济上有所损失，亦在所不惜。

（四）皖赣红茶统一运销后

皖赣红茶之改善运销，即为谋红茶业之整个振兴，故于产销各方面，力求其均感便利，实行以来，其成效可见著。分述如下：（甲）减低成本，由会介绍银行借款，以月息8厘分贷茶商，一面减轻运费，革除陋规，其成本自然减低，制成之茶自易销售。（乙）制造精美，会中派有技术人员分驻各产地，切实指导，自无粗制滥造之弊。（丙）装箱稳固，会中监视茶商实行依照国外茶商之要求，改良茶箱，如加钉木条，改用锡罐等等，便于销行远道。（丁）免除出口检验，会中商由商品检验局派员在产地检验，给证出口时，不再检验，所减省手续不少，可以提前出口，早应国外销场。（戊）运输便捷，赣省利用浙赣铁路，皖省利用芜屯公路，与江南铁路联运，至德茶迳在安庆登轮，不再如往年之经鄱阳湖或湘江而上，绕道九江运沪。（己）买卖双方自由论价，会设总运销处于上海，组织有茶质评定委员会，委员为著有声望之茶商，茶质均由会评定。茶价亦由会主持，一面由处组织一推销组，直接与洋商接洽推销事宜，该组主办人员，均为富有经验之茶业中人，直接与洋商论价，而商取同意于评委会，买卖双方，一无隔阂，可以自由论价，自不至受人把持操纵。

（五）皖赣红茶运销之办法

对于上海经营红茶之茶栈，在业务债权方面，经议有救济办法。其一，尽量罗致茶栈人才助理会务。其二，债权人提出数额，经债务人承认，应行偿还者因运销处于售茶后召集双方，依照习惯处理。如有纠葛，由双方自行依法解决，茶栈代表到皖，经省府告以：①革除陋规，②减低放款利息至月息8厘，③茶由会统一运输，④茶由会统一推销等四项，茶栈能完全遵行，诚心贡献人才，参加推销工作，而有售茶佣金可以完全照给。讵茶栈少数分子，不能听从劝告，竟以停兑汇票相要挟，致数十万茶农、茶商，或陷于绝境。运委会不得不实行放款200余万元，以资救济总运销处。在沪组织成立后，对于茶栈仍多方加以劝导，使其明了红茶业危机，不再顽强抵抗，免使整个红茶业同归于尽。一面仍尽量罗致茶栈人才，助理推销实务。现在新茶运至已多，前日已开始布样，茶栈中亦有深明大义人士，出为助理，不日即可开盘议价。

《国际贸易导报》1936年第8卷第6号

祁门屯溪茶区产地检验已先后办理完竣

实业部为谋茶叶品质日臻优良，除提高茶叶出口检验标准、改善茶箱外，并实施茶叶产地检验，由沪商品检验局主持，本年度先自祁门红茶区及屯溪绿茶区开始。祁门红茶区产地检验，由沪商品检验局茶叶检验组主任吴觉农主持，业于上月完竣。屯溪绿茶区产地检验，由范和钧主持，自上月初旬开始检验以来，现亦完竣。全体检验人员亦已络绎返沪，并悉其他茶叶产地检验，则俟明年起实行云。

《国际贸易导报》1936年第8卷第8号

本年皖赣红茶统制运销经过

皖赣两省当局，鉴于近年来两省红茶销路锐减，价格低落，茶农、茶商均受痛苦，惟欲加救济，必自改良生产，讲求运销始。本年因时间促迫，爰仅先组织皖赣红茶运销委员会，首对两省红茶运销方面施以统制。

本年3月24日本省第858次省务会议通过该委员会章程，复于4月1日下午2时在安徽地方银行安庆分行开成立大会及第一次委员会议，本省出席者为财厅代表欧阳彦谟、建设厅代表刘重炬及省府代表曾震3人。当经决议公推赵莲芳为该会主任委员，通过运销委员会所属运销处组织规则，及如何筹措贷放茶号款项，救济茶栈失业等案，并于4月2日、3日连续开会两次，决议设总运销处于上海，推定程推基（皖）为运销处经理，曾震（赣）为副经理，何崇杰（皖）兼推销组主任，卢兆梅（皖）兼经济组主任，组以下设组员若干人，此外视事务之繁简，酌用雇员若干人。内部组织及经费，商讨就绪，既拟就二十五年业务计划纲要。并估计本年祁红产额6万箱，宁红产额为2万箱，拟祁红每箱贷银30元，共需银180万元，宁红每箱贷银15元，共需银30万元。祁红事先已由茶业合作社向安徽地方银行暨交通银行合贷银50万元，尚需银130万元。后经以皖赣红茶运销委员会名义与安徽地方银行订立贷款协约，贷款总额为140万元，运委会认2成，计28万元，其中赣省应认8万元（依照原来预算，浮梁放款为40万元，赣省应认2成，计8万元）。又此项贷款一律月息8厘，并规定若遇茶之售价不足清偿银行本息时，应先就运销委员会所认之2成内拨还。至于宁红所需之银30万元，则由宁茶复兴委员会单独向本省裕民银行商借，由赣省政府予以保证，该委员会遂于本年4月10日在武宁正式成立，进行各项计划。

本年所有皖赣两省红茶统归运销委员会运销处代运代售，自5月9日起至6月2日止，皖赣红茶运委会在上海扬子江饭店先后开会7次，均系商讨推销红茶事宜。总计本年皖赣红茶号为300家上下，合作社尚不在内，出产祁红72000余箱，花香、花末15900箱。其中赣省浮梁红茶计占18000余箱，花香、花末占4000余箱，宁红9600余箱，花香、花末5000余箱。此外，尚有祁门各合作社亦出产7000余箱。迨至9月底，所有祁红、宁红，已完全售罄。至于茶价，祁红箱茶最高为每担275元，较之去年最高价每担180元，增高50%以上；宁红箱茶最高为每担105元，与去年最高价每担70元相较，亦增高50%。至于本年花香销路尤畅，其价由33元涨至40元，而抢购之风仍炽，综计共售得茶款320余万元，为近数年所仅见。究其原因，除因外汇稍涨关系外，统制推销与茶品改良，实有莫大之助力。

据皖赣红茶运销处称：本年皖赣红茶统制运销所得效果，为茶价增高，结账提早，劣茶减少云。

《工商通讯》1936年第1卷第1期

皖赣红茶运委会常会重要提案汇志（一）

工商管理处提

我国茶叶昔曾独霸世界，即在我国输出品中亦占极重要之地位，顾近年各国消费量日见增高，而我国输出量反逐年减少，供求之相剂适成一反比例，而尤以红茶为最甚。夷考其故，盖由于各国奖励生产，运用其政治、经济力量以事倾轧排挤，利用其科学经营方法以事操纵竞争。我国则滋培烘制墨守成法，故步自封，贩卖价格听命洋商，政府既置不问，茶业中农工商各阶级但顾目前小利，犹层层宰割，互相剥削，驯至成本日昂，品质愈劣，情势如斯。而欲与有组织有计划之外国茶业角逐于国际贸易之场，宜其一蹶而不振也。然我国茶叶因气候及土壤之关系，色香味三者均具有天赋之独特优点，诚能政府与商民合力以营，急起直追，未尝不可挽回颓势，重振旧帜，更进而发展光大之也。兹拟进行计划纲要有次。

甲、关于原料方面

茶叶原料不良，纵有神妙之制造，亦难成佳品。是以欲图复兴茶业，首宜注意于原料之改善，我国茶农既贫且弱，兼乏智识，徒加奖劝，难收效果。政府对于茶农宜因势利导，一方面加以保护，一方面施以取缔。今就目前情况，酌拟治标治本两种方法，分别述之。

一、治标方法

（1）计算最低山价；

（2）确定茶商衡制；

（3）取消陋规附捐；

（4）严禁毛茶捎客；

（5）取缔掺杂潮茶；

（6）限定及时摘采。

以上六项均为目前治标之计。第一项至第四项寓保护茶农之意，第五、第六两项为取缔茶农之法。迩来百物昂贵，倍蓰往昔，独毛茶山价所增无几，益以茶商收茶均用大秤（每斤合20余两）与夫种种无理由之回扣、佣金、附捐，及毛茶掮客之多方剥削，遂至茶农利益悉被攘夺，无意培植，虽叶老园荒，绝不顾惜。是宜计算茶农成本，划定最低价格，并严禁一切剥削，茶农有利可图，必能加意培植，使原料日良。至潮茶掺杂，大损茶质，摘采过时则叶大质粗，尽人皆知，毋待赘述。应由皖赣两省府令行产区各县县长，会同主管机关妥订具体办法，严厉执行，以祈原料之改善。

二、治本方法

（1）调查现有茶园数量；

（2）厉行整理扩充紧缩；

（3）划分区域从事指导；

（4）实行中耕施肥剪枝；

（5）贷款茶农推行合作；

（6）设置冷仓库。

以上六项系正本清源之法，应由各主管机关会同商讨，详加规划，积极进行。至采茶时期，倘天气不良，采摘则无法揉干，霉烂堪虞；不采摘而任其生长，则数日之后叶大枝粗，不堪制造。盖红茶之时间最为重要，绝非绿茶可比，采摘、制造、装箱设有迁延，其色、香、味顿减，可使良质一变而为劣品。故宜有冷仓库之设备以御雨天，若设置公共烘茶厂，或磨青机，则冷仓库即无设备之必要矣。

乙、关于制造方面

制造不良，自难与外茶相颉颃，而研究改良之方非一朝一夕之功。为适应目前环境，只能暂就原有成法，采取其精华而废弃其粗疏。查现时制茶虽有茶师之名，实则懂其事者悉为茶商。就茶商方面言，理应力谋运销之完善，然征诸以往事实，茶之销售，完全委托茶栈，惟于制造方面颇富经验，且具匠心。在此改用新法制造尚未准备完成以前，不能不利用茶商，俾负制造之专责，亦宜一面加以维护，一面实行管理。爰拟现在治标及将来治本各方法，列举如次。

一、治标方法

（1）严格登记茶商；

（2）举办低利贷款；

（3）限制最低箱额；

（4）预定最多产量；

（5）实行室内萎凋；

（6）购置揉青机械；

（7）遴选烘火茶师；

（8）严密拣筛工作；

（9）改善装箱时间；

（10）制定管理茶商规则。

以上诸端系就目前治标而言，现在茶商人品甚杂，必须厉行登记。凡无制造经验者，绝对不予贷款，并规定每茶号以制成500箱为最低限度，如富有制造经验而资历微弱者，令其合伙经营之，一则可节省开支，减轻成本；一则便于指导管理。全部产量之多寡，关系市价甚巨，应预为确定。至烘火、拣筛诸工作，及揉青机之设备，尤为品质优劣所关，允宜注意及之。此外，管理茶商若不订立规则以为准绳，则政府收买逼卖于外商，难免受不失去时机，而茶商竞卖叫嚣，粗制滥售，诸弊均无法杜绝矣。

二、治本方法

（1）分区设立试验所；

（2）研究原有制造技术；

（3）确定今后制造标准；

（4）实行设厂大量制销。

以上为治本之法。我国制茶方法，是否需要根本改革，大费研究。据一般专家考察，对于旧法多表赞美，不敢厚非。不过制茶工人只知本其经验，沿用手法，不能明了原理。是宜以科学方法深加检讨，何者应改革？何者应保留？何者应用机制？何者应用手工？倘不精密研究试验，贸然购机设厂制造，纵能臻于标准化，第恐色、香、味三者随之消失，更难与外茶争胜矣。

丙、关于运输方面

茶箱运输，关系綦重，若有损坏，动危商本。且茶市有时间性，迁延迟误，坐失事机，每至碍及销路，莫获善价。自应采用最安全、最迅速方法至运费低廉，足以减轻成本，尤当设法办理。兹就本年经验所得，胪举其办法于后：

（1）不分畛域划分路线；

（2）起卸地点设置堆栈；

（3）事前交涉减低运费；

（4）妥订保障茶箱契约。

本年茶运虽能迅速，但为畛域所限，划分路线不免绕道，增加运费。且设备未周，发生潮湿及损坏茶箱之事，致茶商蒙其损失，啧有烦言。诚宜不分畛域，划定适当地线，并与交通机关事先订立契约，如有损坏茶箱致茶叶遗漏或受潮湿各情事，负责赔偿。至运费虽已减轻，尚有再减之余地，借鉴前车，不可不力谋改善也。

丁、关于销售方面

销售为经营茶业之最终目的，亦即为茶业之生命所关，我国之茶能否恢复其固有市场，纯视销售有无办法。现在我国售茶方法，以沪、汉为总汇，经各洋行之手转输海外销售，华茶能否售出，能否获得善价，完全由洋商操纵于其间。我国茶叶具有特殊品质，而不能与外茶角逐于市场，反致销数日减，洋商之压抑实为重大原因。此问题不能解决，纵使栽培、制造、运输均能努力改善亦难收相当效果，仅能维持现状而已。惟兹事体大，非茶商所能为力，必须政府先行决定方针。其方针有三：（一）与外茶争夺市场；（二）维护茶商茶农成本；（三）一方维护成本，一方逐渐开拓市场。如采用第一方针，则政府先宜厚集资本，扩大茶叶组织，树立永久计划，前数年报牺牲决心，冀收后效；如采用第二方针，则政府只须立于指导监督地位；如采用第三方针，则政府应与各方会合组织，共同努力。今姑就第三方针，定其办法如次：

（1）由皖赣两省地方银行经理；

（2）组织官商合办红茶公司；

（3）仍照本年办法共同经理；

（4）设置专员于海外调查宣传；

（5）联络国外经售华茶洋商；

（6）严格评定茶叶等级；

（7）一方在沪销售，一方在海外销售；

（8）不准茶商落价竞卖。

以上第一项至第三项为统筹方法，应先行择定；后五项为销售方法，尤以准备直接输出海外销售为最要。若仍仰承沪上洋商鼻息，本年虽侥幸成功，欲期茶业之复兴，固未可浅尝辄止也。

总之，我国茶业包括农工商三阶级，三者互相联系，互相因果。欲谋复兴，首须健全其组织，俾能统筹兼顾，督率指挥。次须开拓国外市场，逐向消费国直接贩售。若仅照本年办法，虽提高价格，稍增产量，罄售甚速，结束较早，在茶商得到相当利益，在政府完全收回贷款本利，收效似不可谓不宏，然茶农绝少沾润，制造绝少改革，运输不免疏略，推销仅取得茶栈之地位而统一之。此固由于筹备时间过于仓促，中间复遇茶商之捣乱反对，洋商受其煽惑，疑虑瞻顾，以致办理未臻完善。本计划兹姑就本年所得经验，草拟纲要，且仅限于红茶，稍事纠正补充。然每一纲目之中，尚须与各方意见详加商讨，折中至当，并竭力推行，否则虽放言阔论，累牍连篇，不能见诸施行，于实际仍无补也。

《工商通讯》1936年第1卷第2期

皖赣红茶运委会常会重要提案汇志（二）

江西建设厅提

此次红茶运销因两省省政府之努力已获得良好效果，惟因时间急促，对于茶业根本之茶农未能有充分措施，故茶农受利殊鲜，本年似有兼筹并顾之必要，兹拟具意见如次，请采择施行。

一、宁红。宁红一切贷款、检验等，似均应并入祁红内一律办理，以收统制之效。

二、设置茶业指导员。由两省省政府派员分赴产区，实地指导改良栽培及制造。

三、举办茶肥贷款。茶农无力购肥，致茶质日趋恶劣，应促成茶农组织生产合作社，贷以所需肥料作为金额，至产茶时，由茶农以毛茶或金钱偿还之。

四、组织茶业运销合作社。以茶农之生产合作社为基础，与茶商联合组织运销合作社，设置精制工场，谋品质之向上及固定。

五、贷款。政府贷款以运销合作社为对象，照本办法办理之。

六、施行毛茶生产检验。由运销合作社自行规定其采摘方法、时期、等级等，以谋毛茶之品质提高。

七、规定毛茶价格。按照季节、品质等规定毛茶之最高及最低价格，以谋双方利益。必要时，政府收买毛茶加工精制，以维持其价格。

《工商通讯》1936年第1卷第3期

本年皖赣红茶运销成绩

成绩甚佳运销处将提早结束

皖赣两省府为救济茶农，复兴出口红茶，于本年春间经实业部协助，实施统一运销，于5月间成立红茶运销委员会，设立总运销处本埠，委任程振基、曾震两氏为正副经理，担任推销事务。一方面与洋行方面，进行销售办法；一方面筹集资金一百八九十万元，以低利贷放于茶号。共计本年皖赣茶号300余家，出产祁红72000余箱，宁茶8000余箱，截至本月15日止，共已售出72000余箱，约值总额9/10，各茶号共获利100余万元。尚未出售者，只8100余箱，决于九月底售清。

兹因红茶行将落令，皖赣红茶运销委员会拟将本年红茶营业提前结束起见，特推陈定、卢兆梅、何崇傑三委员来沪，协助上海总运销处办理结束。经决定办法三点：（一）对未售少数红茶亟售存茶。（二）尚未结账者限期结账。（三）紧缩组织。关于亟售存茶一项，现已由运销处茶质品定委员会评定等级，并分向各买茶洋行接洽价格。如怡和、协和、锦隆、汪裕泰等均有意购进，且竞相加价，大约于一二日内即可定盘。惟此项存茶中，难免有少数劣茶，亦经品质评定委员会检出不合标准者100余箱，议定不准出口，决定剔出烧毁，以免影响两省红茶信誉，届时并拟邀请社会局及中外茶商公会莅场监视。其结账及紧缩两项，亦定有具体办法，准定于十月底完全结束。至于本年皖赣红茶运销处之效果，为（一）价格增高，本年最高价值比去年高出50%。（二）结账提早。往年结账之期，须至年底，甚至有迟至明年一二月者，而今年则于9月售清，10月结束，相较提早3个月，其他茶农方面，亦皆受惠不浅。以上数点，足征统一运销之收效。对外方面，因品质提高，装潢完善，增加国外用茶各国之信誉，并悉实业部吴部长，日前特莅皖指示一切，对红茶统一运销之成绩，深为赞许。运销委员会为讨论来年计划起见，特于10月间，在江西召开会议，决定办法。

《银行周报》1936年第37期

皖赣统制红茶运销问题

茶叶为吾国特产，向占出口贸易之重要地位。近年以来，以产、制、运、销等经营之固步自封，无以与印度、锡兰、爪哇、日本等新兴产茶国竞争于海外，因之我国茶叶国际市场，几尽为所夺。茶叶输出，一落千丈，影响所及，不仅国际贸易失其衡准，即生产区域之国民经济，亦莫可挹注。最近皖省当局为挽救茶业起见，特联合赣省及经委会，组织皖赣红茶运销委员会，企从统制运销入手，以发展两省红茶。上海洋庄茶栈以为此举有碍该业生机，群起反对，于四月二十三日实行停兑歇业，以示抗争。此事发生，适当新茶登场之际，影响茶叶出口贸易甚巨，旋经各方调停，绿茶部分虽已复业，但红茶部分迄今（五月二十日）尚未融协。顾复兴茶业为今日国家当务之急，而实施统制又为复兴茶业之必经途径，故茶业界今后之目光，似应明察内外情势，迎合新兴潮流，着重于事业之振兴，而不作传统利益之保守。苟能官输其力，商运其智，双方切实合作，从事茶业组织之改善，进而谋生产之推广，必使产、制、运、销完成集约经营，则力量充实，对外足以言竞争，而茶业复兴之成功，仅为时日问题耳。兹将皖赣统制红茶与茶栈停业问题之经过及对此问题之一般舆情，分志如下。

（一）皖赣统制红茶运销之筹成

本年二月全国经济委员会特召开茶业技术讨论会，安徽建设厅即将"统一祁红运销以利国际贸易"一案，提请大会讨论，当经会议通过。安徽省政府就会议通过之原则，派员赴赣接洽，扩大统一运销之范围。由全国经济委员会农业处赵处长、江西省政府委员会萧纯锦及安徽省政府代表何崇杰等积极规划，决定皖赣红茶运销委员会之组织及其事业计划纲要，先后由江西、安徽两省政府委员会议通过。皖赣红茶运销委员会乃于四月一日在安庆正式成立，其章程内容大要如次：

（甲）组织。定名为皖赣红茶运销委员会。委员由两省政府就下列人员分别聘委：（一）全国经济委员会农业处处长；（二）两省政府财政、建设厅厅长；（三）银行及其他贷款机关代表；（四）茶业专家。内设常务委员五人，由农业处长及两省财建两厅长兼任，并互推一人为主任委员，会内设秘书一人，干事三人至五人，分办各务，会址暂设安庆。

（乙）任务。有六项：（一）指导种制之改良；（二）介绍贷款及保证信用；（三）便利运输；（四）推广销路；（五）调查宣传；（六）其他改进事项。

（丙）运销总分处。于上海设运销总处。在九江、安庆、屯溪三处设运销分处，接收各茶号所制红茶，负责转运上海，统一销售，并筹设分销处于国外伦敦等处。

（丁）经费。会费及运销总分处经费，以经售茶叶价额2%之佣金拨充，不敷时由全国经济委员会补助二成，余由两省政府按所属地方产额摊派。

根据上述章程甲项之规定，第一次大会时当经推定全国经济委员会农业处赵处长连芳及皖赣两省政府财政、建设两厅长计五人为该会常委，处理日常事务，并决议各种要案如下：（一）关于运销者。由两省公路局充分准备车辆，在祁门、浮梁产区汽车站接收商号茶叶，分别运至宣城、鹰潭，交江南铁路及浙赣铁路转运赴沪，既可担保安全，并可节省时间。其运费较从前由鄱阳湖运九江装轮较为低减。至至德茶箱，亦改由安庆装轮，极为便利。（二）关于推销者。在上海设总运销处，延聘中外茶师组织茶叶品质评定委员会，平衡市价。茶质无由抑勒，洋商亦不至被人欺骗。并拟在伦敦设分销处，谋直接输出，更拟与苏联接洽，恢复固有市场（因我国红茶向以苏联为出口大宗）。（三）关于贷款者。分三项：第一项，由安徽建设厅与交通银行合筹40万元。安徽二成，计8万元；交通八成，计32万元，贷给祁门各茶叶合作社。第二项，由皖赣两省府与安徽地方银行合筹140万元，地方银行八成，计112万元；余二成皖认20万元，赣认8万元，全部贷给祁门、至德、浮梁三县茶号。月息八厘，不计复息，年底还请。如届时茶叶未售罄，得展限两个月。第三项，由江西裕民银行独家贷款30万元，贷给修武、铜鼓、武陵三县茶号，其利率与安徽同，亦为八厘。

上述三项决议，亦即为该业务之主要部分。据该会预计，本年拟制成祁红6万箱，宁红3万箱，以应市场之需要。贷款办法亦经决定，计祁红每箱贷款30元，6万箱计180万元，即以前述第三决议之第一、第二两项来源贷出。宁红每箱贷银15元，2万箱计需银30万元，即以前述第三决议第三项之规定，全部由裕民银行担任。斯项银行方面之贷款，均由该会担保其信用，而被贷者均须为登记合格之茶商。

该会成立后，即积极进行茶号登记。据报告登记核准者，祁门有125家；浮梁76家；至德40余家，三县共计240余家，贷出款项达160万元。上海运销总处，已经委程振基氏为处长，于四月二十日由芜赴沪筹备，业于五月五日成立。并于祁门、宣城、安庆、九江、鹰潭等处设立运销分处，以便新茶收成时便利交易。

（二）茶栈停兑反对之经过

此次皖赣两省当局实行统一红茶运销，在茶农、茶号方面，并无若何反响。惟上海洋庄茶栈于二月间，悉茶叶技术讨论会之决议后，以为贷款茶号系茶栈之业务，今改由银行贷款，不啻妨害其业务，且本年已放出款二三十万元，乃群起反对，致电政院财、实两部及皖省府，请予撤销运销委员会之组织。政府方面则以过去红茶交易手续，流弊滋多，不独贷款利息高昂，直接增加成本，间接影响茶叶外销，而经营红茶贷款者只六家，且均兼营绿茶，而红茶出口数额仅及绿茶五分之一，影响甚少，仍照既定方针进行。洋商茶栈以所请未获要领，乃于四月二十三日相率停兑，以示抵制。

考诸历年茶栈收茶办法，向系事先贷款与产区各茶号，由茶号向茶农收买茶叶。凡该茶号向茶农收得之茶叶，均归贷款之茶栈销售与各洋行出口。茶栈贷款方法，系以茶号收茶数额为标准，先付现款若干及期票若干，茶号即赖以周转。当地金融机关，以茶栈期票信用素著，亦多乐于收受。故茶栈所出之期票，在产区金融方面，甚占地位。一经到期，即由当地之金融机关代为兑现，而由茶栈将斯项期票逐一收回。今既声明停兑，持票人之损失，即形重大。其情形有如景德镇钱业公会致上海市商会所述。该函略云：

……近因各庄买受各茶号上海各茶栈自支申兑见票迟十天汇票，数达十余万元，刻因奉到申庄电称，无论任何茶叶汇票一律停兑。并有已曾签见到期未兑退回之票，已属为数不少。……今竟突然停兑，不特各庄周转不灵，且于市面金融突呈紧急之象。

观此可知，停兑之影响如何矣。且停兑范围延及绿茶，其性质尤为严重，因之上海市商会乃致函该同业请勿固执，以纾商艰。

停兑之举，已逾旬日，在此期间，洋庄茶栈同业公会推派代表向上海市商会请愿，要求函请皖当局撤销运销委员，并商议开兑之办法，中华工业总联合会及全国商会总联合会亦派钱承绪氏赴京皖请愿，商讨解决途径，建议官商合作办法。沪市政府训令复业，沪市商会再函劝导洋行迭函警告。据五月五日《申报》消息，钱氏建议，皖省已表示容纳，同时运销总处程处长亦已抵沪协商，解决途径亦已有端倪。洋庄茶栈同业公会乃接受上海市商会之劝告，决议于五月六日起，绿茶先行开兑，惟红茶开兑，当俟至事件完全解决之后。

（三）统制红茶运销之原因及今后救济之方针

关于红茶统一运销及茶栈停兑，其事实已如上述，兹再详言皖省统一红茶运销之原因及今后救济方针。

（1）统一红茶运销之原因。皖省当局所以统一红茶运销，实基于过去红茶运销之积弊：（a）增高成本。茶号每于茶季，须现金周转，现金来源，一则来自洋行、钱庄，一则来自茶栈贷款，其利率均在一分以上。茶叶装箱之后，一律须运至九江交货，运货增加，而剥削名目达二十余种之多。茶叶成本因之提高。（b）运销欠安全。近年皖赣公路通车甚多，祁茶本可经九江转运上海。昔时均因茶商之便利，一律运至九江转运上海，因其产区辽阔，中途遭受意外者甚多。又去年祁红在鄱阳湖沉没二千箱，乃其显著之事实。（c）品价不一。因旧时茶商缺乏统一组织，因之互相竞争，每箱茶价开盘、收盘，有相差达百元余之巨者，亦有以劣质茶叶而售高价者，以之丧失国际信用。（d）引起投机。设如某年茶市较佳，茶号获相当利润，则次年除正当茶号外，投机者闻风兴起，借款茶农。制茶者既多，因而毛茶价格高涨，制茶成本增加，茶农可稍稍获利，而投机之茶商则不如预期之可获厚利。至第三年，茶农鉴于上年之获利，乃大量种植，是时投机者以去年之失败，相率停业，正当茶号亦不敢大量制造，于是毛茶产量乃供过于求，价格大跌，茶农乃蒙损失，茶号又稍获利益，如是辗转循环，流弊乃滋生。

（2）今后救济茶业之方针。计分四点，即：产、制、运、销。关于产制两方面，系时间问题。新的种制方法，正由茶业改良场在试验推行中。运销系经济问题及组织问题。现经济方面改由政府贷款，利率较茶栈为低。运输改由公路、铁路联运，较之海运运费少而时间短，且意外损失亦可减免，如是则茶之成本减轻，销售可望通畅。组织方面，由产区至市场，均由推销委员会统一主持，可免去中间人各种佣金及多面之剥削，从以前之间接贸易进为直接贸易。如斯则市场划一，品质整齐，对于国际贸易便利实多。

（四）关于此次红茶运销统制之舆情

华茶对外贸易之日趋消沉，事实已至明显，筹划挽救成为今日复兴茶业之中心问题。惟斯事体大，非有严密组织不为功，而亦非持长期努力难奏效。此次皖赣两省统制红茶运销办法之实施，洋庄茶栈群起反对，要亦可知茶业症结之所在。兹更摘录舆论数则于次，以观今后方针应如何为准也。

四月二十四日《大公报》社评

（1）出口茶之统制运销，原则上应为国民所拥护。盖茶业之衰久矣，出口贸易每况愈下，如祁红，为仅余的出口之大宗，但亦递年衰落，去年又比前年锐减。长此不振，茶农、茶商势将同归于尽。复兴之道，不仅关于运销，但改良运销，亦为主要手段之一。过去情形，茶号、茶栈重重剥削，复阨于洋商，价格由其操纵，以致茶农获利极薄。而华茶出洋后之成本，则高于日本、锡兰者远甚。时至今日，除非国家坐视茶业之灭亡，否则必须于生产技术、运销方法大加改良，故结果必趋于统制之途，此无论何人，不应反对者也。

（2）皖茶复兴运动，倡之经年，统制运销，凝议亦久。全国经济委员会、实业部、皖省府，去年协同建设祁门茶业改良场，规模宏大，行将完工，又尝指导设立茶业产销合作社，今已共成立三十余处，成绩颇著。今年三月二十日，皖赣两省府代表及经委会，交通、裕民等银行代表，在南昌决议：（a）由银行放款救济茶农，计交行任80万元，皖赣地方银行各任25万元，贷放于出产祁红之祁门、至德、浮梁、婺源四县。而救济宁红（即江西武宁、修水、铜鼓等县之红茶）则赣省独任之。（b）关于运销，由经委会、皖赣两省府、银行合组运销委员会，总处设上海，分处设九江、安庆、屯溪，将欲统一运销，挽回利权，此固皖赣之重要新政，有裨于茶业前途者也。

（3）本市茶栈之反对，以为皖省此举，为夺茶商之生机。查皖茶复兴运动，包括改良技术、救济茶农、便利装运、整理价格，乃一大组织之计划，其本意不在与商人争利，不过欲减轻各级之剥削而已。茶业至今日，整顿则兴，放任则亡。本市茶业公会，去年亦曾有六项意见之呈请，可知茶商之根本利益，在茶业之振兴，而不在传统的利益之把持，诚以事业日衰，把持无益也。本市茶栈为对洋商交易之媒介机关，专门营业，熟悉情形，然亦递年衰减，今仅有十四家。其于海外市场，亦殊隔膜，一切听洋商支配，惟赖取利茶贩，聊以自养，盖纯为一种旧式商业，其本身殊无以挽救茶业之衰颓，长此以往，亦惟日就萎靡而已。吾人以为，本市茶商与其反对新潮，不如自求合作。倘官厅办法，使茶栈血本受损，或有其他非法之压迫，则政府应能加以保护，舆论亦将为之声援。何则？国家之任何改革□固不容使某一部分人民，特受损失也。虽然，观皖府表示，本期待茶商合作。当此草创之时，本市茶商毋宁宜贡献其知识经验，期以官民合作之力，达到改良对外贸易之目的，似不宜长持极端态度，使茶业公共受损，而己身亦终归淘汰也。

（4）同时愿皖省府注意。就"销"而论，其症结在洋商支配，不在华商作梗。此为多年演成之事实，自非充实力量，长期准备，内而改进茶质，减轻成本，外而调查国际，布置市场，殊不能扩商权于海外。故统制贸易之收效，非一朝一夕之事也。皖赣今设运销合作总处于上海，对洋商方面，向无历史，而又势不能直接运销海外，是在此过渡期间，仍宜兼利用茶栈之组织，努力与之合作，加以保护，而责其改进。茶业公会，应不乏通达时务之人，倘不碍茶栈之根本存在，应可发见合作之方法也。吾人对皖茶复兴，极表注意，去年以来之新计划，应坚持到底，必期成功。任何阻扰，宜加抗拒。如茶农合作组织之奖励，公平贷款之实行，技术改良之试验与劝导，装运之指导与改良，各商号剥削之减免，皆须积极贯彻，毋中途不前。惟同时对于运销商人，应指导以新的途径，使之参加新的组织，于上海茶栈，尤宜注意。盖彼等为出口贸易之枢纽，不宜见市场之纷扰也。据以上诸义，吾人主张上海茶栈罢市事宜，早日和平处理，而共同致力于中国茶业之复兴。

四月二十九日《申报》时评

……何以皖赣红茶有此大改革？不外鉴于年来出口茶叶日见式微，如再不图改进，将无立足之地。而推原华茶信誉坠落之由来，茶农墨守旧习，不知改良技术，固为一大原因。但掺杂作伪，使人掉首不顾，出口茶商亦难辞相当的责任。彼产地茶商之接受贷款也，无异"二月卖新丝，五月粜新谷"，货样品评，价格高低，一任贷款者之意为之。茶商号既无选择出沽之机会，又欲弥补不当之损失，自难望其有精美之品以应销，驯是而茶质窳劣，销路日微。故如产地已改良，而销场不为整顿，则改良之结果，仍为居间之商人厚其利益而已。

统制美名也，在向取放任之中国，一旦实行，形格势禁，亦固其宜，况与商人利害冲突，办理稍欠周密，而责□已至。此在当局固宜审慎于事先，而出以公正和平之态度也。盖今日吾人所当注意者，为对外一致。夫既以对外为共同目的，则对内宜求一心以共赴，即使地位不同，见解互殊，行动各异，要当各就可能范围内互相让步，以谋合作，合则对外之力强。政府对于商人正当利益，固无加以蔑视之理。而在商人亦不宜逞一时之意气，自走极端。茶栈如狃于旧时习惯，不思改革，即无政府统制，亦必有失败之一日。惟在改革之初，所望官□方面勿藉统制之名，操之太急，务与有关系之各方，取得联络，共策进行。吾人之意，不妨将旧有之茶栈，亦使为运销合作之一员。或则就茶栈已放之款，在运销原则指导之下，酌予承销。又或就旧有应行改革之点，严加取缔，茶叶暂由茶栈经售。总之，以不违政府统制初衷，兼顾茶商目前利益为依归。至此后关于出口茶叶应如何改革进行，俟本年茶销问题解决后，再行从长计议。否则相持不下，销路停顿，坐失时机，而使他人收渔翁之利，两败俱伤。转速华茶业之崩溃耳。

钱承绪氏之建议

钱氏受中华工总联合业会及全国商会联合会两团体之委托，为皖省统制红茶栈停兑问题出任向各方调融，其向皖省当局提供之建议，内中主要点有下列数则：

（上略）……在目下已经成立之茶产运销机关，仍当依照原定计划，向前推进，而关于对外贸易部分，则应就原有茶栈基础，改组为华茶经营机关，在官厅监督指导之下，使其成立……意见列下：（a）茶栈商人，因有其经验与历年国外贸易关系，在推销之地位上比较适宜。今主张由官商共同发起华茶营业公司，额定资本三百万元，商人出资二百万元，官厅一百万元。（b）公司可以收买茶叶，推销国内国外业务。（c）公司之上应设一总管理处，采委员制，委员人数定五人至七人，为委员会主席。（d）公司之总经理，由委员会于商股代表中选任（即非商股代表，不得充任总经理）。

《国际贸易导报》1936年第8卷第5号

祁红出品优良

祁门、浮梁、至德三处红茶，本年因各区督促提早摘嫩，且天时日晴夜雨，出品较旧优良。现下头青高庄货，号家已购足额，制运到沪，扯价均在二百元左右。一般茶农，日来正赶采二期新货，以供号家需求。闻西、南两路茶，因各商特殊注目，采办者多，潮青售价每担已由70元涨至76元。

祁浮红茶，装运来沪销售，大部分向由景德镇、饶州、九江等处辗转运来，每箱运价，须在6元左右。现皖赣红茶运销委员会，对此详加考虑，闻已决定从屯溪由芜屯路转运来沪，并定每箱运价，减至2.5元，以祁茶全部6万箱计之，年须减轻茶号担负共计20余万。

《国际贸易情报》1936年第1卷第11期

祁红纠纷解决

皖省统一祁门红茶运销，引起绝大纠纷。上海市洋庄茶业同业公会因穷于呼吁，曾于4月23日起，发表宣言，停兑汇票，实行歇业，嗣经全国商会联合会代表钱承绪君赴京皖调解，复由上海市市商会及各地公团等竭全力劝导，风潮始告平息。洋庄茶商，本即于本月六日起照常恢复营业。现钱君已离京返沪，据称皖省对提出组织华茶贸易公司之折衷办法，业已同意，惟附有条件三项，尚须俟实业部与皖省府详商后，始能作具体决定。至华茶贸易公司之组织计划，为官商合办，资本定为300万元，官股100万元，商股200万元，组织大纲、营业规程、办事细则等，均在着手草拟中云。

又讯上海市洋庄茶栈业已将本年度放出之期票一百余万元全部收回，另由皖省地方银行借给茶商140余万，江西裕民银行借给30余万，均一次借贷之。

红茶统销问题告一段落

运销处运到新茶已经布样

皖赣红茶运销委员会运销总处，前与洋商茶行方面会议结果，对外商所提之运销及费用等三项原则，运销处正式以书面予以答复，外商来函认为满意，即开始将业已运沪之新货红茶举行评质评价后。于23日正式将所布样茶分送各洋行计由运销处所布之样子，共105号，各项样品均假定大约价目，分别送往怡和洋行、锦隆洋行、同孚洋行、协和洋行、天祥洋行、天裕洋行、协和洋行、杜德洋行、兴成洋行等十数家。外商方面决定24日将收到样茶，召集同行着手评质论价，并由运销处推销组副主任王馀三主持开盘，正式举行直接交易。惟外商方面，于26日临时又提出办法两点，要求运销处予以答复，因此开盘乃告停顿。兹双方业已妥协，已于29日正式开盘。运销处因接外商来函，对推销组主任郑鉴源，否认系茶栈所公推，并欲运销处另推推销处主任。兹运销处业已决定由处长程振基君兼任，郑鉴源王馀三二君为副主任，同时并推定王馀三君为品质评定委员会主席委员，对外商贸易，皆由王氏主盘云。

　　皖赣红茶运销处除将安徽省所产之祁门红茶皆归该处统运统销外，江西省所产之宁州红茶，亦皆由该处运销。举凡银行合作社对江西宁茶放款收买之茶叶，皆在其运销范围之内。连日江西运抵上海之宁茶，为数颇涌，惟尚未与外商开始交易。至于洋庄茶业红茶同业忠信昌、洪源永、永兴隆、源丰润、慎源、仁德永6家与运销处发生之意见，经市商会出任调解，意见缓和。昨申时社记者特访茶业公会委员陈翙周君，据谈祁茶茶客因运抵沪上之茶达七八千箱，值四五十万元，然迄未开盘，乃力促茶业出而维持，现既由运销处评价布样，双方之所谓意见，就此解决云。

《国际贸易情报》1936年第1卷第14期

大宗红茶运输苏俄

　　今岁自皖赣统制红茶后，提高品质，颇为注意，本市英俄各茶商，采购红茶甚竞，价格已至四十二三元，较前涨高三四元之谱。据出口商报告，前日由沪往海参崴之轮，有大宗红茶装往，计有860吨，为本年度输俄首批茶叶云。

《国际贸易导报》1936年第1卷第19期

祁门茶区由皖省府独办

　　安徽祁门，为我国出产红茶之区，其茶区原由实部与安徽省政府会同办理，近实部以应交由地方政府办理为宜，故特训令农业司张科长，暨沪市商品检验局农业组主任吴觉农，前往视察，会商管理该场事宜，并决定交由安徽省政府办理，每年补助经费六万元，由实部与皖省府平均分配，一切事宜，均由皖省府负责，实部只作技术上之协助，该地新茶区约二千亩，旧茶区一千亩。

《国际贸易情报》1936年第1卷第22期

运销统制下的祁红输出手续

姚方仁

一、前言

年来华茶外销的失败，半由于茶叶运输之周折太繁，运费重而影响于成本高，此为有目共见之事实。

政府当局鉴于华茶运销经营之不合理，如果长此任其下去，对于国外市场之竞争力，日见消失，内而积弱之情势，日渐严重。于是毅然决然于本年四月一日成立皖赣红茶运销委员会，总会地点在安庆，设总运销处于上海（七浦路四二七街二七号），九江、安庆、屯溪三地各设运销分处一所，是为皖赣红茶统制之发端。

祁门红茶为皖赣红茶之一部分，亦即为外销红茶中之上品，包含安徽之祁门、至德、江西之浮梁三县所产之红茶。以祁门产品颇负盛誉，三地所产红茶概以"祁红"两字简称之。

祁红实施运销统制后，对于运输、保险、报关、堆栈、装卸以及出口手续等等，谅为关心于华茶外销前途者所乐闻，兹就最近向各关系方面征集所得资料，提供如次。

二、运输路线及运费

祁红昔日运销汉口，民九汉口茶市衰微，华茶贸易之中心市场，遂移转于上海。在未经运销统制以前，其运输路线，祁门茶叶由昌门经景德镇至饶州，是段系雇当地民船装运，每船普通六十箱，每箱运费六角。复由饶州出鄱阳湖至九江，用抚州大船装运，加以小轮拖带，抚船运费每箱三角，小轮拖费，每箱二角。再由九江至上海，系由三公司轮船装运，每箱运费一元一角（轮船运费，定每吨十四元，例以13箱为一吨，每箱连皮重60斤）。

此次改由陆运之后，由公路局于祁门各产地汽车站拨调车辆，接收茶号交与运销处之茶叶。经芜屯公路运至宣城火车站，换装江南铁路公司货车运至尧化门，然后转京沪路至申公路运输，途程约270公里，其间由祁门至屯溪约70公里，屯溪至宣城约200公里。由宣城至尧化门为江南铁路公司芜京铁路，其途程约180公里。

省屯路以通车不久，路面未能十分平坦，惟路基尚佳。芜屯路之路基较省屯路略佳。两路均系石砖砂土混合而成，路面高低不平，衔接于屯溪镇，全程五分之三系山路，故上下坡甚多，经过桥梁三百余座，其中有七八座系就原有石桥改筑而成。可通过载重五吨之车辆。

公路局所用汽车，大半均为Ford V-8，间有Federal车子数辆，全数仅有三十余辆。因车辆不敷调度，临时由中亚汽车公司出租无蓬卡车，天雨受潮，损失甚大。每车载重量自二吨半至三吨，每车限装60箱，约重2.4吨，每箱不得超过40公斤；如过此限度，须另作一箱计算。

由宣城至尧化门铁路，系新近筑成，故路基尚不十分坚定，铁轨采用轻轨，货车载重至多不过25吨，每车装60箱；因路轨关系，行车速率减低，最快每小时以30公里为度。

以上各段联运费用，每箱共计为二元五角，由运销处向路局负责，于茶叶出售结束后付账。

浮梁茶叶运输向分两路：一由浮梁经至德，由至德至九江，一经鄱阳湖直接运九江。现在改趋陆路，由屯景、景南两路□□鹰潭车站，取浙赣路转沪杭路运沪。每箱联运费约需一元三四角。

两地运费，较未改陆运前虽提高一二角，第以新办关系，尚在试运期中，切望今后设法减压。运输时间，大为缩短，对于头茶抢早较前迅速多矣。

目前各汽车站附近，缺乏仓库设备。除交通银行堆栈而外，其他尚无正式营业堆栈，故茶件积压站旁，藉附近庙宇及民间空屋作为临时堆栈。一遇雨天，易受潮湿；再以车辆不敷调度，上下及行动时震动率过大，本年运沪茶叶，茶箱损坏极多，此者非亟加改善不可。

至德茶叶，原由九江装输运沪，此次改道安庆，运费较原来减轻1.3元。

尧渡街为至德茶叶之集中点，由该处雇帆船经东流而达安庆，计程180里，每箱运费0.13元，复由安庆至上海轮运，定十三箱半为一吨，每箱运费合0.74元，安庆轮埠上下力每箱5分，全部运费每箱仅0.92元。由是可知运输道路变迁后，对于运费一项，首受其利者为至德茶。

三、祁红交易及市况

祁红产地交易方法，可分为三：一为茶号直接向茶农收买；一由茶贩向茶农收

祁门红茶史料丛刊　第四辑（1936）

买，运至茶行；一为茶号在各产地设庄收。

茶农将采摘茶叶，施以初制手续后，售与茶行或茶号。每一茶号在乡村设立分收机关甚多，因此竞买之风亦炽。茶号用秤，常在二十三两以上，亦有高至二十四、二十八两者。每斤毛茶，抽收秤钱铜元三枚至六枚，"茶样"三钱至一两不等，取消尾找。此外尚有"九八"或"九六"折净之陋规。故而茶农出售毛茶，所受剥削极重，茶价任茶号之操纵，无一定标准，陋规极多，克扣繁重！

今年因春季多雨，茶况不佳，同时因运销新办，各方阻力丛生，茶栈放款问题也，茶销手续也，茶款之收取也，在在须待解决，以致影响茶市。茶号观望，茶农急待出售产品，于是茶号藉口毛茶潮湿，乘机杀价；因此茶农与茶号间因交易上而引起之纷争，较往年为多。但此系一时的现象，过后当局即以20元为毛茶最低价格之规定，在茶农方面须将毛茶提干，在茶号方面废除"九八"或"九六"折净等种种陋规。

再祁门合作社，今年制茶七千箱，殆占祁门总制茶量五分之一。茶农因急待用钱，就品质较高之茶叶，售与茶号，可得现款，劣等茶叶方售与合作社。合作社方面，因与银行贷款关系，为合同箱茶所限，惟恐不能足数，于是不问品质优劣，来者不拒，结果制茶发酸，运沪出售，大成问题。

浮梁、至德茶市，大致与祁门相似，浮梁开秤时山价颇高，竟达50元左右。嗣受祁门影响，价遂猛跌10元。至德因茶栈贷款断绝，银行贷款（注）不够，致茶号金融周转不灵，加以该地今年茶叶丰收，以致供多需少，市况疲软。

本年开市茶号，计祁门128家，内有一家不做制茶，浮梁68家，至德48家。茶号收茶利于成本低贱，贷款利率减低（由茶栈之一分五厘利息，改为银行之八厘利息），外汇平稳，茶价看高，此为祁红产地今年市况之一斑。

产地箱茶交易既如上述；兹就最近上海市场交易，略述于下：

箱茶由运销处集中运输到达上海，堆存于上海银行第二仓库。由运销处推销组，直接与洋行接洽，就各客家茶叶小样，分别布样。经看定之后，复看大面。茶价由皖赣红茶运销委员会品质评定委员会与洋行双方议定，自由论价，免受操纵。成交后，货款由运销处收受，将垫款（运费栈租等项）及银行贷款本利，洋行种种克扣，一并计算，开一清单，连同净后茶价，交与客户。今年头青高庄货，运抵沪上，扯价均在200元左右，国外需胃尚畅。二期货，采办者亦属众多，潮青，每担可售76元。

（注）茶栈贷款停兑后，运销委员会事前已与各银行商妥，分配放款数额，计：

（一）安徽建设厅与交通银行合筹40万元。内安徽分配二成计8万元，交通八成计32万元。是项贷款系以祁门各茶叶合作社为对象。

（二）皖赣两省府与安徽地方银行合筹140万元，地方银行分配八成，计112万元，余两成，由皖方认20万元，赣方认8万元，是项贷款，系以祁门、至德、浮梁三县为对象。

（三）由江西裕民银行独家贷款30万元，以修水、铜鼓、武陵三县茶号为对象。

上项贷款，月息八厘，不计复息，年底还清，如届时茶叶尚未售罄，得宽限两个月。

四、进口报关手续

祁红由产地运抵上海，进口报关，系由中国旅行社代办。以其与皖赣红茶运销处，订有本埠运输合同，其手续费包含于四分五厘之运输费用中，不另计算。茶叶运沪，进口报关手续大致如下：

产地茶号，茶叶于官堆后装箱时，报由产地检验员，实施检验，领到"验讫证"，而后将茶件交与运销分处之指定地点。公路局派车装运，货到上海，运销处将提单交中国旅行社。该社持单至海关填写进口报单，将嘡码、件数、货名、数量、价值等逐项填明，后面注明请在何处验关。经海关核准后，即加盖印戳发回，货物经关员验讫，掣给验单，并"进口土货盖印凭据"。中国旅行社持上项凭证连同提单，前往提货。

五、搬运、装卸及堆栈

交通银行本年度因对祁红放款关系，特于省屯公路线旁，设置第一及第二堆栈，前者借用吴氏宗氏之一部分，可容茶八百箱；后者则用民房，可堆茶四百箱。是项产地堆栈堆租，每箱二分。栈租由运销处垫付。

红茶箱件一经到沪，由中国旅行社（指本年度而言）运至上海银行第二仓库，每箱运费计四分五厘（北苏州河老垃圾桥塲）。货进栈后，由管仓员接收，填写收货通知单，将号家名称、嘡号、货名、件数、客户住址、货仓第几号第几间一并列明，是项收货通知单计分三张，正张送仓库主任，副张送当地行处，其余一张留根。

仓库主任，收到上项通知单后，即掣给"临时收条"分正副两张，正张交与客户收存，副张留与仓库备查，客户收到"临时收条"，即持该条赴上海银行江西路总行调换正式栈单。

对于正式仓单，如需有过户转让或用作抵押情事，寄托人须于栈单背后，作过户记录，将日期、件数注明，转让人及受让人以及上海银行负责人，分别签名盖章，然后方生效力。

寄托人向栈提货，先通知管仓员，由其填写"发货凭单"，关会账房。一方面寄托人持正式仓单赴仓库，将货物全部或一部分提出。如提货一部分，则于单后加以批注。全部提清，结算栈租，缴消栈单。

栈租计算，每月三分（以箱为单位，重四十公斤），上下力三分，共计六分。货自进栈日起计算栈租，不满一月者，作一月计算。每六个月结账一次。货物存栈期满三年，未付栈租，由行方通知客户提货缴租，不然将货拍卖。

至于水路来沪之茶叶（至德茶），例由轮船公司栈房堆存，得享一月之免租，逾期不往出货，始按月正式起租，每件租银二分，不满一月者，亦作一月计算。所有上下力等，均开列于提单总运费内。公司栈单，与银行仓库栈单略有不同，计分免费出货单及出货栈单两种，前者用在茶叶存栈后一月之内，后者自第二月开始时客户向公司调换而得。

（□）皖赣红茶运销处与中国旅行社所订之□□会□如次：

甲方（皖赣红茶运销处）所运红茶箱件抵沪，由甲方通知乙方（中国旅行社），双方会同至京沪铁路上海北火车站或轮船码头提取，先行过磅，然后派车装运至指定地点。如当时发觉箱茶有短少斤两及破损等情，应由乙方签给箱茶磅数短少或箱件破损单据，交与甲方来员，以资证明，但不得因过磅以致延误乙方车辆。

所有发见箱茶缺少及箱件破损，应由甲方自向路局或轮船公司交涉，与乙方无涉。

凡提单上注明之箱茶，由甲方点交乙方，立即装卸，交送指定之仓库。

上海银行第二仓库核准后，签发单据，交乙方收执，将来即凭单据所列箱数向甲方算收运费。

上项箱茶由上海北站，运至上海银行第二仓库，或由轮船码头及第二仓库运至洋行栈房，所有报关，过磅提运等一切手续，统由乙方代办；惟铁路卸力，及码头下力，归由甲方自理。议定每箱运费（包括一切杂费在内）计国币四分五厘。此项费用于每批货运结束时，甲方即须付清。

此项本埠运输，甲方将箱件点交乙方起运后，如中途遇有短少或破损等情事，概归乙方负责赔偿；但经第二仓库签章收到后，如有短少，乙方不负责任。

凡箱茶到沪或洋行发货时，须经甲方通知乙方后，乙方应立即会同提运，不得借车辆不敷，延误时间，如因此而致甲方受有损失时，应由乙方负责赔偿。

六、保险手续及保费

祁红保险，自由慎昌、四明以及中央信托局等承保，保费计算，以洋数为标准。按通常情形，公司方面对于保户所提保额，不超过货值百分之八十者，认为合格，即予承保。

今年祁红全由中央信托局独家承保。其条件大致如次：

（A）关于陆运方面：凡火车汽车由于直接原因发生桥梁损坏，山洞崩陷，脱轨倾覆，撞碰失火以致货物受损失者，由甲方（中央信托局）负赔偿之责。

（B）关于水运方面：凡轮船驳船及帆船直接因搁浅、触礁、沉没及失火以致货物受有损失者，由甲方负赔款责任。

（C）关于转口方面：凡货物运至转口埠候转时，由甲方承保火险七天，惟其货物以在路局或轮船公司管辖之下，堆置铁路栈房或车站或轮船公司堆栈及码头上者为限。如货物堆置□船而遇不测时，甲方所负之责任与"水运条款"同。

（D）关于候提货物：凡货物运至到达地候提时，无论已否起卸，由甲方承保火险七天，惟其货物以在路局或轮船局管辖之下者为限，如已另保火险者，其损失应归承保火险者先行赔偿。

（E）关于无赔偿责任情形：乙方（皖赣红茶运销处）所运茶叶，如因工人罢工、地方骚扰，以及一切政变、内乱、盗劫、偷窃或雨雷浸水以致损失者，甲方不负赔偿责任。

（F）乙方所运茶叶应装在船舱及车厢内，否则所遭损失，甲方不负赔偿责任。

此次中央信托局所保祁红茶叶属"联运险"，其保险手续如次：

第一步，皖赣红茶运销委员会各产地运销分处，于接得当地茶号产品之后，代为向各该地中央信托局所委托之保险人请予保险，填写"要保书"，将保人姓名及住址、货物项目、唛头、车号、提单号数、保险金额、路程等项，一一写明。

第二步，保险经理人于接得上项"要保书"后，如认为合格，决予承保，即行签发"保险单"，否则予以拒绝。

第三步，接到保险单后，即缴保费，一次缴足。

兹就祁红保险费率列次：

1.祁门茶（自祁门运至宣城，由宣城至上海），每千元保费两元。

2.浮梁茶（自鹰潭至杭州，由杭州至上海），每千元保费两角五分。（包括轮船险）

3.至德茶。由至德至安庆（帆船）每千元之保费四元零五分。由安庆至上海（轮船）每千元保费四角。

上列至德茶保费较祁门浮梁为高，因其由至德至东流（九十里），东流至安庆（九十里），两段均用帆船运输，地方现极平静，惟承保人方面视为责任较重，故提高保费率。

赔款按照实数及□水费惯例办理；如发生争执，则按保险单所载公断办法处理之。

七、出口手续

华茶对外贸易，仍然为洋行所操纵。如不急起直追，努力于直接输出国外，使华茶由生产者经过我国营华茶贸易之介绍机关而与国外进口商行发生直接贸易关系，则外销前途，难有明朗之可期！

祁红运销统制，现在只做到由产地至市场之第一阶段，至由市场运销国外，依然如故，听凭办茶洋行任意支配。

洋行每于头批茶叶上市前，将茶样配就后连同标价寄与国外进口行家（采茶部），进口行于接到是项信件与样茶之后，经品质审定，参酌市价，认为满意，可立即签发定货单，通知出口洋行。

出口洋行收到是项定货单后，有于其副本上签字，表示同意并遵照对方所示列之定货条件者，有另行写信，就原函中定货条件，重行申述，以表示全部或一部之接受者。如全部接受，其效与签字副本同，不然尚须商酌条件，经电信往返，非待定货条件讲妥，不能成交。

依商业惯例，在上海购茶洋行，除为国外洋行之支行或受其委托而驻华办茶者为例外，其他经营独立出口者，如华茶公司等，均须先将茶叶交易条件，于兜销时即须告知对方，以免成交后发生枝节问题；盖凭国外进口商行所开之条件，往往又过于苛刻，对出口商大感不利。此在目前吾人正在筹划华茶直接对外贸易时期，应予注意者也。

茶叶成交以后，随即办理出口手续：

第一，出口商持祁红"产地验讫证"赴上海商品检验局，填写报告单，并注明茶件堆存地点，缴纳检验费，检验局派员依所开地点将茶件覆验，然后发给茶叶检验证书。

第二，携"检验证书"及"提单"赴海关报关（或委托报关行办理），填写"土货复出报单"，将海关派司号数报关人姓名、货物原主、运往口岸、嘜头、件数、货名、数量、价值、税率（免税）等项填明，并注明在某某码头验关事项。海关核准后，在报单上签字。普通验关费，每件缴纳一角，如所验货物较多，可酌减。货物验讫后，海关准予装船，在装货单上盖章。是项单据普通分为三联：一联由报关行转送客家，一联给与轮船上账房间，一联为轮船公司留底。货件装船以后，凭船主或货舱主任签字单，至轮船公司掉换"提单"。

第三，普通茶叶出口，由卖方先将保险手续办妥，将保费列入于货价之中，在"出口发票"上开列之，但间有于定货时言定保险一项由买方负责者。前者谓之C.I.F，后者谓之G&F，茶叶保险，以大来、礼和、天祥、喊厘、怡和等洋行保险部经理者为多，保费因输往地域之不同而定其高低。例如华茶公司输出茶叶保险，由天祥洋行承保，凡运往美国者，每千元保费为四角一分二厘五，运往英国者六角，运往非洲摩洛哥等地以周折较繁，箱件易遭毁损，保费较高，每千元九角。承保范围大致为：海水或雨损害、潮热、霉烂、分量短缺、战争损失、盗窃、搬运时之损失等等。

第四，茶叶出口，经检验、报关、保险等手续后，如输往美国者尚须赴美国驻沪领事馆签给证明书，然后持海关签字凭单（装船凭单），与外国轮船公司接洽装船。如国外茶叶商行于定货时指定包装方式者，则须将原有茶箱加以改装，例如改装"大西冷"是也，惟红茶改装较绿茶为少。

第五，出口商凭仓单（又名栈单）向仓库结清栈租以后，将茶件提出，用卡车装至码头，然后交与驳船业（如会德丰等）转装轮船。驳运力每吨计洋九分八厘……至于外洋水脚（出口运费）计算系以吨为单位，茶叶每吨容积规定为四十立方尺。普通可容二十五号红茶箱或大西冷箱约十件。茶叶每吨运费：由上海至伦敦为六十五先令，至西班牙之Barcelona为七十一先令，至摩洛哥之Casablanca为六十先令，至摩洛哥Larache为七十五先令，至纽约为美金十一元，至圣佛兰西斯哥、西雅图、温古华各为美金五元。

第六，茶件一经装船，船主或货舱主任在装货单上签字，出口商可持单赴轮船公司换掉提单，而后赴银行（如花旗、汇丰）将提单连同其他单据（如出口发票、保险单、领事签证单等）一并交出，由银行出给"信用证书"（Letter of Creadit）一方面将单据分别寄交国外各地各关系银行，以便通知进口商俟茶件到达提货，并于

"信用证书"上签字，付款与当地银行，出口商接到银行通知后，即可前往结算货账。

八、后语

祁红运销，虽未能达到直接输出地步，但至少已完成其部分的工作。试办时期，旧有之阻力未□，新设之规模初具，能收些微成效，已属难能可贵，固不愿作求全之责备也。

目前对于运输方面，急待改进者，有四：

1.设置仓库；

2.增加车辆；

3.减轻运费；

4.修筑路面。

除交通银行在祁门设有两所堆栈而外，其他无正式营业堆栈，公路两旁民房，乘机兼充堆栈，茶箱外表油纸，易于着火，危险性殊大。再以民房有限，新茶来源拥挤，投机者即于泥地上搭盖茅棚，一遇大雨，水气侵蚀，茶叶即起劣变。此愿运销处急宜于各产地多设大规模之茶叶仓库，以改善现况者一也。

新茶如潮涌至，纷纷抢早，急待运出，而公路局以车辆不敷调度，茶件积压甚至有经旬日尚未装车者。因时间关系，而不能售得善价。此愿运销处与公路局切实商妥，于茶季开始后，增加运茶专车，以改善现况者二也。

至德运费虽较前大为减轻，而祁门、浮梁反见增高，此有失信于民之嫌，急宜设法减低运费以改善现况者三也。

因路面不平，车行颠扑过甚，茶箱毁损极多，此者有望于运销处与公路局设法修平路面，以改善现况者四也。

至关于售茶方面，产地陋规，固能逐渐革除，洋行操纵，终无法摆脱，"九九五"之扣息也，公磅也，茶楼样茶也，不但不予取消，抑且变本加厉，修箱费用，原为七分，而今加至一角，是由于国人对于国外贸易缺乏组织，乃至于推动力量所应得之酬报也。

此次银行对茶号放款，减低利率一事，固为进步现象，但产品为放款条件所拘束，运销处不能全部支配运销，须受制于银行，产品装出，提单交与银行（注），往往因茶样到沪，洋行看定之后，立即需要装船。但银行提单系用邮寄，途中延搁，不能与茶样同时跟到；或虽已寄到，已逾银行办公时间或适逢例假日者，即欲脱售而不能，良机坐失，茶市之好况易过，商人则徒呼负负而已！

（注）安徽地方银行，因与中国农工银行通款关系，订定所有由该行贷款之茶号产品运沪，提单交与中国农工银行。

《国际贸易导报》1936年第8卷第11期

赣皖两省会商改进祁红

拟定方案向沪银行界贷款

本省浮梁及皖省祁门县、至德县，均以产红茶著名，是即所谓祁红，过去行畅海外，极为人所称道，近若干年来因推销制造种种之不改良，及整个经济不景气之影响，营业乃一落千丈，失业茶民日见增多。皖省主席刘镇华，有鉴于此，为谋实施救济起见，特派该省建设厅科长卢贞木，土地局长何杰甫，来省面谒熊主席，会商一切救济方案，为向沪银行界贷款，由皖赣两省府担保，向茶农直接贷款，藉免迭次盘剥，此外将来并拟会同全国经委会组织一委员会，专司整顿祁红，改良其制造方法，同时广谋推销。熊主席对此方案极为赞同，并拟有更切实周密计划，已交建厅及省府各委员研讨中。

《经济旬刊》1936年第6卷第9期

经合会与祁门门坎

经合会，是很有办法的，从他的"经济"背景上看去，因此一般合作社都很希望着他把经济力量拿出来，例如华洋义赈会之合作讯，对于新立两个合作机关——经合会与合作司之希望的征文中之结果就是这样。自然，经合会对此亦未尝放弃职责，例如为了统制商资，即拟会同金融界集资筹备中国合作银行是。不过，利润与公益殊途，亦如鱼与熊掌之不可得兼，那末，若果实行起来，这可以保证他一定碰壁的。然则将若之何？其一，对中央宜把中国农民银行充实起来。同时把实业部农业金融方案——中央农业银行打销，专注于此，以免分心而致分力。其二，对地方应把省合作金库、省农民银行充实起来，及未设农业金融机关之省设立起来，直接于合作社，尤应该设法使各该省之合作社合联社投资于合作金库或农民银行。这样一来，中央与地方的农业金融系统且不是完成了吗？如不此之图，另立炉灶，直接向合作社投资，在已设合作金库或农民银行之省就通不过去，因为皖农合会曾条陈行营：经委会应将其对农村之贷款加入各省合作金库，最低限度亦应将其投资金额之半数或四分之一向合委会所办合作区域放款，这不啻是碰上一个钉子！

其实，这只要合作机关合作起来，问题即决无多大困难，而困难最大者莫如祁门那几道门坎！祁门以产红茶著于世，只因技术欠缺，惑于一时之利，以伪乱真而致失败。经合会站在指导立场上去改良技术，以增其生产，通其金融，畅其货运，事属可行者。不过，就今世盛倡的统制经济之情况言，在英日的结果，竟便宜了营利者而苦了多数的人民。其结论是统制经济畸形化而不是合作经济统制化。那末，经合会为了复兴祁门红茶而实行统制，即须顾虑到此。可是顾虑到此，即须翻过这三道门坎：

第一个是封建制度之深刻化。茶民中要分大户小户和客民。小户之于大户，是失去姓氏权之农奴，客民乃本省之江北户，以卖劳力为生，其地位与小户相若。如果是要合作经济统制化，则必先组织茶民。但是困难来了，即组织合作社时，大户不愿与小户共同组织。组织小户时，则大户无一人肯来，若分别组织，又失了合作之和谐，而有阶级之嫌，这个障碍好大！所以如何组织茶民是经合会应设法解决的一个问题！

第二个是少数茶商从中作梗。凡事利于此，即不利于彼。但是第一个问题不解决，不能实行合作经济统制化，仍是便利少数私人。就是各个茶民售茶，仍吃着二十四两算一斤，一百二十斤算一担，和扣期又扣价之苦。原因出售之茶，有不能拿回待价而沽之隐。所以看清事实，抓着对象，是经合会必要之图，否则，十之七八茶品仍在少数茶商之手，又何有于技术改良与统制产销？

第三个是茶业金融之失调和。最初某银行之投资，固扯着救济农村经济之幌子，而以为有茶品抵押，自能食利。殊竟一失之于合作社之贸然成立。再失之于抓着押品，存之栈中未得及时脱手，因循失利，而归其责于运销办事处。于是构成所谓旧账未清，不开新账之恶剧。另外的银行呢？又似有前车之鉴。彼此观望莫前，致成一个僵局！

上月下旬，经委会召开茶业会议，对于茶业金融只见到决议案由而无从知其内容。若据事前刘淦芝先生所说，尚有修正之必要——放款你来放，责任合作社负，茶品我来统制。就第一点言，这是应统制而不统制，即大权旁落，难道银行不可以设栈收茶呢？就第二点言，合作社是空的，而实际在社员是否缴其茶品倒反不问，其实况与过去之运销办事处何异呢？就第三点言，恐难收统制之效。即放款者失了保障，而其实握有茶品者即负责任之人（最近承认赔偿过去之损失二万元事即其实例），其矛盾如此，怎能走得通呢？

《合作月刊》1936年第8卷第3期

祁门南乡农家妇女之生活概况

魏夏泉

经过两日汽车的颠簸，感到十分疲劳，为着急于想达到目的地，所以雇了一顶交通唯一工具的肩舆，经驻军严密查问之下，出了古式的城门，登山过冈，高高下下沿大洪水向离城五十里的平里村前进，在这短短的五十里途中，足足花了七点钟。

一路上固有不少山头，是密布松林、玉蜀黍等物，然也有不少山头却只蔓延着野草，秋风一起，仍然会现出本来面目。为地势所限，农民均集村而居，村之附近，全为茶园，属于主业，而以稻及玉蜀黍为其副业。路上最能引起注意者，则为耕种——无论开山种玉蜀黍或稻田中耕除草类，多属女子，就是视线所不及，由山谷深处传出来的山歌，亦多属清脆的女子声音。

安徽祁门红茶，在世界上是占有特殊地位，尤其英国的贵族，不饮祁门红茶，不足以表示其高贵。就是印度大吉岭享世界盛名的红茶，亦必掺相当祁红之后，才能卖得世界红茶最高价额。世界经济恐慌的怒潮之扩大，往往以国外为销路的中国茶，首当其冲。尤以荷印（荷属东印度）、印度、锡兰成立输出限制协定以来，各均相竞品质上之改进，期多获纯利而不超过所协定之数量，故祁红一落千丈。而茶农逾形艰苦，尤其祁门南乡劳动及生产中心的妇女们，值得吾人注意。

祁门男子除担任出售毛茶外，其余茶园或田中体力劳动是不参与的，纵妇女体力不及时，若雇不着客民劳力，宁愿搁置，致使茶园荒芜，禾苗枯萎，亦所不惜。好在该处妇女们，秉性好动，以不勤动引为一种耻辱，故荒芜枯萎之事不常发见。她们日常除担任家中杂物如洗衣、烧饭、清洁庭园和抚育小孩外，一切园中田内工作均须单独担任。她们日间野外工作，连小孩一同带出，小的则背在背上，较大的则置于山坡树荫下，或田畦上，以免有累志在四方的丈夫。春季为茶期，她们的工作倍形紧张，尤其在鲜叶采回后至毛茶未制成前，她们是须日夜工作，她们丈夫只日间帮忙管理收入支出外，其余工作像煞非分内事。茶期工作一过，固可消闲点。但谷类曾不够一家人一年之食用，茶之所入，则全在治外的丈夫掌管中。丈夫们常不喜困守田园，乃置家中日用为度外。加以交通不便，谷类昂贵，故只开山种荞麦或茶丛中间作玉蜀黍，以补食粮之不足。秋冬一到，农事暂告段落。但来年一年之燃料，及年节时自己之零用，小孩之衣饰，又不得不设法，因乃相率入山樵采，以备上项之用。

她们既劳而不怨，蔚为生产之中心，但在家中地位并不高于其他处妇女们，仍如羔羊一般驯伏在她们的丈夫之下，且往往会受到无故虐待。这不能不归咎她们的父母及一种买卖式的婚姻制度了。在该处之聘礼是特别高，且每逢年节还须重大水礼，不然不但女家父母不悦意，甚或引起外人之轻视。故中庸人家娶一个妻子，往往花到上千元，就是一个纯粹苦力劳动者，亦得花上数百元。但他们出嫁之后，一切均属于男子，除以劳力供奉男子外，若男子经济拮据时，可似贱货一般的出卖，无须征得女方同意，只要预先对区公所报告一声，便不会引起地方治安问题，谁也不来干涉。

在该处有几点尚差强人意的事：就是妇女们对于迷信非常淡然，当然除去极少数家境裕余的老太太。因为她们顾自己工作尚来不及，岂有闲情念及神佛。次之重男轻女之恶习，较他处为淡。因女子在家时，可无限制供给劳力，出嫁时可得大量聘礼。此外对于贞操并不如何重视，什么守节、殉夫等习并不常见。当然也有，因他们可随便卖买，故社会亦不鼓励于此，他们也乐得不作自己不愿意的苦事。

中国男子授受不亲的传统观念，不但在内地是根深蒂固，就是自命为新青年的男女们，交际起来，也有点不自然。但在该处却不然，若有生客到她们家，她们的丈夫只不过敷衍面子外，是不大愿意与无关系的生客长谈。就是所谓交际较广的男子，所谈亦不知什么时事，或述他们对政府担负重，生活苦等表面文章，但你若问他有些什么重，如何苦，他却说不出所以然，再若问点关于他们实际情形，一味支吾。记得我有一次遇着一个粗识文字的茶农，专只愿说无根无际的话。恨极了，故我戏言之："是的，你们担负太重，应减轻，你们生活太苦，应改善。但愿政府抽点惰农捐，游民税。"他以惨笑相报，随现不安之态；由此可见他们也有点问心不过。至于妇女们，于她们丈夫敷衍借故退出后，便出来与客周旋，她们态度颇诚恳大方，会尽量告诉你所想知道的事情，不但生活实际状况一丝无遗的说出，就是关于她们的婚嫁情形也会毫不粉饰告诉你。在此我们可以知道，她们已经感觉她们是过的一种非人生活，所以会尽情告诉你，想从她说话中博得你一点同情。不但成年妇女社交上毫不顾忌，就是姑娘们亦不在乎，若你想从她母亲口中知道她们一点婚姻实况，或告诉这样择配是不合理的，她也会当面就对她们母亲说，没有告诉外人的必要。甚或带一种质问口气，难道这些事你们也要调查吗？

以上为普通一般之情形，此外还所谓小户（为一种前人所遗下之奴隶，但现已成家立业，类崇明之家人），女子为天足，工作时像都会时髦女子，露臂裸腿，而大户（非小户均属之）女子，不论水田，或茶园工作，均不脱鞋及裹脚布片。小户男子则无论寒暑，腰束一蓝布腰带，纽扣备而不用。他们——小户人家，不大愿意生客造访，亦不大多说话。虽会屡邀其所属大户至其家，由大户命令式命其作答，你发问，他们仅一笑而对之。现只能就间接及观察所得，作简单之叙述。

她们工作如大户妇女一般的勤苦，但只是作丈夫的帮手，故总是夫妇成对作息，因之她们精神有所寄托，并不感到体力劳动之苦。但她们除担任农工作外，还须担任所属大户之贱役。她们在大户家是奴隶地位，不能与大户人家人们同桌吃饭，及随便谈笑等事。她们在未得大户之允许，不得帮佣，明白规定，不得拣茶（因拣茶为轻工作，且坐着做），但现已废除此项规定于无形。相沿她们婚嫁由所属大户做主（现已由父母做主），赐与某一男奴，并无聘金及其杂用。一方丈夫无特殊权威，他方可诉诸大户，若丈夫无理时，大户总假装一付正经面孔压她丈夫。因之相沿成习，她们与男子总居处于相等的地位，她们除在社会地位低微，是我们应须设法改正社会观点外，说到他们间男女之平等生活，却值得我们羡慕和提倡，尤其在祁门南乡这种畸形社会中。

《国立浙江大学日刊》1936年第8期

祁红纠纷解决

皖省统一祁门红茶运销，引起绝大纠纷。上海洋庄茶业同业公会因穷于呼吁，曾于四月二十三日起，发表宣言，停兑汇票，实行歇业。嗣经全国商会联合会代表钱承绪君赴京皖调解，复由上海市市商会及各地公团等竭力劝导，风潮始告平息。洋庄茶商，本即于本月六日起，照常恢复营业，现钱君已离京返沪。据称皖省对提出组织华茶贸易公司之折衷办法，业已同意，惟附有条件三项，尚须俟实业部与皖省府详商后，始能作具体决定。至华茶贸易公司之组织计划，为官商合办，资本定为三百万元，官股一百万元，商股二百万元，组织大纲、营业规程、办事细则等，均在着手草拟中云。

又讯，上海市洋庄茶栈业已将本年度放出之期票一百余万元全部收回，另由皖省地方银行借给茶商一百四十余万元，江西裕民银行借给三十余万，均一次借贷之。

《国际贸易导报》1936年第1卷第12期

皖茶出口统计

皖省为著名产茶之区，茶叶出口之盛衰，影响于皖省农村经济者至巨，观下表可知皖茶产量之概况矣。

安徽全省茶业营业税局经征二十四年分茶业出口统计表

局别	出口担数	每担税率	正税总数	备考
歙县	47985	6角	28791元	另征附税同上数
休宁	44686	6角	26811	另征附税同上数
祁门	38355	6角	23012	另征附税同上数
宣郎广	13700	14角	19180	无附税
泾太	13620	15角	20431	无附税
铜石	5403	14角	7564	无附税
至东	5346	12角	6415	无附税
霍山	22783	9角	20505	另征附税同上数
蔴埠	12697	9角	11427	另征附税同上数
毛坦厂	8765	9角	7888	另征附税同上数
七里河	6017	9角	5416	另征附税同上数
八里滩	2260	9角	2034	另征附税同上数
合计	179479		221617	

说明：表列二十四年分茶叶出口数量，系据派员设局课征之报告，较之历年商包报数，尚属确实。

《农友》1936年第4卷第5期

祁门县茶业同业公会主席廖伯常提案

为提议事，窃查本年皖赣红茶统一运销原为救济茶业，事虽初创而或效已睹。但就过去经验，犹应力求改进之处尚多。本会就祁门而论，谨将管见所及分条提案，是否有当敬候公决。

一、祁门红茶运沪，按照事实需要，至少应请备车四十四辆，以三十四辆专驶祁宣长途，十辆专驶祁西短途案。

理由：查本年祁红运输迟滞，影响甚大，考其原因，由于汽车太少，以致头二三批箱茶大都需时四五十日方始运到上海，时机已失，售价遂低，因此受损失者为数甚多。补救之方，咸主按照本县茶号箱额约计需要车辆情形，以不失时效为标准，最低限度必须备置上开之数，方能供求适应，庶免茶商再受无形损失。

二、箱额应否暂予限制案。

理由：查国际市场需要，祁红每年约计六万箱左右，如三县箱额超过此数，征诸过去事实昭示，每有过剩之虞，因此茶商不得受洋行任意抑价，忍痛牺牲。补救此弊，必须限定三县红茶箱额以谋供求适应，倘以箱额限制茶农或有损失之虞，即可提倡多制成毛峰，烘青，软枝绿茶销售，则于茶农出产并无影响。如能实行，不但有利销售，而于红茶品质亦可无粗制滥造之弊，是诚一举两得之计也。

三、改善贷款手续案。

理由：祁门各号经营红茶，向由申江茶栈进山投资，其手续极简单，每年由各该栈遴选木栈或祁门本地妥善人员择定茶号酌放若干成，行之已久，尚鲜流弊。本年运委会放款手续亦简颇易，惟组织茶号审查委员会之委员，即系政府指定之保证人，竟有茶号经审查合格无人为其保证贷款者，盖保证人五人，除当地县长商会长暨茶业同业公会常务委员外，而产茶最多，区域最大之西、南两乡，一乡仅一保证人，以致各茶号往往因下列各情形而无人为之保证，或因路途寥远，情形不甚熟悉，或因号栈毗连，一经成立，有碍本身营业，或因平素意见不合故意为难，有此三因致失公允。最好根据以前各茶栈放款办法，免除保证人。若因人地生疏仍须经过审查保证各手续，则审查委员及保证人应按区域大小，茶号多寡之原则，增加数人庶免操纵之弊，惟贷款出诸银行，必须政府切实为之保证方可实现。

四、各茶号制茶箱额，不能因借款关系而加限定，以期出品精良案。

理由：查近年各号制茶，每依贷款数额议定箱数，约计每箱贷款三十元。此种办法实行后，各号因为箱额所束缚，上等高庄之茶日见减少，因各号资金有限，如欲买制高庄之茶，则买价既高自难满足议定箱额，惟有收买低价次茶以求箱数满足，近年茶价不振此亦原因之一。改为维护祁红声誉，提高祁红品质计，自以不必限定箱额为初步办法。至谓各号箱额不多，则亏折欠款恐难取偿，则以过去事实而论，往往箱额不满足之茶亏折欠款者甚多，箱数甚少之号，反售高价而获利，此为茶叶品质之高低，实有关于箱额之多少者，不可不注意及之。总之货款宗旨以不亏欠为原则，不必以箱数多寡为限制也。

五、红茶在沪销售，居间人员每多流弊，应如何设法补救案。

理由：查通事居间卖茶，双方不能见面，内幕如何难以窥知，统制以后栈商因生计所关反对甚烈，本年因时间仓卒致买卖之权仍操于栈商通事之手，利害所在不言可知，若长此以往尤有不堪设想者。故茶商方面多主张聘用英语流利之国际贸易人才，依照评定价格担任推销，俾铲除操纵之积弊，以厚茶业发展之根基，此亦急不容缓之图也。

六、祁门红茶运沪车价应请力求减低，以轻成本案。

理由：查祁门红茶运至上海每箱运费二元五角二分，较诸往年自有营业时由水道运沪之运费，超过已多。故在商人立场言不得不求其减低，以轻成本，况本年合作社祁红运沪每箱运费二元一角七分，而茶商运沪即为二元五角二分，待遇已属不均，而茶商之成本即无形增加，此运费不得不要求减低待遇，尤须一致也。

七、茶箱起运时应以到达祁城车站先后为标准，不得以头二三批分次运出案。

理由：本年祁门运输事务所因车辆不敷，分箱茶为头二批起运。头批不清，二批不运，表面似乎合理，实则不然。盖茶之高下不在头二批之分，而在品质之优劣，与制法之良否为断。所谓头二批云者，不过各号成箱后分批装运习用之名词而已，而其实际有二批之品质高于头批者，其原因纯由收买时之先后为断，若以头二为起运标准，则赶先收嫩茶之号吃亏甚大，故起运应以到站先后，依次运出，庶不至有取巧不均之弊。

八、汽车装运红茶常有损坏湿箱情事应设法补救案。

办法：由运输机关负责设法防护，并于宣城设立堆栈，补救雨湿或损坏茶箱，如茶叶受湿须负赔偿之责。

九、本年上海取出样茶（每批取样一箱）约计一千数百余箱，除实在扦出茶样外，多余之茶约在四万斤以上，每百斤以百元计约值四万余元，商人此种损失实属无辜，应如何纠正案。

办法：现定样茶磅量，不得任意高下以杜流弊。

《经济旬刊》1936年第7卷第13—14期

祁茶号妄贬茶价

【祁门讯】祁门红茶，向为出产大宗，只因年来经营不善，出口锐减，不特该县民众生计，顿感困难，即于国际贸易影响，亦复甚大。省府有见及此，特组织红茶运销委员会，低利放款，藉维茶商利益并严禁地方私征任何捐税，以解除茶农痛苦，现在新茶登场，各茶号均开始营业。该县武县长，深恐土匪乘机蠢动，扰害茶市，又恐各乡仍有私收捐税情事，特于5月2日，率领保安队数十名，亲赴各乡巡视，藉以镇压。讵于5月5日，行至西乡上半甲地方，果有某绅以办理地方公安名义，私自设卡，向茶农征税。武县长以县府一再布告，严禁科征茶税，该某绅竟敢违抗功令设卡私征，殊属不法已极，当将收税员丁，一并捆绑带县法办。且本日天雨不止，武县长复冒雨前进，至傍晚时，始抵距历口（镇名）里许之一山下，见茶农千三四百人，将茶肩挑回家，且行且哭，状极悲惨。武县长见此情形，深为诧异，细询原委，始悉茶农每担红茶，须花血本20元，今日本镇各茶号，定价每担十二三元，农民以其亏本太巨不能出售，被迫将茶挑回。盖农民一年生计，全在乎茶，是以每届茶市，借款制茶，希获微利。今茶号售价十二三元，不特不能偿还债务，且一家数口，亦将无以为生。而该农等见县长到此，有如救星降临，全体跪地齐呼救命，哭声震地，状极凄惨。武县长以茶商垄断茶价，剥削农民，希图厚利，殊属可恶，当令茶农千余，随其往镇，到达后先向农民训话，令其保守秩序，听候解决。复召集茶商，严加斥责，并规定嗣后茶价，每百斤最低限度，不得少至20元，并限即时营业，将本日农民未卖之茶，悉数收买。如仍有贪图厚利剥削农民者，定封闭茶号，拘案法办。自此项命发表，茶商畏威怀德，允即照办，于是农民将茶连夜出售，载款而归。次晨武县长起程回县，沿途村镇，均贴有拥护武青天字样标语，而该地民众数千人，扶老携幼，郊送十余里，即八九岁之小孩，亦都鸣炮欢舞高呼青天，虽经武县长一再劝阻，亦复无效，其热烈情形，实所罕见云。

【又讯】祁门武县长，此次下乡巡视，所带士兵，概不准地方招待，并严令部属，不准敲诈，违者重惩。是故每至一地，颇受乡民爱戴。行至西乡，查悉茶商任意抑价，剥削农民，比即召集茶商，严加斥责，令其嗣后买茶，每担最低价格，不得少至20元。又恐其他各乡，亦有抑价情事，持连夜电达县府，令速布告：严禁茶商降低茶价，及任何机关团体，私征捐税，违则重惩。兹将布告原文录后：查红茶为本县出产大宗，全邑人民生计攸赖，茶商茶农，利害相关，应如何互为体恤，以求共存。所有茶农出售□茶，茶号任意抑价，暨藉假名义，抽收茶捐一节，均经本府先后布告严禁在案。乃本县长，此次出巡乡区，目击耳闻，以上各项流弊，竟仍到处皆是，似此罔知大体，顽抗功令，实堪痛恨。除已将查获私抽茶捐人员，拘案严办外，合亟重申禁令：一、茶农不得以湿茶兜售。二、茶号卖茶价格最低不得少于20元。三、全县各区保茶庄茶号，暨各机关团体，不得假借名义抽收茶农茶捐。须知上峰电令綦严，抑亦地方治安所系，不惜谆谆告诫，仰即一体凛遵，勿再稍涉玩忽，轻于尝试，致干重惩。除派员随时查报外，特此布告周知，切切。此布。

《皖事汇报》1936年第13—14期

祁门茶业改良场征用坟地发生问题

陈姓发祥祖茔山不愿应征　聚族会议索价六百元出卖

【祁门讯】本县朴里茶场，开山种茶，及建筑新场，沿城南城西之各姓水田、山地，被征用颇大，尤以坟墓为最。幸去冬旅京同乡，公推谢仁钊回祁与茶场会商解决。当时谢氏秉政府使命及同乡委托，慎重参商，曾邀县府，及各机关、各姓绅士与茶场主持者，详加讨论。议有成案，除万一难免之坟冢，应迁移外，其他山、田、地、屋等，该场必估值时价与业主，在未给价前，不得动用。旋该场因在腊底开工，比通知地方，应行迁坟冢，计160棺，每棺津贴费用2元。近该场雇工，沿西南各山开掘，采取石料，各姓无不受亏，与之交涉。雇工则声言系受主持者之命令，而主持者，则声言雇工之擅自举动。20日，又插标于桃峰山胡姓祖茔，书明亟行迁移，胡氏族众得知，已在商议应付之策，该场旋亦将插标起移。

又讯。沿城南鞭三绕地方，陈姓原有公共地一大块，安葬祖茔十数棺，与朴里茶业改良场所测量建筑之新场址相接毗连。兹据陈姓公众谈，谓茶场主持人颇欲利用其共山地撰一契稿，叙明作陈姓人情愿将该山地一块捐助茶场，着照稿抄录。陈姓旋开族众会议，派人数次与之交涉，声言如果必需该块大山地，则请备价600元，完全转卖，听凭采用。而该场未解决，继则以租借为约，然不明言每年租金数目，互持多日，不得解决。现陈姓公家，只好将此山地，向地方所组织之茶业改良场促进会登记，以备万一发生事故时，由公共机关与之交涉。

又讯。据传庐鞭三绕地方，为陈姓发祥之祖茔山，安葬众坟十余仟，亦可称为陈姓发族之祖坟，被茶场工人采取石料，损失颇巨。数次交涉，略将石料发还安好，然已不如前观。

《皖事汇报》1936年第6期

函全国经济委员会（农字第6012号）

为祁门茶场自二十五年度起，由安徽省政府负责办理，所有前派员合组之祁茶场委员会已无存在必要，除分函安徽省政府并令饬该委员会结束外函达查照由。

查改组祁门茶业改良场一案，本部经与安徽省政府议定改组办法十条在案，依据该项办法第一条"祁门茶业改良场自二十五年度起，由安徽省政府商承本部负责办理"之规定，所有本部前与贵委员会及安徽省政府派员合组之祁门茶业改良场委员会已无存在必要，应即撤销。除分函安徽省政府查照并令饬该委员会遵照结束外，相应函请查照为荷。

此致

全国经济委员会
部长吴鼎昌
中华民国二十五年九月九日

《实业部公报》1936年第297期

全国经委会改良皖茶计划

祁门茶场明春完成　购置新机分级试验

皖省西南部各县，素为产茶之区，皖西以绿茶著称，皖南祁门以红茶得名，每年输出总额七八百万石，价值达数千万元，关系农村经济，至巨且大。往昔销售外洋，供不敷求。嗣以制法不良，近年已受日印爪哇等茶竞销影响，在外市场，悉被侵夺。全国经济委员会以改良皖茶，实为增进生产之重要工作，特与实业部、皖省府三方面商定，先就祁门原有之茶叶试验场改组，其目的在以技术研究，而谋祁门茶叶之改良。据皖建厅消息，该场现由全国经济委员会农业处驻祁专员办事处主持，处内组织，分总务、技术二科，技术科下分茶叶改良场、合作推广、练习员、包装改良、祁门医院、分级试验、机械实验场等部分，各场所计有房屋七八间，规模甚大，其新设之祁门医院，及茶叶化验室，均在绕山坞饶祠。间壁为制茶化验室，其机器系最近自沪购运到祁，已有工人从事制茶，并以机器分级化验，以求制法进步。凤凰山之新场地址，目前正在动工建筑，约明年三月间，可告完成。现并开办冬期合作制茶训练班，招收祁门附近茶农，施以简浅训练。另由贵池、石埭、至德等县，各保送学员一名至二名，前往祁门受训练，同时推行合作，作长期茶贷，并办到电影一部，分赴各乡村放演，以期唤起农民，一致改良茶叶，增加产量。

《首都国货导报》1936年第18期

皖建厅计划摄制祁门制茶电影

皖建厅以新闻电影为工商事业有力宣传之工具，各国无不积极采用。各国红茶虽销售国外，因不重宣传，遂不能竞争于国际市场，年来某国为推销□茶起见，曾摄制影片演放，其中并有假造事业，表示华茶制造时种种不合卫生之处，以致消费者常抱怀疑态度，影响华茶销路甚巨。现在教育部电教委员会委托金大理学院设置摄影部，专门编演吾国优良风俗及各种生产事业影片，分送国外宣传，妥拟洽商合作办法，乘春季制茶时期，将祁红出品产制运销情形，制成活动影片，以广宣传。于2月24日已令饬祁茶改良场迅将该场制茶情形，按照产制运销程序，分成阶段，以制茶为经，以故事为纬，编成有系统之电影剧本，呈候核制。

《凯旋》1936年

安徽祁门县平里村、坳里村无限责任信用运销合作社之调查

一、两社之组织缘起及目的

安徽祁门县素以出产红茶著名，农家兼营种茶采茶事业，为数极多。故茶产为该县主要农产品的一种，并占农民经济中最重要的位置。祁门红茶的品质优良，出产丰富，得美名于世界市场，有六十来年的历史。茶的产额，据前北京农商部第三次统计，年产总额约有38054担；祁门茶税局民国三年统计，约有22052担；安徽建设厅调查统计，约有22205担；去年出口总额，约有35800箱，即19250担。根据以上数字祁门红茶出产额数，颇有低落，调查原因，约如下述：

（一）茶叶商店规模大小

祁门茶号大都资本薄弱，规模太小，原已不合现代商业组织与贸易上的竞争。近来茶产日见低落，茶号数目年有增加，与茶叶之产额比较，恰得其反。在民国十九年，全县计有茶号90余家；民国二十年，增至140家；民国二十一年，竟达182家之多。据此推算，祁门茶号的数目年有增加，茶叶的产额日见减少，茶号制茶的数量自然减少，而茶号一切开支，仍须应有尽有，以致成本提高，价格因此增加，销额日形减少，在国内国外市场，日呈不景气现象。

（二）茶号资本金困难

祁门茶商资金困难，本为极普遍的现象。在一般茶号中，除资本充足的一二家之外，均向上海茶栈贷款，月息一分五厘，就地付一信票，名曰"申票"。凡有债务之茶号，所有茶叶运至九江安全地点后，转运销售，皆受茶栈的支配。茶栈经手及剥削的费用，约占茶价20%。此外上海售价，一任洋商操纵，市价涨落无定，不可捉摸。茶号既受茶栈的剥削，洋商的操纵，乃模仿其手段，用于茶农身上，例如收买毛茶，而用大秤，价格任意低压，智夺巧取，无所不为。茶农不堪茶号的剥削痛苦，遂不得不疏放茶园管理，夹种杂粮，粗放采择，增重分量，以致茶产日减，品质日劣。如不急起改良，祁门红茶，恐将绝迹于国际贸易市场。

祁门红茶，年年产额日低的原因，约如上述。现在如果想改进茶产，减低成本，发展贸易，扩充销路，第一步当设法推行合作业于茶农便有健全的组织，同心合力，改善产制运销，方见功效。安徽省立茶叶改良场有见于此，乃于民国二十二年三月在祁门平里村一带，开始合作运动，同时为谋使农民认识合作事业起见，由该场场长私人筹款，特用平里村茶叶运销合作社的名义着手进行。该场主办的社营业一年，获得盈余一成，分给茶户，于是合作社的功效，乃为农民所深悉，嗣即有坳里村农民自动要求茶场代为组织合作社，同时平里村之合作社，亦正式成立。

二、合作社的内容

（一）性质

两社皆为无限责任信用运销合作社。

（二）注册日期

于民国二十二年十月二十二日在祁门县政府呈请注册，当由该县政府转呈安徽建设厅备案，已于二十二年十二月三日发给登记证。

（三）社址

平里合作社设于祁门南乡之平里村，坳里合作社设于祁门南乡之坳里村，两村相距约有6里。

（四）社员

平里合作社有社员33人，坳里合作社有社员30人。

（五）社内职员

平里村合作有主要负责者6人，坳里村有主要负责者3人，名单如下：

（甲）平里村：章君觊"理事长"、章渭轩"理事"、章绮琴"监事长"、章信予"司库"、盛保安"监事"、章子琴"社员"。

（乙）坳里村：章日清"理事长"、章济清"司库"、章浩清"监事长"。

（六）社股

（甲）平里村合作社共认195股，每人已实缴一股，计已收到33股，每股5元，计165元，该款暂存乾大杂货号，二月份起即可起息。

（乙）坜里合作社共认90股，每人已实缴一股，计已收到30股，共计洋150元，该款现由理事长章日清保管。

（七）社员之田产及其收入

社员田产平里村合作社全体社员共有茶地164亩，约计茶株91500余丛，每年可产毛茶89担。此外尚有稻田山地约600余亩，每年收获总额计稻1000余担，茶油30余担，桐子60余担，出售产品约值洋6300余元。坜里村合作社全体社员共有茶地143亩，约计茶株35000丛，每年可产毛茶70余担，此外尚有稻田山地约二三百亩，每年出产总值约计洋3350元。

（八）房屋及制茶器具

平里合作社所有用之房屋与所拟用制茶器具均为一部分社员的私产，除房屋系借用者外，一切制茶器具约值洋800余元。坜里村合作社房则系借用祠堂，制茶器具为章日清个人私产估计值洋400余元。

三、两社营业之经过及将来之计划

（一）营业经过

当去年三月间茶叶改良场发起组织茶叶合作社时，农民知识浅陋，多不信任，参加不甚踊跃。一切手续，均难照章进行，只得由场方筹资，按市价给予十足茶价。同时为将来分配盈余起见，特发给茶农售茶登记证，载明茶叶数量价格售户姓名等项。四月间，开始制茶，至五月间，第一批制成春茶15担，第二批制成箱茶15担，售价每担为170元至85元，前后两批红茶，共售洋3825元，除制茶运输及装潢各项开支外，尚获盈余578元。六月二十四日，招集社员大会，按照社员茶价额，分配红利。是年当地茶商因受中间商人之剥削，无不亏本，该社能排除中间商人之剥削，减轻成本，独获盈余。经此以后，当地茶农对于合作社之功效，乃为重视。同时对于茶场之信仰，已有增进，纷纷要求组织合作社者，计数已有10处之多。但是该场为慎重起见，力求目的纯正，份子优良，现仅担任平里、坜里二合作社之指导，一俟基础稳固，成绩圆满，再行扩大。

（二）将来计划

平里、坜里两合作社成立未久，一切将来计划，大都由茶叶改良场，代为拟就，兹据茶场报告于下：

（甲）生产方面

当地茶农对于茶株向不修剪，茶叶品种从不注意。现平里、坜里二社，拟对于社员茶园所种茶株分为好株劣株二种，好株暂不修剪，劣株先行修剪。其他施肥除草工作，好株劣株同样办理，俟试验有成绩，再行推广，以期增加收量。对于茶苗拟由茶场选择优良种子，分发社员栽植，以期改进茶叶品质，并采用条播方法，使茶株整齐一律，以免茶株距离错乱的弊病。

（乙）制造方面

当地制茶，概用手工，亦有用足揉捻者，既不卫生，又损品质。本年两社制茶，暂向茶场借用机器揉捻，社员不须自制，可将茶草送至社中代制，出品较手工制为良。并谋利用室内发酵，代替日光发酵，以补救无日光时茶草发酵之便利。

（丙）运销方面

平里、坜里两社装制红茶，以半数五磅十箱及一磅盒，向国内国货公司销售，并与美国接洽，直接销售。

（丁）业务方面

平里、坜里二社制茶，均由茶场协助进行，如本年，成绩良好，来年决添收社员，扩大组织预计，一二年内，平里合作社社员人数，可加至130余人，制茶400箱，坜里合作社社员人数，可加至百人，制茶300箱，并须加紧社员训练，力求组织健全，以期业务逐渐发达。

祁门推广合作社改良茶叶

皖省各县素以产茶著名，皖西既以产绿茶著称，而皖南祁门等处之红茶，则更驰名于国际。每年输出总额达七八百万担，价值约数千万元，关系农村经济甚巨。

往昔销售苏联及欧美各国，常有供不应求之势。惟近年以来，因茶商墨守成法，焙制装璜，而不改良，未能适合国外需求，益以日印爪哇等茶竞销影响，国际市场悉遭侵夺，以是外销年不如年，茶叶一蹶不振。实业部有鉴于此，当经与全国经销委员会皖省政府联络合作，先就皖省之祁门设立茶叶改良场，以技术方法研究改良祁门红茶，分技术、总务两科，技术科下分茶叶化验、合作推广、包装改良、分级试验、机械实验部各部分，以求装法进步，出品提高。其机器均系由外洋购来，并于该地凤凰山建筑大规模茶场厂房，招收当地茶农，施以简浅训练。兹据本市茶叶界消息，祁门改良设备，自去年筹备迄今，刻已布置就绪，房屋机械等本月内均可装竣，预料本年祁门红茶新茶上市，在品质上必能放一异彩，一方面并拟与银团合作，推广合作社所，长期贷放茶叶贷款，辅助茶叶经济，力求增加生产云。

又讯

全国经济委员会对本年祁门红茶营业，拟全部统制，产制运销，概归茶叶改良场与农村合作社主持，俾对国际贸易，可以挽回利权。一方面推广销场，一方面剔除从前茶栈茶商之积弊。现农村合作社，对各处所组织之茶叶产销合作社，举行严格审查，如不合规程，即令取消，将来调查各社，对于每社所产茶数量，及制茶箱数，合计需款几何，均须具报预算表，再行计划发给款项，以达统制产销目的。此后一班失败茶商，冒充茶农者，或将站不住脚跟，至于操纵剥削之茶栈，或亦无形消扑，凡属农村茶农，当可得实享投资救济之利权。

《农村合作月报》1936年第1卷第8期

祁门通讯

耿 西

本年祁门茶号因皖赣红茶统运统销关系，须先向皖赣红茶运销委员会申请登记，后始能代为运销及享受介绍贷款之权利。换言之，即茶号之设立须经登记合格也。本年计登记之茶号共有127家，其中需要贷款者120家，共向安徽地方银行贷款883000元，不需贷款者计有3家，欲贷款而未经核定者亦有4家。贷款最高额有24000元，最少额为4500元，视借款人之信用、出箱数及资本额而定，利率月息8厘，以国历年底为清算期。除茶号全部财产作为担保外，另有担保人，并应交箱予银行作为抵押。

　　本年春茶采摘时期，阴雨连绵，故红茶制造较往年为迟。四月下旬始见生草买卖，最高价每斤约2000文，及后跌至1角。祁号收买生草者少，故价格之涨落，与茶农之关系尚小。本年毛茶价格最高时，亦有出价每担七八十元者，至四月卅日各茶号一律开秤每担价格尚在五六十元，良以天气阴雨，来货不多，茶号为竞收优嫩毛茶起见，尚肯出价收买。迨至五月一日，仅一日之间，跌去20元，各乡产茶价格，有30余元者，亦有竟跌至20余元者，一般茶农莫不忍痛牺牲。二日起，天又阴雨，毛茶出货不多。至五日雨霁，毛茶出货骤拥，茶号有挂秤不收，以遂其压价之目的者，有藉口不收雨货而压抑价格者，要皆殊途而同归。一般茶农，肩挑背负，奔走四乡，求售无门，毛茶价格竟压至10余元。于是四乡如历口、闪里、塔坊、高塘及城区一带茶农，聚众相继滋事，有捣毁茶号等事发生。县政府鉴于情势迫切，乃勒令各茶号一律收茶，价格则不得低于20元，风潮得以平息。然各茶号仍多阳奉阴违，有改用廿八两秤者，有在秤锤之底加以重量者，亦有出价20元，但藉口打一七折者，剥削茶农之手段，不一而足。长此以往，其各茶农之生活何，不仅足以影响红茶之品质，亦严重之社会问题也。

　　本年祁门红茶运销，悉由皖赣红茶运销委员会办理。关于运输方面，总运销处在祁设有运输事务所，各茶号及合作社之办茶均由该处随时拨汽车运至宣城，经江南及沪宁两路运沪，自祁至宣，号茶运费每箱为2.15元，由宣至沪运费每箱加0.35元，计共2.5元，另加上下力2分。合作社茶运费较廉，由祁至沪每箱仅共2.15元，上下力照加，盖所以提倡茶农组织合作社也。

　　就本年祁门茶叶观之，毛茶价格低落太甚，茶农生活今后将生问题，茶号以成本低廉，售价较往年为高，如制茶品质尚不过劣，预料均有盈余可图也。

五月廿日

安徽省公路局、江南铁路公司
江南铁路联运祁门红茶办事细则

（一）托运及承运

第一条　客商托运红茶先填联运托运单（由江南铁路公司供给）。托运单应填写之事项：

一、发到站；

二、收发货人；

三、货物之品名、包装、件数、重量；

四、请求发行提货单与否。

第二条　托运单填妥后连同货物交起运站，起运站收到托运单及货物时，应即检查货物之件数、重量等是否相符，包装是否良好，由公路局及江南负责办事员在托运单上加盖图章，以明责任，并由公路局在最短时间内拨车装运，江南路即依据托运单填写联运货票，如货主请求发行联运提货单时，得照填发之。

第三条　联运货票之填发如下：

第一联　起运站存根；

第二联　报告清算股；

第三联　交由托运人寄收货人；

第四联　随货交由到达站报局；（京沪）

第五联　由起运站报芜屯路会计处；

第六联　到达站存查；（上北）

第七联　由中间路联运站报局。（尧化门报江南铁路会计股）

（二）装车及起运

第四条　装车由公路局负责在起运站组织脚夫办理，装费由起运站直接向客商照收。

第五条　汽车装妥货物后，即须起运，但装载汽车务须妥善，关于防雨水潮湿及设备，均由起运站负责办理。

（三）宣城中转手续

第六条　填写货票完毕装车起运时，由公路局起运站长填写江南铁路及安徽省公路局红茶授受凭单，一式五联（格式另附），随同货票货物运宣城东站，由公路局宣城东站站长在卸汽车后并在江南铁路宣城东站交与江南铁路宣城东站站长经会点无误后，双方负责人盖章，并交换各关系联。

第七条　授受凭单填写使用办法如下：

第一联　公路局起运站存根；

第二联　公路局宣城东站存根；

第三联　公路局司机存根；

第四联　江南铁路宣城东站存根；

第五联　由江南路宣城东站报告会计股。

第八条　倘于卸汽车后宣城授受时，茶箱发生异状或受有雨水潮湿或发生破损及短少重量各情事，由移交站长负责，并在联运货票上及授受凭单上详加注明，由双方加盖图章，以昭慎重。

第九条　关于宣城取卸汽车事宜，由江南铁路宣城东站代为公路局雇用脚夫，搬费每箱大洋一分，由江南驻祁营业所直接向客商收取，并随同货物代交江南宣城东站站长。

第十条　本细则有未尽事宜，得由两路随时会商修正之。

安徽省公路局代表

江南铁路公司代表

中华民国二十五年四月二十五日

《铁道公报》1936年第1476期

安徽省公路局代表、江南铁路公司代表临时协定

第一条　在茶运期内，双方便于往返接洽运输起见，得互换各路记名长期乘车证一张；其他有关运输人员，如有乘车必要时，得预先通知对方，填发临时免费乘车证。

第二条　关于祁门办公处所及江南派员宿舍与公路局相共。

第三条　所有茶运期内，江南铁路驻祁营业所各种寄芜日报单，均由公路局于每日最早车次代交江南铁路宣城站站长。

第四条　江南铁路，介绍由宣至公路各站货物，得由公路局利用由宣返祁运茶空车装。其运费无论何等货物，均按公路局现行货物运价三等货七折计算。但每批货物须以一公吨为单位，其超出重量不满一公吨者，按照比例计算。

第五条　所有由江南路介绍返空货物，江南路不负任何责任。

第六条　江南铁路及公路局为鼓励及宣传徽属茶叶起见，由江南路各次列车及各主要站代为发售，所有该项茶叶由公路局各站免费运至江南路交宣城东站，每次以十公斤为限。

安徽省公路局代表

江南铁路公司代表

中华民国二十五年四月二十五日

《铁道公报》1936年第1476期

祁门茶业改良场春茶制造之前后

胡浩川　冯绍裘

祁红以得天独厚，品质优良，为国内各种红茶之冠，且其采制亦较得法，暗合于科学原理之处甚多。其能负盛誉于世界者，非偶然也。惟近十数年来，因外茶锐意研究品质之改进，行廉价之倾销。乃致此天之骄子之祁红，竟渐以灰其黄金色彩，日减固有之销路。茶农、茶商，无利可得，为顾全血本期间，不得已而以老采暴摘，粗制滥造适应之，品质与年俱退，价格每况愈下。本场负有改进使命，经济技术，兼程并进，兹篇所欲述者限于制茶，他则另待乎专文也。

本场本年春茶制造，品质较之往年，所以能不无进步者，盖有数种因子，谨条陈于次。（一）工厂设备较为充实；（二）制茶筹划较为完善；（三）工人技术较有训练；（四）职员分工较为专一；（五）原料质地较为优美。

（一）工厂设备较为充实。工欲善其事，必先利其器，制茶优劣，视工厂设备充实与否以为断者至大。本场之平里制茶工厂，原有设备系专供小量制茶试验研究之需。如以之供大量生产，能力即感不足。过去发生种种困难，此为必然之事实。

城南之新工厂，因工程之延误，迄今犹未完成。本年茶季之前，特就平里之老工厂，临时添建房屋，以经济委员会农业处委托，吴觉农先生向台湾大成铁工厂所购双动式揉捻机及新式烘干机各一部，原拟装置于新工厂者，移装平里使用。揉捻机之生产能力，可当旧有之臼井式揉捻机六部至八部之多。其制品之成色，亦远为臼井机所不及。新式烘干机，在国内尚不多见，购入之时，而又缺少附件数种，自行设法配置。试用之初，再三发生故障，使细嫩茶叶，每每几成废物。以该机缺乏温度调节器，致温度之高低，难为伸缩。嗣经设计改良，始可自由运用。并得利用其热风，促进生叶之萎凋。其余如活动萎凋棚架之添置，制茶用具之增购等等，均能减省一向制茶工作上之困难。本场房屋不敷，专以之供应初制揉捻及发酵之需。初制之萎凋，则假用平里小学之余屋。精制工厂，则向附近租一茶号，自为修理，租金费至200余元，亦不能不安然承受也。

（二）制茶筹划较为完善。本场过去制茶，限于收入预算，加工费又复紧缩，事实困难，事非因陋就简，量入为出不可。年来又以致力合作推广，工作人力，益不集中。即以二十四年而论，4月12日业已开始采制，因合作之业务吃紧，13日乃不得已为之终止，越8日至4月21日，复行正式作业。预算原有收买生叶费1200元，则以场内无款尽量应用，遂就本场生叶自采自制。结果仅出27箱，品质混揉，无法分批。成绩不佳，固其然耳，本年制茶，有鉴及此，预算编制，列收买生叶费3000元。关于制茶方针，决定品质本位，置收入足否于不顾，毅然冒险为之。去年夏茶制造，致力于品质之提高，即获有显著进步；且迩来外汇银价，颇为有利。促成吾人敢为冒险而无所疑虑者，亦非无重大暗示也。

本场制茶，自去年始，无复临时费之拨发，收支均在经常费中。然以事业之试验计，仍复别事度支。本年茶季之前，以用费之无着，多方筹垫，至6000余元之巨，经委会驻祁专员刘淦芝先生所借达3500元。本场员工薪给无不愿为悬欠，同力共越，众志一心。故春季制茶一应事宜，经济限制，为力不甚。原料之供应，助成品之购备，得以从容进行，向所未有。故此冒险行径，乃能如意实现也。

（三）工人技术较有训练。本场制茶之一应作业，除揉捻全用机器之外，烘茶以烘茶器之容量不足，春茶尚大部分利用旧法之烘笼为之。萎凋亦以设备之未能充分，原料拥挤之时，仍复旧法是为利赖。凡此人工，均非严格训练获有相当经验者任其事不可。本年制茶，各项有技术性之人工操作，均分配有训练之长工担任。而普通杂物，则以临时工人承做。自去年始，对于所有长工，严其管理，宽其待遇，使之安心从事，无或不适。制茶作业，就其性能之所适近者，各专一项，为长期之分工训练。如萎凋、如烘干等项业务，均以去年自春徂秋，积有相当之经验。故本年制茶，技术上多能不无表现，除偏防弊，事之属于常识者，往往自动适应其事。技术人员，得以专持大体，悉心规划，一力统制；不为琐琐问题所牵绊，酿成表里精粗，在在不能有一贯之系统管理，仍感往日艰苦。精制工人，成见甚深，往年每有不受指挥之事实发生。本年工头改常任制，助手由其招募，并订定合同，不受指挥，制茶粗恶或有劣变之情事时须负全责。否则，责任在本场。制茶而果品质优美，发给奖励金。因此，精制上所定原则，亦获大致实现。

（四）工作分配较为专一。本场限于经费，工作人员甚少，不敷分配。采制时期，无不一人而兼数事。东奔西走，顾此失彼。办理合作，又复分去一部分之人力。上年春茶采制，仅有二人从事。本年惩于已往艰阻，于事前招收练习生两人；临事之时，又雇用两人；故各项工作，得因人因事，而为固定之支配。兹将工作之分配表列下：

本场春茶工作人员分配表
- 茶园：庄晚芳、胡汉文
- 工厂
  - 收买生叶：章绍周、章俊明
  - 制茶试验：胡浩川、潘忠义、黄奠中
  - 经济制茶：冯绍裘、王堃、曹良浩
- 事务：张本国、陆云亭、孙尚直
- 合作：王应文

此外，全国经济委员会农业处驻祁专员刘淦芝先生派来之严赓雪先生，始终其事，协助不分昼夜，为力至多。实业部上海商品检验局派来祁门办理产地检验之向耿西先生为作制茶品质审查；经济委员会农业处驻祁专员派来张承春先生参加精制作业。直接间接，均能予本场以有价值有意义之辅导不少。

（五）原料质地较为优美。茶之为物，细嫩者佳，老大者劣，此为不易之定理。优美生叶，尚难必其一定制出优美之成品。生叶而果粗劣，虽有充实设备，工作经验，精密规划，亦无能为役。犹之粗纱不能制细布，劣茧不能缫良丝也。采摘生叶，注意品质之增进，收量倍减，人工倍费。本场自有生产，彻底改善摘采，决定标准，严厉执行。收买生叶，概出高价以事购求。开始之时，每斤8角，即雨中及向晨采来者，雨露沾濡，亦不稍稍贬其价格。合之毛茶，每担直达200元以上。一般茶号收买毛茶之初，最高额每担50元。乃于高山产之生叶，犹复3角左右一斤，合之毛茶，尚不下80元一担，但视生叶品质。摘采优美而合理者，不惜高价，否则，绝不食任何便宜也。时间早迟，非所不□，品质优劣，是所必究。故本年之制茶原料，前期所收进者，为平地之早采；后期则高山之早采，品质甚为匀齐。出品两批，均合市场需要，实为最主要之因子。

本年春茶制造，既得比较适当之凭藉，已如上述。兹再谨将经济制造程序及其适应事实经过，概陈于次。

1.采摘。生叶采摘，为制造之始基。老嫩不有调节，粗暴复为随便，原料既劣，成品即无优美希望。本场茶摘，向无专人之力及此，故不合理之情形，一如民间。本年由技术员庄晚芳从事管理，规定摘叶标准，分别发芽早晚，依次着手。视所摘之优劣，分级给值，不仅须摘嫩叶，且续善其手续也。本年制茶进步，基于此者，则非浅鲜也。

2.萎凋。事前以萎凋架为数太少，由技术员冯绍裘设计，造活动萎凋架，室内露天得以随意移装，每次可摊生叶700斤左右。天雨之时不致工作有所间歇。天暗原料多时，仍行露天之日光萎凋，则事实之所不得已也。

3.揉捻。概行机械揉捻，因著力之充分，形状匀齐，色泽深而滋味厚，是其特征。

4.发酵。本场平里工厂，尚无此特殊设备。依据发酵原理，利用天然之温湿度，加以人工调适，使达良好发酵之结果。

5.干燥。发酵适可，即行上烘，谓之毛火，此以干燥机行之。再行上烘，谓之足火。精制完成后之上烘，谓之补火，则皆仍复沿用旧法。祁红特殊香味，全在干燥得其至当。每日制茶，足火之后，即行审查一次。有优美或恶劣之现象者，则探求其所以然，以反复试验证明之，随时予以改善。

6.精制。节分拣剔，悉依旧式方法，加以变通。故出品得较普通祁红为均整光泽。

本年制茶，复有得天然之特殊助力二端：

1.春季特多阴雨，茶芽日照时间较少。此于制茶品质，极有增进之益。

2.制茶时间，阴雨亦复不绝。露天萎凋，因日光之不强；常温发酵，以湿度之恒高；无不俾其易于优美之能充分发挥。

是则环境上之偶然因子，在本场科学设备未臻完善之日，不能不郑重及之。尤其关于前一端，须重视之，尚非人力所可致也。

本年制茶结果，已有需要者为之品定。经过种种，亦复据实际陈之矣。但尚有未能已于言者数事：

1.本场未改组前，吴觉农先生任场长，既具有改进生产之计划。虽制茶设备费之不多，亦购置小型揉捻机数架。当时有机械而无工厂，乃紧缩经常开支以建筑之。改组之后，萧规曹随，仍以紧缩经常开支，冀有节余，为非常作业之用。此次采取品质本位制茶，非以本年经费，尚有指未动用者，未能冒险尝试也。使非二十三年度之有经费结余，则工厂添建，动力设备，机械装置，亦均无由致也。

2.本年制茶成绩，实有早熟之感。何则？制茶事业，有地域性。祁红研究工作，其未尽其底蕴者，尚在在而有之。故就技术之本身言，实未足以自许。

3.祁红为外销品，制茶即有把握。金价汇价，涨落无常。本年上海茶价果如去年，春茶即得最高价格，乃亦难免亏折。品质本位制茶，实有商业之投机性，自今而后，使无多量制茶基金，亦殊难乎其为继也。

《茶业杂志》1936年第1卷第1期

救济皖南茶叶

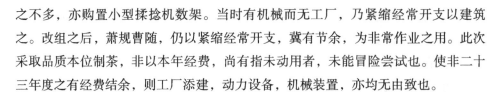

【芜湖讯】安徽地方银行自1月16日在芜成立以来，对于充实农村经济，发展农村生产等工作，业经计划多次，目前正在按步进行。其最急要者，厥为筹设农业仓库及各县金库。关于农业仓库之组织办法，与管理处具体计划，已于日前由省府会议提出讨论，决定交付全体委员审查，一俟通过，即可公布施行。对于县金库之设立，拟先从扩展业务着手，除安庆、蚌埠两分行业已成立派定郭子清、金戒尘为经理外，兹又在徽州商业中心区之屯溪镇，设立分行一处。已派江崇源于6日前在筹备，并决定在宣城、六安、合肥、阜阳、南陵、贵池、当涂、桐城、无为、亳县、和县、泗县、宿县、庐江、广德等16县，设立办事处，即将派该员分往各县筹备，不久当可先后成立县金库即附设于办事处内，以期互相维系，共谋农村经济之发展。此外对皖南农产品中之茶叶，亦拟设法从事救济，盖以徽宁各县茶叶之出产，每年约值二千余万元，自二十年大水成灾后，茶叶一蹶不振，盖以各国感受经济枯竭之影响，致皖茶销路，市价渐见减低，徽属茶市，更有江河日下之势。是以地方银行对于茶叶救济工作颇为注意，拟即派员赴徽投资，中国、农民两银行，对皖茶亦准备扩充招资范围，故本年皖南茶叶，得金融界之集中投资，当有日趋复兴之望也。

《皖事汇报》1936年第7—8期

祁门红茶销活价稳

温州贡熙，昨日由公升永茶栈，售与白头行裕隆洋行，计26箱，开价每担20元，婺源高庄珍眉及贡熙、美星、裕隆、富林、道生等洋行，均有进胃，惜来源不多，交易不大，至祁门红茶，仍行热闹，目前茶市，尚称稳定，至昨日交易情形，怡和、协和、天裕隆、富林、锦隆等洋行，买进各牌红绿茶，共769箱，售价每箱自20元至115元，卖出者有公升永、永兴隆、仁德永、慎源、益隆、洪源永、源丰润及运销处等八家云。

《商情报告》1936年第531期

屯溪抽心珍眉市价坚俏，祁门红茶交易热闹

土庄抽心珍眉，日来因市上均系次货，交易不旺。屯溪抽心珍眉，则因保昌同孚天裕等洋行大量吸收，销路异常畅达，价亦涨起三四元左右。祁门红茶，交易日见热闹。至湖州及安顶珍眉，因存底空虚，价亦坚俏。昨日各牌交易，共成交□百五十六箱，每箱价约自42元至141元不等。买进洋行，计有锦隆宝隆永兴同孚天裕保昌协和天祥兴成协助会等。卖出行家，计有公升永昇昌盛慎源永兴隆运销处等五家云。

《商情报告》1936年第533期

祁门花香开盘价高

祁门花香到货一千余箱，昨日由怡和及协助会开盘，半数买进，开价34至35元，较去年提高约十元。其他各货亦需货，但到货仅此，无从购办。祁门红茶及遂安屯溪珍眉交易亦旺，路庄抽心珍眉视前尤畅，高庄针眉存底告罄，平水蘇珠已有宝隆及华茶二行问津，势将活动，今市成交红绿各茶854箱。

《商情报告》1936年第535期

屯溪珍眉走销极畅，祁门红茶英庄畅达

今日洋庄茶市，以屯溪珍眉走销最畅，婺源西北乡珍眉，存底异常枯薄，路庄针眉及虾目，欧销仍极旺盛。平水各项花色中，以宝珠蔴珠脱手最易。价亦坚挺，祁门红茶因伦敦市场之爪哇茶价格过昂，故各英庄纷起补进，共成交二千余箱，每箱价自40元至48元。土庄珍眉，交易仍极寂静。温州玉山及遂安等货，早已售罄云。

《商情报告》1936年第603期

祁门花香惨跌

祁门花香，今庚开盘价为每箱35元，后以到货太涌，逐步回跌。最近二旬，更以外销呆滞，竟以惨跌有16元之多。今日英庄锦隆洋行办进七百余箱，价仅开15.3元至18.2元，所幸存□不多，不致大受损失。至于绿茶方面，仍以婺屯抽心珍眉走销最易，平水头号蔴珠，因货缺逐步见涨，今日共计成交约一千箱。

《商情报告》1936年第605期

屯溪虾目畅销缺货，祁门红茶价格疲软

今日洋庄茶市，以屯溪虾目最为畅销，惜以街存枯薄，供不应求，路庄贡熙，印庄走销愈见畅旺，价有见升之势，土庄珍眉，依然无人问津，惟其他各项花色，尚有零星走销，祁门红茶，仅英庄锦隆协和两洋行办进百余箱，价开40元左右，价甚疲软云。

《商情报告》1936年第608期

祁门红茶续疲

日来祁门红茶，日渐疲软，今日由锦隆洋行买进三百余箱，做开价自39元至47元，较上周又跌七八元，宁州红茶，市上业已告罄，绿茶交易，略见清淡，路庄针眉及婺屯抽心珍眉，走销仍畅，全日总计成交806箱。

《商情报告》1936年第609期

七千余箱祁门红茶将一次出盘

今日茶市，祁门红茶，因市存仅约七千余箱，总运销处为谋结束起见，决定一次售完，因此各行号纷纷议价出盘，大约盘价三十七八元左右。闻以汪裕泰盘价较为接近，或将一次收买。至绿茶交易，针眉仍居上风，贡熙茶因出价紧俏，成交极少，全日绿茶交易，共计335箱。

《商情报告》1936年第613期

茶　市

祁门茶业前途展望金融界集中投资本年或可望复兴，祁门红茶自两湖宁河衰落后，在国际市场，继起跃占首席，数年前之声价，几驾全世界红茶之上。民二十年以还，受锡爪茶之廉价倾销，及各国普感经济枯竭之影响，销路市价，迅速低减，致祁浮两地茶号，累遭巨创，资尽难支，祁红市况，势成江河日下。上年山价成本，虽较前低廉，但结束依然亏折，且因栈方及金融界放款紧缩，各处咸苦资薄，不能尽量进茶。今岁祁地茶商，鉴于沪市存茶日竭，海外需要量，尚较他省红茶见浓，都不忍舍弃旧业，纷起预谋登场准备。茶栈对祁庄接客，亦极注意，除源丰润已决定派员进山外，余亦不久可定方针。金融界除中行照旧在祁设立办事处，中国农民银行扩充投资范围，新设之安徽地方银行，亦将派员至祁组织分行，其营业亦侧重于茶市。统计最近祁浮两地决定开场庄号及合作社家数，比上年已增二十余家，故本年祁门茶叶，得金融界之集中投资，当可促其发展，而趋于复兴之途云。

浙建厅进行改良平水绿茶筹设茶场负责改善培植与制造，浙省绍属平水绿茶，向销美国为大宗，近年来因海外市场销路不振，销价滞落。现浙建厅为改良平茶产销，拟在该县筹设茶场，负责作技术方面之指导，改善培植与制造，并请求全国经委会按照补助皖省祁门红茶办法，拨款五万元，补助改进平水茶叶，救济茶农云。

《钱业月报》1936年第16卷第3期

茶 市

上月初祁门新红茶开盘后，交易非常畅旺，最高货开二百六七十元，英庄销路独佳，怡和锦隆等行均奋进猛购，来源亦旺，故到销两畅，市气至为蓬勃。赣省宁州红茶，月初提选高级贡茶头盘开出一百零五元，较上年提高二三十元交易亦殊不恶。该两路红茶今年均由皖赣红茶总运销处推销，质地亦较往年为佳。至绿茶市面，亦大为开展婺源东路抽芯珍眉，已由保昌天裕两行开出头盘一百四十元，屯溪高庄货较前又涨三四十元，各行采购踊跃，遂安开化威坪等路货到销均甚活跃。市况稳定，入后续见坚畅叶低优良之珍眉，尤形坚硬，各茶均涨三四元至一二十元不等。旬末高庄货去路仍畅，次货颇有回疲之势，红茶以协助会加入采办，市盘格外挺秀，中旬时祁门浮梁等路红茶，因俄庄开始动办，英商进意益浓，交易续畅。日来运到新货，均品质优良，深合销胃，每日有五六千箱成交，市价均极坚挺，其中花香尤为俏利至珍眉针眉及平水绿茶，走销尚畅，惟价格较前疲跌，如屯溪婺源等高庄货，自减盘之后销路更因激刺而活泼，摩洛哥采办尤多，茶况可望稳定。下旬间祁宁两路花香红茶，英商与俄庄积极搜办，到货几无停积，大有供不敷求之势。行市坚俏，较前又大三四元，市气至为畅达，祁浮红茶市面已无前之旺盛，但交易尚不冷淡，市价尚能站定。婺源屯溪等路之抽芯珍眉，市况复趋活泼，欧销转畅顶盘开出一百四十元，婺源高庄贡熙亦由白头行开出头盘，提庄货九十五元，普通货六十五元，比上年高十余元各茶均可随到随销，市情繁盛。总计全月共成交红绿箱茶十二万余箱，大势颇堪乐观云。

《钱业月报》1936年第16卷第7期

茶　市

上月初本埠洋庄茶市，祁门宁州两路红茶，英庄去路，尚不寂寞。协和锦隆等行，进意仍浓。同孚怡和亦有零星谈判，苏俄协助会亦有电报抖销。售价站四十元至四十五元，较前无甚上落。绿茶珍眉一项初曾一度衰淡，旬末欧电订购纷至沓来，销路又复畅达。协和购进独多，锦隆宝隆亦有零星进胃，抽芯提庄货开一百零二元，普通七十元左右。其余各路绿茶，销路依然呆滞，市况呈提高抑低之像。中旬间市况平淡，祁门红茶英商有大量进胃，而皖赣红茶总运销处，亦因亟待结束，协议对策，关于品质之评判，市价之高下，正主进行之中。绿茶因高庄货存底缺乏，交易无多，普通货虽有存货，然因海外来价太苛，华商不愿过分迁就，市情无从进展，下旬来绿茶交易依然寥落。红茶市况自运销处谋整个推销，以图结束后，存底约一万箱左右，华商汪裕泰茶庄有拟全部吸收之意，谈判已有端倪，惟因顾全茶商利益计，在不背整个推销原则下，规定两日内准许有的款商家提出，另行售与洋行。因此协和锦隆等行均大量吸进，市价并因此大涨，大约已可全部扩清。如有剩余，统归汪裕泰承销。整个推销计划，至此已告实现，此种现状为空前所未见云。

祁门红茶之生产制造及运销

一、绪言

祁门以产红茶著称。所产红茶，其品质之优异，不仅在国内各产红茶区中，首屈一指，即与新兴产茶国家，如印度、锡兰，曾经锐意改良，而出产之茶叶品种相较，亦罕有其匹。市上通称之"祁门红茶"，或简称之"祁红"，实际并非专指祁门一县之产品而言；其与祁门茶产地毗连之至德、贵池，及江西之浮梁等县所产之红茶，因其制法相同，形状相似，亦统称"祁红"。故在广义言之，祁门红茶区域，实包括祁门、浮梁、至德三县，及贵池之一小部。贵池产茶数额极少，普通言"祁红"之茶产地者，仅以祁浮至合称，而略贵池；以是一般人鲜有知贵池亦产红茶者。唯浮梁、至德等县所产红茶之品质，究不若祁门本县所产者为佳，故市上售价，亦较逊色，此其应区别者也。

祁门之制造红茶，迄今不过六十年之历史。逊清光绪以前，祁门向皆制造青茶，运销两广；以其制法与皖西六安茶相仿佛，故称"安茶"；在粤东一带，颇负盛誉。迨光绪二年（西历1876年）有黟县茶商余某者，以祁门地广人稀，茶价便宜，乃由秋浦（今名至德）来祁，传授红茶之制造方法，劝诱茶户效法制造。初在历口开设子庄，高价收买；继在闪里设立红茶庄号，从事精制。时复有上海同春荣茶栈来祁放汇；一般茶户以红茶价格较高，且销路可靠，利之所趋，故相率改制红茶，并添植新株。于是驰名全球之祁门红茶区域，逐渐形成。

祁门茶区之自然环境，甚宜茶树栽培，故产茶品质特佳。且荒山广袤，大都可以开辟种茶，故若仅就产地面积而言，将来之发展，殊未可限量！

前北京农商部鉴于祁门红茶在国际贸易地位之重要，爰于民国四年特拨部资，创设安徽模范茶场于祁门南乡之平里村。创立伊始，规模宏大，经费充足，随后缩小范围，复因军兴停办多时。十七年始改隶省府，几经改组，间或停顿，而今犹能依然存在者，其重要可知。二十三年复由全国经济委员会及实业部拨增经费，大事扩充，其受政府当局之所重视，不为无因！

按光绪末年至民国初年间，为祁门红茶贸易最盛时期；祁浮至三县每年出产红茶总额，常在六万担以上。欧战爆发，茶叶销路顿减，该区红茶输出亦因之减少。迨战事终了，对外贸易数量，虽稍见起色，然与战前相较，尚不及前者之半。一因祁门红茶销路，以欧洲为大宗，国内销量，极其微弱，欧洲各国，因战时损失颇巨，战后经济胥呈不景气现象，以致购买力低减，对于高级红茶，尤多无力购用。二因印度、锡兰、爪哇等国之茶业，先后勃兴，逐渐侵夺吾国向来独霸之市场，以致销量不能恢复，此其主因。

考近年来世界红茶消费量，日益增加，而吾国红茶输出，则适得其反。今后若不亟思振作，力谋改进，一意因循坐误，将见吾国红茶，势遭淘汰于国际贸易市场也。

据海关报告，近来吾国不仅茶叶输出减少，且有多量之茶叶由国外输入，而其中多系红茶。如此现象，更可促进国人之省悟。本系承中国农民银行委托，调查豫鄂皖赣四省农村经济，故对四省范围内之茶叶整个事业，颇为注意。调查开始，首先即在祁门调查合作事业。根据初步调查所得，决定协助该县茶农办理茶叶合作运销，当即建议中国农民银行至该县放款，并由该行派遣专员常驻该处，担任合作指导，协助茶农广为组织合作社。其后上海商业储蓄银行亦加入放款，同时全国经济委员会亦颇注意该区茶业，于民国二十三年春间派员前往考察，并有意扩充该地原有之茶场，充实茶叶之栽培，及制造之试验。该项计划，已有大部分实现者。

著者于民国二十二年调查祁门之茶叶合作社后，深觉该区茶叶颇有发展希望。爰于翌年茶季之前，复亲赴该茶区会同助理调查人员，从事精密之调查，并实地观察当地之产制及销售情形。当时原拟将祁门、浮梁、至德三县之调查同时完成，后以祁门、浮梁交界地区为共产党占领，故浮梁一区未克前往调查。迨二十四年春间，著者乘调查江西农业特区之便，始克绕道前往完成该区调查，本报告之延迟草就，亦职是之故。

二、调查范围与材料之搜集方法

祁门红茶区域，以祁门之西南乡为中心。东北两面，大致以祁门县境为界；西连至德之东南乡，南有江西浮梁之北部，而贵池南乡与祁门至德毗连处，有一小部分，亦在该区范围之内。本调查即以上述区域内所产之红茶为对象，凡关于该茶叶之生产制造运销等各方面之材料，均在尽量搜集之列。其主要目的，在探求该茶业过去衰落之原因，现在之实际情况，及今后改进应循之途径，藉作复兴祁门红茶业具体方案之依据。同时为力求所拟方案之能切合实用，对于该茶业有关系之其他经济问题，亦尽量加以探讨，俾供参考。

此次调查所得材料，系分概况调查、村庄调查、茶农调查、茶号调查、转运与堆栈调查、茶栈调查、茶商组织调查、洋行调查，及已有资料之搜集等九种方法进行。兹将各种方法之进行步骤及其效用，分述如次：

1.概况调查

凡与祁红茶业有密切关系之各种因素，均有调查之必要。吾国各种事业，缺乏统计材料，祁门红茶自难例外。兹既研究该茶业，于所需各种材料，若全恃一己精力普遍地作一精密调查统计，则时间与财力均所不许。为权宜之计，凡调查统计，需要大量财力或举办太费时间者，均暂作一概况调查。其法即就当地领袖、熟悉茶业情形或富有经验者以及茶商等，详为询问，请其据实估计所需要之材料，如垦地情形，各种农作物占熟地面积之百分率等。此种估计数字，为力求其确近事实起见，均系博采若干人之意见而得。即每一估计至少须经三组并每组三人以上之意见相同，方可采用。同时调查者，亦须将旅行该区各地所得之观察记录，与之对照。按此种方法所得之调查材料，虽未必十分精确，然亦堪云与事实相近！

2. 村庄调查

茶叶品种、农工工资、人工来源等项，按其性质，不必挨户调查，只须在各村庄邀集当地领袖及有经验之茶农数人，加以咨询即可。盖一村之范围有限，本村人对于本村情形，自必洞悉。即所估计之材料，亦颇能与事实相符，可无疑问。

3. 茶农调查

在该茶区内，计调查五个标样地区，计茶农一百二十四家。此种调查，派有训练纯熟之调查员，专任其事。各区被调查之茶户，均采挨户调查方法，大中小三等皆有，故所得材料，颇可代表一般之情形。茶农于二十二年一年内，茶叶之栽培及其经济状况等项，均印有表格，详为查填。（见附录一）

4. 茶号调查

二十三年就当地聘请调查员，用规定表格，举行祁门全县茶号清查一次，并尽量查抄茶号之营业账目，藉以计算制销用费及其亏盈情形，此种调查，最感困难，盖商人每多不愿将其账簿任人抄录，盈亏情况，尤多讳莫如深。幸经茶业改良场及私人之热心协助，始得抄茶号账簿十四家；其中有完全者五家；自信甚为真确，弥足珍贵。

5. 转运与堆栈调查

茶叶由产地至销售市场，其间须经过种种转运手续。茶抵销售市场，又需堆贮栈房，以待出售。祁门红茶所经之转载地点，如饶州、九江等处，均经调查其转运手续及用费等等。至上海之堆栈，亦已详加调查。

6. 茶栈调查

茶号制成箱茶后，经由上海茶栈介绍售于洋行。其经过种种手续与用费，颇为繁重。此种调查拟有表格，计分普通与个别两种：普通调查，即调查茶栈营业之一般情形；个别调查，则调查各茶栈之营业状况。

7.茶商组织调查

产地茶商组织，有茶业同业公会一种，系由各茶号组合而成。其组织内容、主要事业、经费来源及一切规章，均加以调查。此种调查系由指定之茶号调查员担任之。上海洋庄茶栈亦有同业公会，其组织内容、经费来源及条例章程等项，则由茶栈调查员附带调查之。

8.洋行调查

洋行为茶叶之输出商，凡输出茶叶均须经洋行之手，而达于国外茶商，颇具有左右国内茶叶市场之权威。此种调查最感困难者，即因洋商严守秘密，不肯将营业实情告知。本调查已就能力所及，经由多方介绍，抽查洋行数家，类皆略而不详。兹就所得材料之可靠者，尽量采用，至不完全者，则不具录。

9.已有资料之搜集

已有之资料，约可分为本身的与关系的两种。本身的资料，例如历年来之茶叶产额，及茶价之类。关系的，则如土壤调查，及气候记载等项。所搜集之已有资料，有直接可用者，亦有须加以计算或整理后，方可应用者，然要以后者为多。凡属引用之调查或统计资料，均已注明来源及计算方法，以便复核。其有可疑及不切实用者，则概从略。

三、天然环境

祁门红茶区域之形成及其产品之优良，盖有天然环境之适合为其基本因子。天然环境与茶叶之最关重要者，不外地势、土壤及气候三项。兹各分述如下：

1.地势

该茶区位于皖赣交界地带，其海拔均在二百米以上，普通则在二百米至四百米之间。全境丘陵，触目皆是，除河流两岸，及山谷中，间有小块平原外，余皆山地。

河流因地势而成。境内河流之著者，祁门有大洪水、大北港及小北港，均向南流，至浮梁县境会合，而为昌江，经都阳县而入都阳湖；在至德县之南部，则有饶江南流至都阳湖；北流入长江者，则有前河后河二水。至德之中部、北部，与浮梁之中部、南部，山势皆较低落，形成中部凸起之地势。该茶区依地势而论，实以祁门之西南乡为最高。茶叶品质，亦以该地一带所产者为最佳。是知茶叶类皆生产山地，平坦及低凹地之产茶者，颇属少见。其受地势之限制，有如此者。

2.土壤

祁门红茶区域之土壤，类皆砂质壤土。以性质而论，要以祁门西南乡为最佳。民国六年，前北京农商部在祁门平里设立之模范种茶场，会将祁门历口绕丝坞茶山土壤，送至北京中央农事试验场化验，结果发现氮、磷、钾三要素及碳酸含量均密，铁质尤多，极宜茶树栽培。惜该项化验结果，已无底稿可查。安徽省立茶业改良场发行之《祁门之茶业》一书，虽曾列举，但其百分率颇不符合，兹不具录。

最近据实业部地质调查所与本系合作进行之土地分类调查结果，将全区土壤分为山丘土壤与山谷土壤两大类。山丘土壤中，又分为祁门与挹泉岭两系。山谷土壤则分平里、鲍家関及石谭三系。山谷土壤之与茶树栽培，关系较少，面积亦属有限，只限于河流沿岸各地。山丘土壤，在该茶区内，以祁门系所占面积最广，产茶较多之地区均属之。挹泉岭系，只在该区之东部北部占有一小部分，面积约有全区山丘十分之二三。兹先将山丘土壤之性质，分述如次：

祁门系——表土为砾石黏土，黄褐色，构成小块，如未经人工及天然之移动时，在土之表面，常有厚约2~3毫米之腐植质及植物腐烂之残滓一层。表土中深自5分米至20分米间，含有多量之腐植质。心土之上层土质与表土相同，惟颜色改变为橘红或红色。如细心查看，方可知其坚结力较表土为硬；其深度则因山势倾斜参差而异，大约自15至50分米以上不等。表土与心土均可透水，且其结合力，既不过于坚紧，亦不十分松散，洵为植物生长之良好土壤。

挹泉岭系——表土曾深自5至24分米不等，为浅橘黄褐色之砂砾黏质壤土，构成团粒小块，能透水，其中含有多量之腐植质，结合力弱而易碎。心土为褐黄色砂砾黏土，深度在50分米以上，可透水，结合力弱而易碎。此类土壤大部位于深在60分米以上之灰色页岩上，亦有继续下伸至80分米，而有下层心土隔入其间者，惟该项下层心土之颜色，常较上层为浅耳。

上举两种土壤之性质，大同小异，均为宜茶之土。据调查者之观察，谓茶土实具有下列各种特性：（甲）土层深厚；（乙）土质松软；（丙）表土中之有机质尚丰；（丁）排水良好；（戊）偏于酸性；（己）母岩以页岩为最佳，沙岩次之，石灰岩所成之土嫌过重，花岗岩所成之土嫌过轻，皆不相宜。

至山谷土壤性质迥异。兹将平里、鲍家関及石潭三系之土壤性质，分别述明如下，以示异同，藉知以后扩展茶地之可能性焉。

平里系——此系土壤，纯系河流冲积而成。类皆砂质，发育不全，土之上下层，无甚显著之差别，惟上层土壤颜色，略较下层深黑而已。上层深至120分米以内，仍无显明之层次界限。表土（或直称曰上层土壤）为浅灰褐色细砂或砂质壤土，亦有稍带黏性之砂质壤土，平均深至14分米者。至表土之乌黑色，乃因施用肥料所致，可无疑义。此种土壤含有多量之腐植质，构成团粒小块，其下层之土，则为浅灰褐色松砂，成细砂壤土，亦间有微带黏性者。

此系土壤发现于祁门之东部南部，至德之北部，及浮梁之北部，河流两岸均有之，其生产力尚属中常。在稍倾斜之地，有用以种茶者；平地则种瓜、豆、麦类、油菜、苎麻、荞麦及其他旱地作物；低凹之地，水源充分者为稻田，其在山凹内者则为梯田，均可种稻一季。

鲍家関者——表土组织成大块，为锈灰色细砂黏性土壤，含有腐植质及新鲜之植物根尚丰。至15分米以下，即变成含有锈斑点之灰色细砂黏土层，厚约40分米。下层心土为砂质黏土，呈深褐色。在上层心土中，有似豌豆大之软性铁质凝结物，再下层该项凝结物即渐见减小。大体言之，此种土壤，尚属透水而易破碎，排水力弱，夏季种稻，冬季种麦，祁门西北部山谷中及至德北部有一部分小块面积之土壤属之。

石潭系——表土层深约20分米，第二层大都下伸至30分米，第三层至80分米。第二层与第三层有时不易区别。第四层则下伸至一百余分米。土质自上层至最下层逐渐改变，即由细砂黏性壤土或硅黏壤土，渐变为细砂黏土或硅黏土。盖土壤之愈下层，黏性愈大也。土色之差异亦大，自浅灰色至黄褐色不等。上层之土色，尤为复杂。例如：少数上层土壤，较带褐色，而其他则适相反。又一部分表土，附有灰色斑点，间亦有心土附有斑点者。总之，此种差异并不十分显著，似无另行分系之必要。表土构成团粒小块，心土则为大块，均具易碎性。表土所含之有机质，尚属中常。至心土之有机质，即见大减，各层皆颇透水。（第一图略）

此种土壤，大都用以栽种大小麦、黄豆、棉花、玉蜀黍及油菜等作物。亦间有种稻者，惟不多见。生产力中常，祁门与至德之山谷地多属之。

综上以观，可知该区山谷土壤，类皆较带黏性。地势低洼，水源充足者，多栽种稻作；高旱之地，则多用以种植杂粮；至茶树，则大都于田埂地角，零星栽种而已。

上述山地及山谷之各种土壤，其与茶树栽培最关重要者，厥为祁门系。兹再将该系土壤之植物生长现况，略申述之：

该系土壤区内，森林密布，对于储蓄水源，防止冲刷，益处颇多。惜当地居民，大多漫无限制砍伐，且于倾斜度较低之山坡，焚伐树木，从事开辟种植玉蜀黍者，比比皆是。长此以往，该地森林，颇有日趋减少之势。垦植玉蜀黍之山地土壤，每易被水冲刷。幸当地人民，尚知每种玉蜀黍五年后，复以人工造林。故该区之得未骤成濯濯童山者，固由地广人稀，取之不尽，然人工栽培杉木，亦与有力焉。

据调查时之观察，该地茶树，皆栽植于页岩山地，少有生在石灰岩及砂岩山土者。至茶叶是否只宜在由页岩变成之土壤中生长，或另有其他因素，则非在此短促时间，探求于小面积中，所能断言也。

3.气候

祁门茶区系在北纬二十九度半至三十度之间，气候温和，既无炎暑，复少严冬，观其气温记录，即可知矣。

第一表　祁门红茶区域之各月平均气温(℃)

（记载地点：祁门南乡平里；记载者：安徽省立茶业改良场）

年份	月别											
	一月	二月	三月	四月	五月	六月	七月	八月	九月	十月	十一月	十二月
民国二十一年	4.2	2.1	12.2	15.1	25.3	23.6	28.2	28.9	20.9	14.8	—	4.5
民国二十二年	1.4	2.5	3.5	13.4	—	24.4	28.4	27.5	24.5	17.9	12.4	9.1
平均	2.8	2.3	7.9	14.3	25.3	24.0	28.3	28.3	22.7	16.4	12.4	6.8

注：民国二十一年十一月及二十二年五月因茶场无记录故缺。

查民国二十一年及二十二年之气温记录，最低温度，均在一月中。（见附录二）二十一年一月份平均最低，曾降至-3℃，二十二年同月则在-2.4℃。气温最高时，多在七月中。二十一年七月之最高温度，平均在31.1℃，二十二年同月之平均最高温度，为31.7℃。按茶树生长，最忌严寒。若遇大寒之年，不加保护，每被冻坏，以致产量减收。该区茶户，对于茶树之保护，向不注意，一遇严冬，多遭此害。又茶树发芽后，如忽降严霜，为害尤烈。据当地有经验之老农所称，该区域降雪，约在阳历一至三月间，每年仅有五六日。最早之首次霜期，约在寒露后五六日，最晚之末次霜期，则在清明谷雨之间，全年无霜日期，平均约有300日，作物生长期间亦如之。首次霜期，于茶树生长，尚无多大影响。末次重霜期，如在清明之后，则茶树新芽，必遭冻死，产量减收，损失颇巨。据云该区清明以后，降落重霜时，尚不多见，此亦该区适宜种茶之一端也。

至言雨量，该区亦颇相宜，空气湿润，云雾四时不绝，且森林所在皆有，对于气候之调节，容有裨益。其中尤以祁门之西南乡，山林最多，所产茶叶品质，亦较为优良。兹将民国二十一年及二十二年之各月平均雨量分布及全年总雨量，列如第二表。

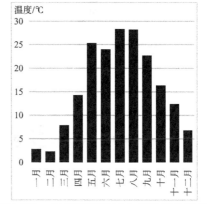

第二图　祁门红茶区域之每月平均温度

第二表　祁门红茶区域各月平均雨量及全年总雨量(公厘)

(记载地点:祁门南乡平里;记载者:安徽省立茶业改良场)

年份	月别												
	一月	二月	三月	四月	五月	六月	七月	八月	九月	十月	十一月	十二月	全年
民国二十一年	13	89	74	168	397	371	270	189	30	46	—	12	—
民国二十二年	18	23	32	352	—	354	29	175	131	141	73	18	—
平均	16	56	53	260	397	363	150	182	81	94	73	15	1740

注：民国二十一年十一月及二十二年五月因无记录故缺。

由第二表可知全年雨量，多半降于四、五、六三个月中，约合全年总雨量百分之六十，而尤以五月降雨为特多。

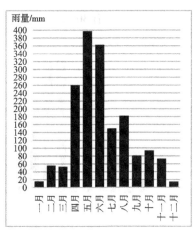 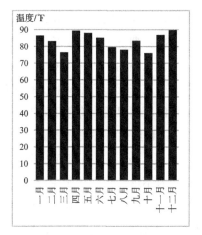

第三图　祁门红茶区域之每月雨量　第四图　祁门红茶区域之每月平均温度

　　该区茶叶之采摘时期，皆在阳历四、五、六月中，正值雨季茶户每以多雨不能及时采制为苦。盖当地制造红茶之萎凋发酵等工作，均须晴天，藉日光之力为之；如天气阴雨，则是项工作，即无法进行，坐视茶叶长老，品质变劣，殊为可惜。救济之法，惟有采用科学制造，实行室内萎凋发酵。安徽省立茶业改良场曾经试验，成绩良可。故虽天然之雨量分布，未能尽善，然人力足以胜天，此种采制问题，当不难迎刃而解。

　　空气中所含之水分多寡，影响茶叶品质之优劣至巨，茶树生在高山，常得云雾之滋润者，品质最佳。祁门茶区，颇具有此种条件。兹将民国二十三年，该区每月平均温度，列表如下，以示一斑。

第三表　民国二十三年祁门红茶区域之每月平均温度

（记载地点:祁门南乡平里;记载者:安徽省立茶业改良场）

月别	一月	二月	三月	四月	五月	六月	七月	八月	九月	十月	十一月	十二月
温度（℉）	86.5	83.1	76.5	89.3	88.0	85.1	79.6	78.1	83.4	76.1	86.9	89.7

　　由第三表可知各月湿度高而均匀，茶叶得其滋润，良非浅鲜。上表所列数字，系每日下午一时记录之每月平均数。（每日湿度见附录三）

　　若在夜间及早晨九点钟以前，无论晴雨，每日湿度，均在九十度以上，宜其茶叶品质之优良也。

　　以该区之气候而论，适宜茶树之栽培者如此。虽茶季雨量较多，然晴日亦属不少，于制造上原已无多妨碍；况今后方法改良，尚可在室内举行萎凋发酵等工作，当可更无问题矣！

四、茶地与产额

1.茶区之土地利用

祁门红茶区域，全境内以地势言，估计山丘约占80%，平地约近20%，水面面积则不及全区总面积1%。该区所有之平地，皆位于河流之沿岸与山谷中，全系冲积而成。已垦者，约占平地总面积95%上下，其余5%，则为河边砂石及屋基道路等等。山地垦植情形，则与平地迥异。其已垦者，只有7%或8%而已。所余未垦地百分之九十几，约又可分配如下：杂草10%，柴薪45%，树木35%，其他（如竹林等）5%，未利用者5%。杂草大都用作牲畜之饲料及熟物。可供柴薪用之矮林面积颇广，当地人烟稀少，地势崎岖，运输不便，三分之二，均未采用。该区多常绿树，以杉林最多，大都为人工种植。次之为松树，当地居民，多将其锯成小段，名曰"窑柴"，用船装运江西景德镇销于窑商，以充瓷窑之燃料。此外苦楮、桐子、茶子、栎树等，亦不少。其他项下，有竹林在内，笋可充食，竹可作工艺之用。未利用者，则为不毛之石山，及有水冲刷之山沟等。

已垦地之利用情形，亦可分山地与平地两部。平地种茶极少，稻麦居多。山地则以茶为主要作物。其所种各种作物之面积，虽年有变动，然大致无甚差异。各作物所占面积之数字，向无精密统计，兹就该区各地富有经验且熟悉农业情形者之按实估计，所得各种作物占已垦地之百分率，与调查者之观察对照，颇为相近。山地与平地之利用情形不同，故亦分别列举其百分率如下：

第四表　祁门红茶区已垦地之利用情形

作物名称	占已垦地之百分率					
	山地			平地		
	长年	冬季	春夏	长年	冬季	春夏
茶	30.0			0.1		
稻			39.6			80.8
玉蜀黍			29.2			19.0
小麦		20.0			30.0	
大麦		2.9			10.0	
苎麻				0.1		
其他		1.2	1.2		0.8	

春夏之间，不论平地或山丘，已垦之地，均种有农作物。冬季则有一部分之田地，休闲不种，藉养地力；或因人工缺乏，尤以距离农家较远之山地为多。故上表冬季作物之百分率相加，不及百分之百。

由土地利用现状观之，该区除平地已垦面积之一部可以改种茶树外，荒山辽阔，用以开辟茶园，颇多发展余地。即山区未种茶树之已垦地，几无不宜茶。此外临近山地亦多，用以扩拓茶区，颇有可能。今后交通便利，运输迅速，需用食粮，由邻县输入，自无不可！惟问题只在茶产之销售，能否畅达，种茶是否较种他种农作为合算耳。实则如能就原有茶园，加以改良，善为培养，即使不再扩展茶地，而欲产额增加一倍以上，亦属易事。

2.茶产地之分区

祁门红茶之生产地，可按河流之天然形势，划分为鄱江、长江、浙江三个区域，其各区产茶品质之高下，亦颇有明显之区别。

鄱江流域区——此区地积最广，山势较高，以祁门西部为中心，包括祁门中部、南部，浮梁之西部、北部，及至德之南部，均位于鄱江流域，所产红茶，向皆经鄱江及鄱阳湖输出。

长江流域区——至德之中部北部属之，该区山势较低，其水流均直落于长江，产茶品质最差，数量不及鄱江流域区四分之一，不须经过鄱阳湖，可直接由长江输出。

浙江流域区——祁门之东部属之，其水流东下，归新安江而入浙江省境，该区红茶生产数量极少，品质较祁门西南乡略次，但较浮梁、至德之茶为优。

3.茶地分布

种茶之地，类皆高燥，不宜种植水稻。当地农民，于山坡山凹及低山之顶，土壤较为肥沃之区，开辟茶园，面积琐碎，七零八落。平地茶树，则多在村庄傍近与溪流两岸之荡地；田边地角，亦有零星栽种。据调查五地区124家茶户，共有茶地646市亩6分。内有8市亩3分，为零星茶树之面积，散布于屋旁田埂地角；其余638市亩3分中，计有山地537市亩3分及平地101市亩。零星茶树面积8市亩3分，类皆平地，应加入平地计算。则茶地总面积中，平地占16.9%，山地占83.1%，是茶树多栽植于山地，极为显然。

4.茶地面积

该区茶地，多由农民零星开辟，面积琐碎已极。除平地外，大都不纳赋税，真确数字，向无统计，只可就每亩之平均产量，用全区产茶总额推算而得。据二十二年调查该区平均每市亩产红茶（毛茶）118.2市斤（见第十五表），又同年全区共产红茶63850箱（见第五表），每箱红茶，平均以64.27市斤（见包装）计算，合有精茶4103640市斤。平均每毛茶百斤可制精茶42.59斤（见第二十九表），精茶4103640市斤应需毛茶9635220市斤制成。按每市亩产红毛茶118.2市斤合算，则全区应有茶地面积81500余市亩。

5.产额

祁门红茶产额，除祁门县有局部之统计数字外，至德、浮梁等县向无精确统计，兹举民国二十一年及二十二年该茶区全区之红茶产额分县列表如下：

第五表　祁门红茶区域各县之红茶产额

县别	产额（箱）	
	二十一年	二十二年
祁门	39850	33150
浮梁	20000	20000
至德	10092	10000
贵池	700	700
合计	70642	63850

由上表数字，可知祁门产额，实占半数以上。至历年来祁门红茶之增减，只祁门一县尚有统计，可资查考，其他各县则付阙如。据前北京农商部第三次统计，祁门全县之茶叶总产额为38594担。又祁门茶税局民国三年统计为22452担。自民国十七年至二十二年间，按祁门县教育局征收红青茶捐之统计，红茶以两箱为一担计算，其各年产额如第六表。

第六表　祁门全县历年之茶叶产额

年别	青绿茶担数	红茶担数	合计
民国十七年	104.0	27160.5	27264.5
民国十八年	158.5	26975.0	27133.5

年别	青绿茶担数	红茶担数	合计
民国十九年	432.5	21071.0	21503.5
民国二十年	1608.5	17023.5	18632.0
民国二十一年	650.5	13815.0	14465.5
民国二十二年	106.5	15666.5	15773.0
民国二十三年	644.2	17338.0	17982.2

*疑有遗漏，姑录之，以待更正。

　　据闻当地征税员向有暗吃附税之弊，例如：民国二十二年，据茶商同业公会记载有红茶33100余箱，合16000余担。但实际教育局，只收到15000余担之箱捐，共余1000余担之附税，则显为征收员所中饱。此种弊端，类皆在深山距城较远之村庄为之，城内大市，绝少发见。

　　又上表民国二十一年之红茶数额，与茶商同业公会之统计略有出入，茶商同业公会谓该年该县共产红茶39850箱，以两箱为一担，计有19925担，较教育局收捐茶额多出6000余担。

　　第六表之统计数字，虽未可认为十分精确，然大体言之，祁门红茶产额，近年来已形逐渐减少之势。至浮梁、至德等县红茶产额之增减趋势，自亦相同，可无疑义。

　　有时红茶产额减少，乃因红茶销路不佳，茶农改制青绿茶之故，而实际茶叶总产量，或无多大减少。惜青绿茶之产额，漫无统计，从无证实，深为缺憾。

五、茶叶生产

1.茶农

　　茶农为茶之生产者，茶地之开辟、整理，茶树之栽植、培养，以至毛茶之制造、出售，均由茶农为之。兹将茶农户口、茶农土地、茶叶对于茶农经济之影响、茶农副业、茶农食粮之需给、茶农之经济状况等，分别述之。

　　第一，茶农户口。该茶区全区究有茶户若干，向无统计，亦非短时间所能查就；但境内居民以茶为主要收入者，实占绝对多数，是可断言。据调查五地区124茶户之统计，共有人口568人。内有男子248人及女子320人，其中未满15岁者，计有176人，占男女人口总数31%，平均每户共4.6人，男2.0人，女2.6人，男女性比率，平均每女子百人中，只有男人77.5人，男少于女甚多。此盖因该区男子出外经商者颇多，类皆终年不归之故耳。

该区客民甚多，尚无精确统计，惟据一班之估计，约占全区人口半数以上，大都来自本省潜山、太湖、宿松、望江诸县。初来时，类多以帮工为业，继之开辟荒山，栽种玉蜀黍及茶树，而落籍为当地居民。由桐城、怀宁来者，则多以经营小商贩为业，鲜少农户。

第二，茶农土地。据调查124家茶农之统计，共有耕地面积1735.8市亩。除茶地外，尚有水田、旱地及山地三种，以栽植食粮及其他农作物。各种耕作面积，以市亩计算，其分配如下：

第七表　祁门茶区124茶户茶地面积及其他耕地面积之分配

耕地类型		面积(市亩)	占耕地总面积之百分率
茶地	平地	109.3	6.3
	山地	537.3	31.0
	合计	646.6	37.3
其他耕地	水田	761.8	43.9
	旱地	271.1	15.6
	山地	56.3	3.2
	合计	1089.2	62.7
总计		1735.8	100.0

各地每亩田地之面积大小，互有差异。例如，祁门南乡每当地亩合0.86市亩，至德每当地亩合0.92市亩，为求划一，概照各地标准，折合市亩计算。

以土地所有权而论，按祁门三地区75茶户，计有自耕农36户，半自耕农21户，佃农18户，但茶地之租自他人者则甚少。兹将75茶户之茶地及其他田地之自有与租佃面积，列举如下，以示一斑。

第八表　祁门75茶户自有耕地与租佃耕地之面积(市亩)

项目	自有面积	租佃面积	总计
茶地	422.9	24.1	447.0
其他田地	401.8	418.0	819.8
合计	824.7	442.1	1266.8
百分率	65.1	34.9	100.0

当地租佃茶地均缴钱租，平均每市亩，需租额3.2元。其他田地之佃租者，以水田居多，纳租方法几全为谷租，平均每市亩交租谷262市斤。以廿二年之平均收获量（550市斤）为标准，租额占总收获量47.6%。

耕地之利用，据124户之调查，可分为茶叶、食粮，及其他三类，兹列举其作物亩数如下表：

第九表　祁门茶区124茶户耕地之利用（以作物亩计）

项目	作物亩（市亩）	百分率
茶叶	646.6	32.7
食粮	1276.4	64.5
其他	56.0	2.8
总计	1979.0	100.0

茶叶为多年生作物，故其作物亩数，仍与所种作物面积相等。食粮及其他农作，则因同一块地上，有种二季或二季以上者，故作物亩数恒超过所种之作物面积。食粮之主要种类，详见茶农食粮之需给一节。至其他项下，计有油桐、苎麻、漆等之非食用作物。

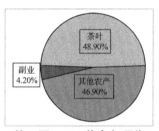

第五图　124茶户各项收入所占之百分率

此外该区荒山颇多，估计约有95%以上，均可垦种，只以缺乏人工资本，大都未经开辟。

第三，茶叶收入对于茶农经济之影响。茶农以茶叶为其主要收入，自无待言！然究占其总收入之地位至何种程度？尚须加以考量。据调查五地区124茶户，共有茶地面积646市亩6分（零星茶树所占面积在内），及其他作物面积1089市亩2分，合计共有耕地面积1735市亩8分。平均每户计有耕地14市亩，在耕地面积中，茶地占37.3%，其他作物面积占62.7%。（如以作物亩数计算，其他作物，因复种关系，百分率略较高）唯各种作物产品之价值不同，以其产额比较，殊难准确。兹按照当年各种产品之平均价格，核算其价值；并列举124茶户之总收入如下，藉明年茶叶收入对于茶农经济地位之影响。

第十表　124茶户之各项收入及其所占总收入之百分率

项目	各项收入总值（元）	每户之平均收入（元）	占总收入之百分率
茶叶	13002.57	104.86	48.9
其他农产	12468.21	100.55	46.9
副业	1116.00	9.00	4.2
合计	26586.78	214.41	100.0

由上表可知茶叶为该区农户收入之大宗，几占总收入之半（48.9%）。且茶叶为现钱收入，赖以换取日常用品，其于茶农经济地位之重要，可想而知。（第五图略）

耕地用以栽种茶叶与其他农作，究以何者收入较丰？尚待研究。兹就124家茶户经营耕地1735市亩8分，所得之收入，分作茶地与其他田地两项，大略比较如下（见第十一表）：

第十一表　茶地与其他田地之收入比较

项目	耕种面积（市亩）	总收入（元）	每市亩之平均收入（元）
茶地	646.6	13319.71	20.60
其他田地	1089.2	12151.07	11.16

各产品之身分及价格互异，如以数量比较，殊乏意义。上表概已按照当时市价，折成价值比较，而茶地内之间作，及其他田地之复种作物，均计算在内。平均每市亩茶地之收入计有20.6元，几一倍于其他田地之收入，惟其他产品之生产用费未得相当研究，故纯益究以何者为优？尚未可断言。

第四，茶农之副业。当地茶农，除耕种其他农作外，甚少有其他副业者。调查124户内，有副业者，仅27户。副业之收入共计1116元。若以27户平均，有副业者每户之收入，为41.33元，占124家之总收入4.2%（见第十表）。至于副业之种类，则以经营柴炭业为主，几占半数，是因精茶制造需用柴炭使然。其他副业，计有教书、茶工、杂役、医生、竹匠、伙计等等，每种只有一两人而已。

第五，茶农食粮之需给。茶区食粮之不足自给，事实显然。祁门每年由江西饶州、临川、余干、万年等县输入米粮，为数颇巨。然其食粮缺乏，究至若何程度？须特别注意。据调查五地区124家茶农，共种植食用作物1276.4市亩，除交纳谷租外，其净收各种食粮之数量及价值如下表：

第十二表　124茶户自产食粮数量及价值

食粮种类	净收数量（市斤）	净收价值（元）	占总值之百分率
稻米	152402	6896.86	75.1
玉蜀黍	25578	869.60	9.5
小麦	10965	699.00	7.6
豆类	3674	261.24	2.8
其他	7183	460.94	5.0
合计	199802	9187.64	100.0
平均每户	1611	74.09	

　　由上表可知茶农自产食粮，以米为主，其次为玉蜀黍、小麦及豆类等等。各户自产食粮，普通均不足食用，尚须购入食粮，以资弥补，其种类亦以米为主。统计124家茶农，共需购米27411市斤，值洋1620元（平均每市担价洋5.91元）。除米外，其他杂粮，虽略有购进，但颇琐碎，无可统计，即自产杂粮中，亦间有出售者。今假定出售量与购进者相抵，则茶农之主要食物消费量，大致可如第十三表所列。

第十三表　124茶户之主要食粮消费量

食粮种类	总消费量（市斤）	价值（元）	占总值之百分率	每户平均消费量（市斤）	价值（元）	每人平均消费量（市斤）	价值（元）
稻米	179813	8516.86	78.8	1450	68.68	317	15.00
玉蜀黍	25578	869.60	8.0	206	7.01	45	1.53
小麦	10965	699.00	6.5	88	5.64	19	1.23
豆类	3674	261.24	2.4	30	2.11	6	0.46
其他	7183	460.94	4.3	53	3.72	13	0.81
合计	227213	10807.64	100.0	1832	87.16	400	19.03

　　以上只举其主要食粮之消费，至于其他零星消用，如肉、蛋、水果、糖、盐、油之类，尚不在内。

　　茶农缺乏食粮之数量，已如前述，然按民国二十二年之收获量，茶农如皆自有田地，不需纳租，则自产食粮差堪自给。兹举124家茶农购进与纳租之数量比较如第十四表。

第十四表　124茶户购进与纳租米粮数量之比较

项目	数量（市斤）	价值（元）
购进	27411	1620
纳租	65459	2979
差额	38048	1359

就调查124家之统计，可知该区茶农除种茶外，其自产食粮，如非遇荒歉之年，及不纳租谷，颇有自给能力。但以茶区全体人口而论，则食粮不足，确系事实。盖因茶区不仅其他职业及地主等户口，只消费而不生产，即每年外来人工之消费量，亦属甚巨。

第六，茶农之经济状况。在124家茶户中，其储蓄与负债情形，亦有注意之必要。据调查所得，有储蓄者9户，每户平均为128元；负债者有21户，每户平均为121元。

唯农民对于储蓄与负债，类多讳莫如深。调查124户中，难免有隐瞒不实者，尤以有储蓄者为甚。然随借随还，不必实际负债者，亦颇有之。上表所列，只能表现该区茶农经济情形之一斑耳。

至当地茶农之储蓄方法，大都不外摇会，与贷放于亲友、同族或同村之人。月利普通约在二分上下，亦有每月三四分息者。借贷来源，除借自亲友同族或同村人外，亦有向商店赊用货品者，不取利息，惟货价恒较现款购价为高，藉补借用期间之利息，此种借贷，皆言明于茶季归还。

2.茶树栽培

图1-8图片及文字皆模糊不清，故省略。

祁门之设立模范植茶场，远在民国四年，距今已近二十年。然其茶树栽培，除由前模范植茶场改组之安徽省立茶业改良场，略有改良试验外，当地茶户，仍皆墨守旧法，不知改进。茶园管理之精密与否，一视茶价之高下为依归。然多数园户，均取粗放主义，只知尽量采摘茶叶，致戕害茶树生长，而于培养上需要之施肥、修剪及保护等，则毫不讲求。

第一，栽培手续。祁门茶树之普通栽培手续，计分垦地、种植、耕耘、施肥、剪枝、采摘等步骤，兹分述如下：

（甲）垦地。该区荒地辽阔，柴草丛生，在已垦熟之土地种茶，自无需此项手续。如以荒地种植茶树，则初步工作，即须垦地。当地农民垦地手续，大都分为砍柴、烧山、开掘、整地等步骤进行。其法即垦荒者，每于秋后或冬季，于草木枯槁之时，将所拟开垦面积四周之柴草砍去，使与邻地隔绝，而后纵火烧之，邻地之柴草即不易着火。燃后，地内尚留有残梗树根，再用锄掘除，以作燃料。其次翻土，则须利用日光暴晒及风化，使土壤变成细块，然后略加整理，即可种茶。垦地用费，须视山势之高低，人工之贵贱，工程之精细而异。普通每亩约需垦工20-25工，每工工资伙食以五角计，每亩约需垦地费十元至十二元五角之间。

（乙）种植。茶树为多年生常绿植物，不需年年种植，种植一次，可继续生长数十年至百余年之久。如用种子繁殖，每亩地普通约需茶种三斗，每斗价约四角，三斗共需洋一元二角。所用种子，多为当地出产，每于阳历十一月间采集之，埋藏于向阳之地窖中，翌年春季取出播种。种植方法，多系穴播，而成直条。播种时先将地掘成一尺对径之穴，并将穴底之土耙松，每穴投入种子七至十数粒，覆土厚约三寸；通常行间距离三四尺，丛距二三尺。近年来因红茶销路日减，农民新种茶树，颇属少见。

（丙）耕耘。中耕每年约行两次，第一次约在惊蛰春分，茶将萌芽时行之，第二次则行于正当结实时，约在阳历九月间。但近年来农民限于经济，每年施中耕二次者，殊不多见。除草则无定时，随时均可进行，一视杂草生长之情形与工作之闲忙而定。

（丁）施肥。茶地施肥，颇不一致，有年施一次者，有施用二次三次者，亦有完全不施用肥料者。至施用之种类，以人粪尿为主，次之草木灰，及植物油粕，如菜子粕之类。施用期间大都在三至九月之间。

（戊）剪枝。茶树施行剪枝，可以增加茶叶生产。惜当地茶农，不知剪枝利益，向不剪枝，一任枝条徒长，耗费肥力，致产量低微。盖彼意犹以为留条愈多愈可多收，不知事实适得其反，此纯由知识浅陋，非彼不欲改良也。祁门茶业改良场，曾于去年就当地茶叶运销合作社社员中，特约二十个茶区，每区选好株与劣株各一百丛，俟春茶采摘后，即将各区之劣株百丛，试行剪枝，好株则暂不剪枝，一切施肥、耕耘等工作，则与已剪枝之劣株一律，如以后劣株收量获有进步，当地茶农自必仿效施行，法至良善。

至荒老茶树，间有齐根刈去，使根际发生新枝者，谓之"更新"。但经更新之后，非过二三年后，不能采叶。

（己）采摘。新种茶株，须于四五年后，方可开采。开采之第一年，只可采春茶一次，数量甚少，采时必须留下下部之小枝幼芽，以养树势。至第七年后，茶树发育健壮，始可正式采摘，每年可采二三次。采茶时期，以祁门最早，至德、浮梁较迟。祁门茶户，清明后即行开采。在清明至立夏前采者为"头茶"，距此二十日后再采者为"二茶"，继二茶之后采者为"三茶"。以品质言，头茶最佳，二茶次之，三茶又次之。采茶人工，男女均有。该茶区平时人口稀少，故采茶工人大半必须仰给外县，且往往须于期前雇妥，临时雇工，每多发生困难。采茶人工，大概来自江西乐平、铅山、鄱阳及安庆六邑诸县。

茶价低落之年，茶农每多迟采，采时连同茎梗一齐摘下，以冀增加重量，多得收入。精制时复须费工拣出茎梗，殊不经济。

第二，茶叶产量。茶叶之生产量，每因茶树年龄、土壤肥瘠、人工勤惰、采叶老嫩、间种杂粮等因子而异。在该茶区内，曾调查五个情形普通之地区，124家茶农，638.3市亩茶地（零星茶地未计在内），藉以代表该区每亩茶叶产量之大概。兹将调查各地区之每亩茶叶产量，列举如第十五表：

第十五表　各地区每亩茶地之毛茶平均产量

地区	调查亩数（市亩）	每亩毛茶之平均产量（市斤）		
		红茶	青茶	合计
祁门西乡	171.5	136.1	11.4	147.5
祁门东乡	92.5	156.9	4.6	161.5
祁门南乡	179.3	66.8	8.1	74.9
至德南乡	80.0	124.8	5.8	131.6
至德东乡	115.0	136.3	7.1	143.4
合计	638.3	—	—	—
平均	—	118.2	8.1	126.3
百分率	—	93.6	6.4	100.0

上表所列亩数，均已合成市亩，茶叶产量已照实数计算，售茶时之扣样，均已在内。又当地毛茶秤，普通原以二十二两为一斤，兹为便于比较，概以十三两四钱折合市斤，以符新制标准。

红青茶叶系因制造方法不同而别，其原料生叶则完全相同，故同一茶地茶树，可以采制各种不同之茶叶。由第十五表可知该茶区以产红茶为主，占茶叶总产量90%以上，所制青茶，除一部分为内销之安茶外，余均自用。该地为出产红茶名区，而居民自己饮用及款客者，习皆使用青茶，红茶几全数出售。据调查五地区，124家茶户，其青茶出售者，仅占青茶总产额32%，而自用者，则占68%之多。各区青茶自用，与出售之比例，亦互有差异，其中以祁门西南乡出售最多，约占半数，祁门东乡次之，至德则甚少出售者。

查第十五表各地区每亩平均生产毛茶之数量，以祁门东乡为最高。原因该处为近三十年来新辟之茶区，茶树正当壮年，且加茶农多系客籍，工作较为勤力，有以致之。其产量之最低者，则为祁门南乡，盖因该地茶农，类多土著，安逸好闲，性情懒惰，且茶树老弱，有在百年以上者。虽新种茶树，不到十年者亦属不少，但此种现象，在祁门南乡颇为普遍，故仍列入表内，以示一斑。至祁门西乡之茶农，虽多土著，但以土地肥沃，茶树鲜有过六十年以上者，幼树绝少。兹将各茶树年龄之每亩产量列举如下，以见老幼茶树产量之低少焉。

第十六表　茶树年龄与茶叶（制红茶之毛茶）产量比较

茶树年龄	每市亩产量（市斤）
五年以下	19
五年至二十九年	121
三十年至五十四年	102
五十五年至七十九年	112
八十年以上	87
总平均	117

上表每市亩之茶叶产量，系由茶地638.3市亩各茶树年龄之毛茶产量平均计算而来。此外尚有青茶产量，因零星采取，各组年龄皆有，且数量过少，茶农不能记忆，无法分开，故未加入计算。

五地区之每亩平均毛茶产量，红青茶合计126.3市斤，此系以五区之调查总亩数除其总产额计算而来，并非平均数之平均。当地所产之毛茶，尚含有多量之水分，青茶数量甚微。今假定青茶所含水分与红茶相等，平均每担毛茶须用生叶191.5斤（见生叶制毛茶之比例）制成，毛茶126.3斤，则应需生叶242斤，亦即每亩可产生叶242

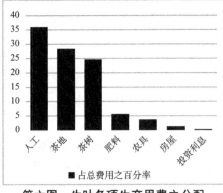

第六图　生叶各项生产用费之分配

市斤也。

第三，生叶之生产用费。生叶之生产用费，包括土地、茶树、肥料、农具、房屋及栽培、采摘人工一切项目所需之费用而言。兹将五地区124家茶户每亩及每担生叶之各项生产用费，依其重要次序，列如第十七表。

第十七表　生叶之平均生产用费

（茶地：646.6市亩。生叶：1565市担）

项目	总用费（元）	每亩茶地之平均用费（元）	每市担生叶之平均用费（元）	占总用费之百分率
人工	2733.02	4.23	1.75	36.0
土地	2156.68	3.34	1.38	28.4
茶树	1878.37	2.90	1.20	24.7
肥料	420.15	0.65	0.27	5.6
农具	283.09	0.44	0.18	3.7
房屋	100.40	0.15	0.06	1.3
投资利息	24.83	0.04	0.01	0.3
合计	7596.54	11.75	4.85	100.0

兹再将各项用费之计算方法，分别述之。

（甲）人工。生产生叶之人工用费，包括栽培与采摘两种。栽培人工，如中耕除草施肥等均属之；采摘则专指采摘生叶之人工。栽培与采摘人工，又各分为家工与雇工二种，其用费亦互有差异。兹列举每亩茶地平均所需人工数目、用费及每工平均用费于下表。

第十八表　每亩茶地平均所需之人工及其用费

项目	每亩平均工数	每亩平均用费（元）	每工平均用费（元）
栽培	6.3	1.70	0.27
家工	3.3	0.88	0.27
雇工	3.0	0.82	0.28
采摘	5.1	2.53	0.49
家工	0.8	0.39	0.49
雇工	4.3	2.14	0.49
合计	11.4	4.23	0.39

上举之人工用费、工资伙食，均已包括在内。栽培人工，以家工较多，采摘则

多系雇工。至每工之平均用费，采摘较栽培为高。盖栽培时，类皆闲工，故工资低；而采摘工作则有限期，人工最忙。每至茶季，当地人工，恒感缺乏，外县前往工作者颇多。当地有谚云："农家浸种下早秧，谷雨前后竞采茶。"故须提高工资，以资招雇。平均每亩需摘工5.1，以每亩产生叶242市斤计，则每工平均可摘生叶47斤。

（乙）土地。当地茶地，大都由茶农就荒地之肥沃者，自行开掘种茶，类多不纳赋税。茶地之自有者，其用费系以所有茶地之现值（茶树在外），按年利八厘外加实缴地税计算，虽田边地角之种茶土地，亦均已计算在内。租入者，即以其所纳之租金加入计算。茶地内施行间作者，其间作物之土地使用费，亦已按其所占面积扣除。茶地价格，据民国二十三年之调查，五地区124家茶户，638.3市亩茶地，共值22042元，平均每市亩值洋34.53元。如详细分析，茶地价格，因地势与茶树年龄，而有区别。依地势而言，茶地约可分为山地与平地两大类。山地平均每亩值洋36.76元，平地平均每亩22.68元。山地价格，恒较平地为高；因山地产茶数量较多，平均较平地多三分之一也。（据五地区调查，绿茶与零星茶地在外，平均每亩产量，计山地123斤，平地84斤）凭地之种茶者，类皆为下等土地，较好者，皆用以种植粮食。按茶树之年龄而论，茶地价格最高者，其茶树多在壮年。兹按各组茶树年龄之地价，列举如下：

第十九表　茶地价格与茶树年龄

茶树年龄	每市亩地价（元）
五年以下	17.65
五年至廿九年	36.80
三十年至五十四年	31.24
五十五年至七十九年	20.26
八十年以上	10.27
总平均	34.53

由上表，可知茶地价格，以茶树年龄，在五年至二十九年者为最高，三十至五十四年者次之，老幼茶树之地价，则均见低落。或谓上列地价，恐有茶树价值在内，实则调查时，即已分别填记，绝无错误。第二十表茶树价值，亦有同样之形势，即可证明。此项地价数字，系由各茶户按各块茶地之现价估计，并非实际买卖之价格，此中或因心理关系，将产茶较多之地价估高。然茶叶产量多寡，非尽由茶树年龄关系，土地之肥瘠，亦为其主要因子之一。

（丙）茶树。茶树为多年生作物，当地普通茶树种植后，第五年即可开始采茶，七年后即有大量收获，如无伤害，善为培养，可继续采至一百年以上。茶树用费之计算法，即以各茶树可能继续采茶之年数，除其现值，而得茶树之消蚀费，再以现值乘8%，为茶树投资之利息。茶户于茶树，虽非全数现金投资，但如出售，则可得现金，故仍照算投资利息。

本调查五地区124茶户中，共有大小茶树189328丛，共计现值20688元，平均每百丛值洋10.93元，每市亩平均有茶树293丛，计值洋32.02元。

茶树价值按其年龄大小而有区别，兹将各组年龄每百丛茶树之平均价值，列举如下：

第二十表　各组年龄每百丛茶树之平均价值

茶树年龄	每百丛之价值（元）
五年以下	2.29
五年至廿九年	11.79
三十年至五十四年	7.76
五十五年至七十九年	4.41
八十年以上	8.27
总平均	10.73

茶树价值最高者，为五年至二十九年者一组。至八十年以上之茶树价值，与三十至五十四年一组者，不相上下，或因当地八十年以上之茶丛较大，且数目太少，皆在村庄附近，而为特殊情形之故。

（丁）肥料。当地施用于茶树之肥料，普通计有草木灰、人类尿、植物油粕等种。兹将五地区124茶户，于调查年内共用各种肥料之数量及价值，列表如下：

第二十一表　124茶户施用各种肥料之数量及价值

肥料种类	总施用量（市斤）	价值（元）	占总值之百分率	每担价格（元）
草木灰	57908	356.64	84.9	0.62
人类尿	8550	9.45	2.2	0.11
油粕	1495	54.06	12.9	3.62
合计	67953	420.15	100.0	—

上列各种肥料，并非所有茶地均经普遍施用，有用一种或两种者；亦间有完全不施肥者。当地用于茶树之植物油粕，皆为菜子饼。

（戊）农具。茶农所用农具之主要者，有锄头、粪桶、茶篮、小凳之类。凡农具之兼用于其他农作者，概已按照作物亩数扣除其所用部分。五区124户，共有农具原值2072.4元；扣净后，关于茶叶部分，计值858.59元，乘以8%，得68.68元，为投资之利息。共有茶地646.6市亩（零星茶地在内），平均每亩农具之投资利息0.11元。以各种农具所能继续使用之年数除净值，即得调查年内之农具折旧费，共需176.01元，平均每市亩0.27元，修理费亦已按照作物亩数扣除其他农作之使用部分，扣净共需38.4元，平均每亩需农具修理费0.06元。三项合计，每亩共需农具用费0.44元。

（己）房屋。茶农房屋，亦已扣除其他农作之使用部分，五地区124户之房屋，关于茶叶之净用部分，共需洋100.4元，平均每亩0.16元。

（庚）投资利息。此项系专指短期之零星现款投资，如购买肥料、修理农具、雇工栽培等项利息而言。所用肥料，只油粕一种，须用现款购买，共需洋54.06元。雇工栽培共需洋528.32元。采摘虽亦须雇工，但因距茶叶脱售期间甚短，故不取利息。此外农具修理费亦需现款，共38.4元。三项合计620.78元，平均以年利八厘半年计算，共需利息24.83元，平均每亩0.04元。

第四，茶地间种。当地食粮不足，茶农多有在茶地间种杂粮者。其间种面积，向无统计，只可就局部之调查，求其百分率。据祁门三地区75户，茶地403.9市亩中，计有间种面积39.4市亩，占茶地总面积9.7%。其间作种类颇多，主要者计有玉蜀黍、黄豆、小麦、菜子、芝麻、蔬菜、花生、油桐等。以上除油桐外，余皆食用作物，足为当地缺乏食粮之明证。

间种杂作之茶地，其茶叶产量，恒较专种茶地为低。据祁门三地区茶地403.9市亩之调查，平均专种茶地每市亩采制红毛茶124市斤。（青茶采量，漫无统计，且甚微小，一概不计）而间种茶地每市亩只可采制92市斤，较专种者少32市斤。然以产品之价值而论，则间种茶地之收入，较专种茶地略高，依二十二年市价，平均间种地每市亩可收入产值24.61元，而专种地每市亩只得22.32元之收入。是知茶地间种，实为茶农增加收入，藉以弥补茶叶亏歉之一种权宜办法，未可厚非。但如只知间种，而不增加茶地之施肥量，则土中养分，不免过分减失，致使茶叶品质变劣，殊非所宜。至间种作物究以何者为最宜，本调查材料有限，未敢断言，尚有待于当地改良茶叶栽培者之实地试验也。

第五，茶树品种。祁门虽已创设茶场多年，然对于茶叶品种，尚少研究。兹据当地之已有分类，计有槠叶（或称槠树）、柳叶、粒七三种。以数量言，槠叶最多，约占总数三分之二；柳叶次之，占六分之一强；粒七最少，约占六分之一弱。槠树柳叶，以其叶片形状各似楮叶、柳叶，故名。粒七茶叶片较小，类多野生。若以性质而论，各种茶树互有优劣，兹列举如下：

茶树品种	优点	劣点
楮叶	叶片厚而柔软,味浓,采摘较早,收量多	叶片宽大,制茶嫌粗
柳叶	叶片狭长,制成之茶,叶条细而美观	茶色较楮树为淡
粒七	抵抗力强	采摘最迟(立夏后始能开采),叶片椭圆,小而易老硬,制茶多片末,收量亦少

由上所述，可知茶树品种不同，茶叶性质即异，以不同性质之茶叶混合制造，出品自难一律。试举例证明之：今设以叶片软硬不同，老嫩不一之茶叶相合制造，则老硬者制成之茶条必不如嫩而软者为佳。即就发酵而言，前者须较后者进行迟缓，一俟老硬之叶片发酵完成，而柔嫩者，已过度矣。是知茶树品种改良，不仅侧重数量之增加，质的方面，尤须顾及，务使产茶性质齐一，则制成之茶，自可提高品质，庶可与外茶竞争。

第六，茶树之病虫害。当地茶树之病害，尚不显著，茶农无注意者，即茶场亦无病害之记载，故无可述。

虫害亦不甚烈，间有发生者，据云有蓑衣虫、红蜘蛛、白蜡虫等。以为害之程度言，当以蓑衣虫较烈，红蜘蛛次之，白蜡虫又次之。白蜡虫每于六七月间发生，为害极微，只茶树老叶上发生白点而已。兹将蓑衣虫及红蜘蛛二种详述如下：

（甲）蓑衣虫。学名 Clania Miunscula Butl，属鳞翅目，避债虫科，其为害最烈时期，据云：在阳历三四月间，剥食芽苞及幼枝之皮，茶树一经侵害，产量必致减收。其幼虫凭藉茶之断碎枝叶，以绢丝作为保护囊，栖身其中，以其囊着茶树枝叶，累然下垂，断枝碎叶，纷披囊外，与草织成蓑衣，形颇相似，故以蓑衣虫名之。当地防治方法，除捕捉外，别无他法。

（乙）红蜘蛛。学名 Tetranychus Sp，属蜘蛛类，赤壁虫科，其为害最烈时期，约在阳历四五月间，茶树结网，为有此虫之特征。幼虫、成虫，均为茶叶之害。危害茶叶方法，系从叶底吸取叶液。茶叶一经受害，色泽减褪，随即发现白色斑点，日就干枯，以至脱落。如新生叶梢受害，则萎缩而变黑色。性畏潮湿，故在天气干旱之日，繁殖迅速，阴雨之天，即形减少。当地防治方法，只知发生后，人工打捕而已。

茶树之病虫害，在该茶区，既非绝无，产量减少，品质低落，其无形之损失，在所不赀。如不事先防范，将来蔓延，颇有可能。深望该地负有茶叶改良之责者，早为注意及之。

第七，天然灾害。该茶区多山，地势颇高，水灾只限于河流沿岸一带极小面积内有之。干旱虽为该区之严重灾害，然茶树受害甚微。民国十八年曾经干旱，稻田只收四成。二十三年春夏之间，复又大旱，稻田只获二成，而农民之经济，并不受多大影响。良以田少山多，其大部收入，端赖茶叶，以售茶所入换取食粮及日用品。自产之稻，即使丰收，亦只敷数月之粮。稻作歉收之年，只须略出高价购买即成。况年来洋米进口日增，国内虽有荒年，而粮价未尝有若何提高。因之该区农民所受影响，更无严重之可言。惟有时小麦常有锈病发生，然小麦产量较稻尤少，亦较不甚重要。

3.红茶初制

初制，即将生叶制成毛茶，皆由茶户为之。兹将初制方法、制造成色、初制用费、毛茶成本等项，分述如下：

第一，初制方法。茶农初制红茶，必须经过萎凋、揉捻、发酵、干燥等四种手续。兹依其制造程序，约略述之：

（甲）萎凋。俗称"晒青"，即将采下之鲜叶，薄摊于日光下之竹簟上晒之，愈匀愈好。并须频加翻转，使鲜叶受日光之程度均一。晒时以叶片变成深绿色，叶边呈褐色，叶柄绉缩柔软而无弹力时为度，过与不及，均非所宜。盖太过则揉捻困难，发酵亦颇不易；不及，则叶汁不易挤出，制成之茶留有青味。天雨时，则须于空气流通之室内行之，惟所需时间，须较日光萎凋，延长数倍。

（乙）揉捻。生叶经过适度之萎凋后，即行揉捻。揉捻之目的，在破坏叶片内之细胞组织，使茶汁流出，而成紧细之条，且使所含各种成分，充分饱和，易于完成化学作用，俾泡饮时，易出茶汁，香味浓厚。至揉捻之法，该地茶农向皆以足揉捻，普通置已萎凋之茶叶于木缸内，人立其中，手扶缸边，以支体重，用足踹紧茶叶，频加揉转，直至茶条完全紧结为止。此种方法揉茶，不仅工作进行迟缓，抑且不合卫生，亟须改良。

二十三年祁门茶业改良场提倡手摇揉捻机，初在场内，代揉茶农之茶叶，成绩良好，颇为该场附近茶农所信服。据该场屡经试验，机器揉茶之效率，确较人工揉捻为高，机揉红茶每次可揉生叶十五公斤，需时十五分钟，每小时可揉四次，共揉茶叶六十公斤。而人工揉捻，每次四公斤，亦需十五分钟，每小时揉叶至多不过十六公斤。其工作效率为十五与四之比。以上两种揉捻方法，其成绩优劣，甚为明显。且机器揉捻之茶条紧细，形式亦较为美观。惟揉机一架，非数十元莫办，欲每家独置一架，殊不经济亦不可能。最好组织合作社，联合购置，共同使用，庶可减低生产费用。

（丙）发酵。发酵作用，在使茶叶所含之酵素起化学作用，将原有之绿色与青味除去，变成红茶特有之香气与殷红之光泽。其法以揉捻适度之茶，盛于木桶或簸箕内，加力压紧，上覆以潮湿之厚布，置日光下，藉其热力起发酵作用，而令色泽变红与质味加厚。发酵时间，约须三小时至六小时。如遇阴雨，则此种工作，即感困难。

（丁）干燥。茶叶发酵至适度时，即须施行干燥手续，停止发酵作用，以免过度。普通多借日光之力干燥，如在阴天，则用炭火焙干，相习约至半干，即行出售。

图9-15图片及文字模糊不清，故省略

第二，生叶制毛茶之比例。茶农采下之生叶，俗称"茶草"或"生草"。经初制后，则为毛茶，俗名"茶胚"。以其所含水分甚多，亦有称"水毛茶"者。茶农制造水毛茶，可湿可干，向无一定标准，惟各地干茶制造，则有习语谓："生叶四斤，可制干茶一斤"，然亦未可认为十分正确之标准。据祁门慰和农收购生叶九百一十八斤四两，共制成干茶二百七十四斤六两，平均干茶一斤，需生叶三斤五两六钱制成，是较一班习语"四斤做一斤"不无稍有出入。至毛茶一斤，究需若干生叶制成，更无确数可举，只可以推算得之。据调查祁门茶号五家，共收毛茶一十四万八千零五十六斤，制成精茶六万三千零六十斤，平均毛茶一担，制成精茶四十二斤九两四钱四分（见第二十九表），外加副产物十二斤九两二钱八分（见第三十表），及无形折耗二斤（估计占毛茶百分之二），合计五十七斤二两七钱二分，即为毛茶百斤制成干茶之数量。依慰和农生叶三斤五两六钱制干茶一斤，则干茶五十七斤二两七钱二分，应需生叶一百九十一斤八两三钱二分，亦即毛茶一担所需生叶之数量。

第三，初制用费。初制用费，系从生叶采下后至晒场萎凋以至可以出售为止。其间用费项目，计分初制人工、制茶器具、晒场等三项。兹将调查上年五区124家茶户制造毛茶81786市斤，各项用费列表如下：

第二十二表　毛茶之制造用费（817.86市担）

项目	总用费（元）	每担用费（元）	占总用费之百分率
人工	1151.65	1.41	46.7
器具	1064.08	1.30	43.0
晒场	250.10	0.31	10.3
合计	2465.83	3.02	100.0

各地毛茶用秤标准不一，自二十二两至二十四两不等。上列毛茶数量，概已折合市斤，以资划一，并便比较。雇工初制，修理器具，虽需支付现款，但距收入期间甚暂，故不计算投资利息。兹再将各项用费之计算方法，加以说明如下：

（甲）人工。初制人工，系由调查茶户而得，可分作家工与雇工两种。家工用费，大都不需现钱，雇工则否。初制人工如采摘均系忙工，工资较高。家工雇工之用费无大差异。兹将初制毛茶一百市斤所需人工及用费，列表于下：

第二十三表　每市担毛茶所需初制人工及其用费

项目	每市担平均工数	每担平均用费（元）	每工平均用费（元）
家工	0.8	0.37	0.49
雇工	2.1	1.06	0.50
合计	2.9	1.43	0.50

一百二十四户共制毛茶81786市斤，共需雇工用费854元及家工用费297.65元，合计1151.65元。

（乙）器具。茶农制茶器具之主要者，计有晒簟、木缸、竹箩、簸箕、扫帚等类。其中有兼作他用者，如晒簟，尚须用以晒谷等，均已按产品之收量，扣去其他使用部分。即兼用于青茶之部分，亦已一概扣净。其用费系分作投资利息，折旧及修理三部计算。投资利息，即以扣净之器具现值乘8%，即取周息八厘，计需308.46元。折旧费则每区调查大中小茶户三家所用各种制茶器具之现值及使用年数，以年数除现值则得调查年内之折旧费。以此三家之折旧费占总价值之百分率计算每区各户之折旧费用。用于其他产品及青茶之部分，亦已扣去，扣净，计需折旧费285.72元。修理费之其他使用部分，亦复如之，计净需469.9元，三项合计1064.08元。

（丙）晒场。农家晒场之使用，自不仅限于茶叶一项，其他农产如稻、麦、黄豆、菜子等等。凡须使用晒场者，概已将其使用部分，按照各产品之收量扣除之，扣净，共需晒场用费250.1元。至青茶制造，全在屋内进行，故无须分担晒场之使用费。

第四，毛茶成本。茶农培养茶树，采收生叶，以至制成毛茶，其间所需种种用费，已如上述，毛茶成本即生叶之生产用费与初制用费之合计。兹将每市担毛茶之平均成本，列举于小表：

第二十四表　每市担毛茶之平均成本

项目	每市担毛茶之平均用费(元)	占总用费之百分率
生叶	9.29*	75.5
初制	3.02	24.5
合计	12.31	100.0

*按毛茶一担需生叶191.5市斤制成，每市担生叶之生产用费为4.85元，则每市担毛茶应需生叶用费9.29元。

此外毛茶售于茶庄时，尚须扣去捐税及样茶，将于运销章内细述之。

据调查年内124茶户，共售红毛茶817.86市担，毛茶总值13002.57元，捐税及样茶均已扣净，平均每担毛茶售洋15.9元，与成本12.31元相抵，每市担尚可盈余3.59元。

六、红茶精制

祁门红茶，全赖人工造，其手续计分初制与精制两步进行。初制虽亦为制造性质，但以其关系生产者之收支，为便于研究起见，其制造方法及用费等，业已详见上章，本章不再赘述。

红茶精制，向由茶商在产地设立庄号，收购毛茶，加工制造，藉资牟利。年来始有少数合作社联合茶户，共同精制，直接输出销售，藉免居间商之从中剥削。

1.茶号

茶号即收购毛茶、加工精制之场所。经营祁门红茶之庄号，散布产茶各地，规模狭小，为数颇多，各自小本经营，绝少联络，对内互相竞争，扰乱市场；对外则毫无抵制能力，一任茶栈洋商操纵宰割。兹将该区红茶庄号之集资方法、数目、制茶数额、分布情形及其组织，分述如下：

第一，集资方法。祁门红茶号之营业资本，大部每年临时集股而成。据民国二十三年清查祁门全县茶号114家，（但据祁门茶商公会之统计，谓全县该年共有茶号153家，清查时有一小部分茶号之所在地区，无法前往调查，故所得材料未获完全，深为遗憾）内有合股者96家，而独资经营者仅18家。各号自有资本，多不充足，多数茶号须向上海及九江茶栈借款。完全自有资本，无须借款者，只三五家而已。茶号之借用茶栈贷款者，其制造成品，须归该茶栈经手代售。据清查统计，茶号借款，占资本总额52.2%，自有资本47.8%。但据一般之臆测，此数尚不可即认为十分真确，盖因清查时，号家对于资本数额，类皆讳莫如深，尤以自有资本者为甚。一般茶号于自有资本，每皆多报，以示其营业基础之稳固，而冀得社会之荣誉。总之，除极少数之茶号，自有充分资本，不需借款外，普通茶号借用款项，迨占绝对多数，可无疑义。

查茶栈贷款茶号，初以制茶箱数为标准，每箱五两，最多不得超过十两，且须于茶号箱茶起运时方可付给。后以祁红茶叶销路畅旺，售价挺俏，近十数年栈方放款逐渐宽放，各栈家莫不以贪多为竞争。为诱致号家，遂逐渐打破以箱数为标准之旧例。放款利息，一律按月一分五厘计算，栈方不仅坐得高利及售茶佣金，且从中尚可获取其他种种之利益。故每于茶季之前，各栈家即派员前往产地茶号放汇，先送票单，藉以约定。竞争既烈，放汇即滥，只图茶号之承受，不复计资本之厚薄与信用之优劣。据云：前有公慎祥、新隆泰、万和隆等茶栈，皆因滥放而吃倒账，以致关闭。近年在该区放汇之茶栈，尚有忠信昌、洪源永、源丰润、永兴隆、仁德永、公升永及慎源等七家，其中以忠信昌放款最多，次之为永兴隆、洪源永二家。

茶栈放汇之款，亦非为其自有资本，大都系以低利向银行或钱庄借入者。其放与茶号之款，实际只一信票，名为"申票"，成交之日，即行起息。此项申票，须在上海方能兑现，兑现时又须见票十日后付款。该票由内地至上海兑现，至少须经半月之久，辗转使用，往往迟至数月后始在上海兑现。茶号如急需现款，而又不克自向上海兑取时，可将申票售与当地商人，普通每千约须折扣二三十元，以为贴水，积少成多，为数亦颇可观。至借款则于售茶价中由茶栈自行本利扣除归还。此种放汇，如审慎从事，不吃倒账，则茶栈所获利益之优厚，恐无出其右者。

第二，茶号数目及制茶箱数。该区域茶号数目甚多，规模甚小，分立门户，徒耗费用。兹举民国二十三年全区各县所有制造红茶号数及产茶箱数如下：

第二十五表　民国二十三年祁门茶区各县之茶号数目及制茶箱数

县别	茶号数目	制茶箱数	每茶号平均箱数
祁门	153*	34676*	227
浮梁	63	15000	238
至德	34	10000	294
贵池	4	750	188
合计	254	60426	238

*内有四合作社制茶642箱

　　全区平均，每家茶号，仅制238箱，制茶数额之过少，自无待言。据当地之老茶商谓该区茶叶产量较前减少，而茶号数目反见增加，即就祁门一县而言，欧战以前，该县全境年产红茶约6万箱，茶号小者，每家制茶数量亦在1000箱以上，大者恒有数千箱。据祁门县教育局之统计，民国二十年茶号制茶1000箱上下者，尚有数家。二十年祁门红茶之上海售价特高，打破历来之记录，各号无不大获盈余。翌年茶号数目突增，争相收购毛茶，如是山价大为提高，茶号数目既增，而茶产数额，并不因之增加，结果即每家之制茶箱数减少。兹举近七年来祁门全县之茶号数目及红茶箱额如第二十六表，以概其余。

第二十六表　祁门全县历年茶号数目及制造红茶箱数

年别	茶号数目	红茶箱数	每茶号平均箱数
民国十七年	119	54321	456
民国十八年	133	53950	406
民国十九年	158	42142	267
民国二十年	137	34047	249
民国二十一年	194	39850	205
民国二十二年	156	33150	213
民国二十三年	153	34612	226

　　上表十七年至廿年之数字系根据祁门县教育局之茶捐册计算而来，内中虽难免不无漏捐箱数，二十一至二十三年则为该县茶商同业公会之统计，谅无遗漏。

　　第三，茶号之分布。祁门红茶茶号不仅数目甚多，且其分布颇为散漫。兹将该茶区各县之茶号分布情形，列举如下：

祁门红茶史料丛刊　第四辑（1936）

第二十七表　民国二十一年祁门红茶区域各县茶号之分布

地名	茶号数	地名	茶号数	地名	茶号数
祁门	135	赤岑	1	倒湖	1
历口	14	虎跳石	1	柏洲	1
闪里	10	王家	1	西湾	1
高唐	7	小岭脚	1	未详	4
塔坊	7	将军桥	1	至德	60
贵溪	6	漳村	1	尧镇	7
渚口	6	龙源	1	苏村畈	4
平里	5	景石	1	南安坂	2
溶口	4	宋坑	1	板桥	2
查湾	4	田源	1	汶河	2
程村碣	4	大痕	1	石狮岭	1
石门桥	4	店埠滩	1	运溪	1
城内	4	八亩坦	1	栗埠口	1
伦坑	3	清溪	1	柴坑	1
余坑口	3	闾头	1	榔树下	1
箬口	3	碧桃村	1	云雾山	1
庄坑口	2	浮梁	49	何家山	1
小路口	2	大江村	5	东门外	1
彭龙	2	磻村	5	小杨铺	1
文堂	2	桃墅	5	金树保	1
新安洲	2	严台	3	通门口	1
舟溪	2	英溪	2	官港	1
板桥山	2	潭口	2	葛公镇	1
卢溪	2	玉溪	2	畲狮保	1
汉口	2	仓口	2	罗家亭	1
奇岭口	2	港口	2	良田铺	1
奇岭	2	状元港	2	笔峰尖	1
七唐源	2	锦里	1	源头	1
里桥	1	兴田	1	新田畈	1

地名	茶号数	地名	茶号数	地名	茶号数
石潭	1	中洲	1	白米坂	1
西湾	1	龙潭	1	金村	1
汪村	1	查村	1	秒溪	1
二都	1	储田桥	1	王峰山	1
栗木	1	柏林	1	未详	20
陈田坑	1	新店	1	贵池	4
环沙	1	金家坞	1	老山	2
赵家	1	芹坑	1	源头	2
深都	1	洛溪	1		
双河口	1	浯口	1		

祁门之主要制茶地点为历口、闪里、高唐、塔坊等处。浮梁为大江村、磻村、桃墅。至德为尧渡街及苏村畈。贵池产茶极少，只老山、源头二处。

第七图　祁门红茶区域之茶号分布图（图略）

第四，茶号组织。祁门茶号之组织，大概可分购茶与制茶两部，由管号总理一切。购茶部分门庄与分庄，专司收购毛茶。门庄一处即设于茶号内，设有司账、司秤、看茶各一人。分庄之地址不一，亦无定数，一般情形，每茶号至少设分庄三处，多至七八处。据民国二十三年之清查统计，每茶号有分庄四五处者，最为普通。每分庄至少须有司账及看茶各一人，收购茶叶，临时出资挑运本庄制造。分庄距离本庄，远者有数十里之遥，近者三五里。

制茶部分烘间、下身间、尾子间、毛茶风扇间、看拣、打头子、复捞、筛毛茶、复筛等职务。各部人数，大都视制茶数量之多寡而定。

第五，分庄之耗费。茶号设立分庄，系因号数过多，争相采购而来。实则制茶数百箱，何用广设分庄？且多设分庄，茶农并未得就近售茶之益，反使增加麻烦。盖因茶庄每任意放秤放价，令人不可捉摸，茶农为抱"多问几家不吃亏"之宗旨，类皆挑负产品，东投西探，不辞跋涉，冀得最高价格，故每有负茶至数十里外始脱售者。此不仅茶农受时间上之无形损失，即茶号派设分庄，亦莫不多出一笔开支。每分庄至少须有看茶司账各一人，其各项用费，举例如下：

项目	用费(元)	备注
薪金	38.00	看茶一人20元,司账一人18元,合如上数
伙食	12.00	2人20日计算
秤捐	6.00	由所在地征收
庄佣	15.00	土名"塌地",每购毛茶100斤由庄主抽取大洋0.3元,上数以购茶50担计算
总计	71.00	

如上计算，茶号每设一分庄，须支用71元之谱，每号以设立四个分庄计，则须额外增加开支284元，其由分庄至本庄之挑运费，尚不在内。如全由门庄直接收购，此项挑力，即可省去，同时于茶农亦不多费手续。

第六，茶商同业公会。该区茶商，各自小本经营，各县虽有茶业同业公会组织，然皆精神散漫，无甚效力可言。浮梁县之茶业公会，至今尚在筹备期间，未经正式成立。其中组织历史最久者，当推祁门县茶业同业公会。该会创立于前清光绪二十四年，原名茶业公所，至民国二十一年始改今名。该会设于祁门县城内，民国二十三年之会员数目，计有198名，以茶号为单位，红青茶号均已在内。其组织系采委员制，由会员大会选举执行委员39人，再由执行委员互选常务委员7人，就常务委员中，选任1人为主席，综理会务。又设监察委员11人，亦由会员大会选任之，监察会产及一切会务。该会之职务仅在对外代表茶商交涉问题，转达上海商情，调节同业争执等事，至茶业本身之应加兴革事项，则从不顾及，抑且无力举办。每年只于茶季前召开会议一次，并翻印农商部奖凭（见第八图），发给各茶号。经费收入，系按茶叶数额抽取，出口红茶每箱四分，其他各色茶叶，每百斤八分，每年经费千余元，只供少数职员之开支而已。

第八图　祁门红茶之农商部奖凭（图略）

2.精制方法

茶农制成之毛茶，由茶号收买加工精制，其法分烘干、筛分、拣别、补火、均堆等五项手续，依次进行，以至成箱。

第一，烘干。购入之毛茶，尚含有多量之水分，故名"水毛茶"。须藉炭火之力，使其干燥，俗称"打毛火"。如在晴天，则有为节省炭费而先行曝晒至相当程度，然后用炭火烘干者。初次烘干，只能至七八成为止，盖仍须留有一部分水分，以保存其色泽香味，而待随时筛制。至筛制时，应再烘焙一次，名为"打老火"。烘焙之法，即盛毛茶于竹编之焙笼上，再罩于焙炉上，内置炭火焙之，每隔二十分钟，须翻拌一次。翻拌时，须先将茶倾入竹匾内，而后行之，否则如在炉上翻拌，茶末落入炉内生烟，则茶为烟所熏，而有枯焦之烟气，损害品质，良非浅鲜。

第二，筛分。老火之后，即行筛分，筛分目的，在使茶叶之形状整齐与美观，其手续甚繁，先后须经过粗细茶筛十余种。茶号之制茶500箱者，约须大小筛百余面。茶筛非本地制品，须向江西铅山县河口镇及婺源县两处购办。以质地论，婺源筛较河口筛为佳，然价值亦较高。普通河口筛只能使用二三年，过此即不堪再用；婺源筛则可用至八九年之久，且可修理继续使用。茶筛价格，不仅因其产地不同而异，即同一产地之不同号码之茶筛，其价格亦高下不一，盖因制工之繁简使然。使用茶筛之种类，常因茶工之帮别而异，普通习惯，各帮茶工，多用其本地所制之茶筛。

筛分步骤，约略可分为大茶间、下身间、尾子间三部。大茶间为筛分毛茶为净茶之第一工场，下身间为筛分大茶间之茶为净茶之第二工场，尾子间则为制造筛头筛底之茶为净茶之工场。其不能筛分净者，则用风车扇净或用人工拣别。俟制至尾子间后，各场制成之精茶，只须补火、均堆，即可装箱。其不能制造成茶者，则为茶末、茶梗、茶蕊。

第三，拣别。当地茶户为冀图茶叶重量增加，粗放采摘，其中恒混有梗茎乳花，虽经筛分，风扇及簸飏，亦难尽去，必须施行人工拣别，方可制成净茶。此项工作，皆由妇女为之，每年茶季将届，婺源、休宁二县之老幼妇女络绎于途，往拣茶者颇众。当地妇女，亦有入茶号为拣工者，然仍以婺源、休宁二县前往工作者居大多数。祁门茶市较早，该项女工完工之后，尚可赶回休、婺，筛拣绿茶。拣别时，先由看拣茶工发给茶叶一笭，其每次重量，视茶叶之等级而异，普通每笭约十斤左右，摊于板上，细心拣别，拣完时，随时加深。全体拣工，编有号码，另附拣茶证一张，注明茶叶等级、重量及拣工姓名，依次就坐，不得紊乱。随时由监拣茶工，在场巡视。拣过之茶，如经其认为合格，即在拣茶证上，盖一戳记，凭证送还发拣处，否则仍须复拣，至合格后为止。拣工每须缴纳佣金于监拣工头，藉可带领童工，而得同等工资之待遇。其拣茶敏捷，成绩优良者，可得额外赏钱。如将茶叶损坏，等级混乱，及不按时到工者，则放爆竹以资警戒。

第四，补火。筛分之前，虽经老火，但筛分及拣别时，难免不有潮湿侵入。故在装箱时，尚须再加烘焙一次，名曰"补火"。其法，将茶叶盛入小口布袋内，每袋约重五斤，置于焙笼上烘之，每隔三五分钟，提袋振动一次，俾可里外干燥均匀，以至茶呈灰白色为止。

第五，均堆。俗称"官堆"。即将经过补火各号筛分之茶混合均匀，预备装箱输出销售。其法即将各号茶叶，分层倾入官堆场内，堆成一高数尺之立方体，谓之"小堆"，用木耙向茶栈侧面，徐徐梳耙，使其逐渐下落，调拌均匀，装入软箩，秤其分量，并估计箱数。小堆之后，始行正式均堆，名为"大堆"，一切手续如前，均堆后即行开始装箱。

图16—23图片及文字模糊不清，故省略

3.包装

祁门红茶，概用铅罐及木箱包装。当地装箱，系用旧库平十八两秤。装茶重量，每箱须视茶叶之粗细而定，故前后各批每箱装茶重量不一。例如：联大茶号头批精茶每箱可装十八两秤49斤，而二批三批每箱只装47斤。据调查祁门联大、大成茂、树善、春馨、益大等五家茶号制茶1318箱，共装净茶十八两秤63060斤，平均每箱装茶47.84斤，合新制64.27市斤。

装茶木箱，悉用枫木制成，他种木板之有气味者，均不适用，盖因茶叶最易吸收外来气味，如用有气味之木材，如松樟之类，则所装之茶叶香气必被熏而遮没。铅罐原料，系由上海购置，借用茶栈放款之茶号，须向该茶栈指定之商号购办，用时雇工焊制装茶。包装方法，首将焊制之铅罐内衬以毛边纸二层，罐外糊表芯纸与皮纸各一层。茶叶过秤后，即行装入罐内，将其摇紧，然后封口，套入木箱内，随时钉口，箱外糊以印有牌号及茶名之花纸，并涂油一次，以防花纸为水损坏。包装手续完毕，随后即可装船起运。

4.毛茶制精茶及其副产物

精制之方法与包装，已如上述，兹再将精制之产品及其副产物之制造成色，约略述之。

精制之正装，谓之精茶，此外尚有末子、梗子及蕊花三种，则为其副产物。毛茶精制后，因水分散失及无形折耗，成品重量与原有毛茶之重量相差甚大。兹据民国二十二年祁门联大、大成茂、树善、春馨、益大等五家茶号之精制结果，将毛茶与精茶数量之比例，列举如下：

第二十九表　毛茶制成精茶之重量比较

茶号	原有毛茶数量（斤）	制成精茶数量（斤）	精茶占毛茶之百分率
联大	47360	20760	43.83
大成茂	31969	13664	42.74
树善	25195	10317	40.95
春馨	23791	9940	41.78
益大	19741	8379	42.44
合计	148056	63060	42.59

祁门茶号用秤种类不一，收购毛茶系用大秤，每斤自旧库平二十二两至二十四两不等，精茶装箱则用十八两秤，当地副产物之出售，则概用二十二两秤，上表数字均已折合为十八两秤计算，即购买毛茶时之九八扣样（即茶号抽取茶户毛茶百分之二），亦已加入计算。

第二十九表所列各茶号之精茶百分率稍有差异，盖因各茶号采办毛茶之老嫩、品质，及干燥程度，未能完全相同。其老嫩品质及干燥程度不同之原因，则由于采制关系，采制粗放之茶，类多老片、茎梗、蕊花混入其间，用以精制，则精茶产数之百分率必低。在制造方面，如不得法，则将精茶粉碎成末。而毛茶之含水分多者，必较含水分少者出产精茶为少，此亦一定之理也。

至于副产物，各号较不注意，其出售地点不一，有在当地零星售出者，有运往沪杭各埠销售者，更有留供自用及送人者。用秤既不一律，所记之数量，又多不完全。惟据一班的估计，大约每百斤毛茶经精制后，可产末子（一名香花）十至十二斤，梗子（一名茶茎）二斤左右，蕊花（一名茶子）十二至十三两。

民国二十二年平里茶叶运销合作社，因得祁门茶业改良场之提倡组织，一切精制工作均由该场主持，各项出入，均有详细记录。精制结果，所得之副产物数量，颇与一班所估计者相近似。兹将该合作社精制毛茶6782斤之各种副产物数量及所占原有毛茶总量之百分率，列表如下：

第三十表　各种副产物占原有毛茶总额之百分率

副产物	数量（斤）	百分率
末子	764.00	11.27
梗子	83.00	1.23
蕊花	5.19	0.08
合计	852.19	12.58

以上毛茶总额及各副产物之斤数，均已折合十八两秤，平均每担毛茶，除得正装精茶四十二斤九两四钱四分（见二十九表）外，尚有副产物十二斤九两二钱八分，占精茶数量29.54%。

5.精茶制造成本

精茶制造成本，计自收购毛茶，加工制造，以至包装成箱为止。其各项用费，系抄录祁门联大、大成茂、树善、春馨、益大等五家茶号，民国二十二年各批共购毛茶189875市斤，制成精茶84706市斤之账簿计算而来，颇属真确可靠，兹将五茶号之各项用费列表如下：

第三十一表　茶号精茶制造成本(847.06市担)

项目	各项总用费(元)	每市担平均用费(元)	占总用费之百分率
毛茶	50414.40	59.52	70.5
资本利息	3219.75	3.8	4.5
包装	3045.21	3.59	4.3
茶工工资	2835.97	3.35	4.0
雇员薪金	2826.00	3.34	3.9
伙食	1958.13	2.31	2.7
拣茶工资	1379.63	1.63	1.9
柴炭	1128.41	1.33	1.6
房屋	1040.00	1.23	1.5
捐税	901.06	1.06	1.3
器具	830.61	0.98	1.2
杂支	1894.73	2.24	2.6
总计	71473.90	84.38	100.0

各茶号收购毛茶均用二十二斤大秤，精茶装箱则用十八两秤，上表数字，均已折合市斤，以便比较，样茶2%，亦已加入计算。兹再将各项用费之计算方法，分别述明于次：

第一，毛茶。茶号收购毛茶，系分批办理，不仅各批毛茶山价，颇有差异，即各茶号同批购进之茶价，亦每不一律，如第三十二表所列。

第三十二表　祁门五家茶号各批收购毛茶数量(市斤)及其价格(元)

茶号	数量 批次 及价格	第一批	第二批	第三批	第四批	总计
联大	数量	22502	21720	19394	—	63616
	每担价格	32.1	26.29	16.96	—	25.50
大成茂	数量	13158	10794	12240	6750	42942
	每担价格	35.96	29.33	20.10	12.88	26.15
树善	数量	12553	11907	9383	—	33843
	每担价格	32.17	24.78	17.18	—	25.41
春馨	数量	12643	12677	6637	—	31957
	每担价格	30.69	22.75	14.03	—	24.08
益大	数量	12453	9797	4268	—	26518
	每担价格	31.22	21.63	15.49	—	25.15
合计	数量	73309	66892	51922	6750	198876
	每担价格	32.41	25.16	17.24	12.88	25.35

由上表可得如下之结论：

（甲）祁门红茶制造数量，普通以第一批最多，以后即逐渐减少，第四批制造者为"子茶"，制者稀少，尤以上海市价低落之年为甚。

（乙）茶叶山价，亦以第一批最高，良以第一批采摘之茶，最为柔嫩，品质最高，为祁红中之上品，在上海市场可售最高价格。以后采摘茶叶之品质，即觉逊色，因之售价亦低。

（丙）各茶号虽于同批收购之毛茶之山价，亦往往相差颇巨，盖因当地逐日山价变动，与夫各号收购之茶叶品质、时间、数量、地点、无形损失及管理等之难以完全一律。上举五家茶号各批毛茶之平均山价，互有差异，颇为显著。上表第二批大成茂之平均山价29.33元，益大为21.63元，相差之数，竟至7.70元之巨。

第三十一表中所列毛茶用费，系五家茶号合计之总数，其各号各批之用费分配如下：

第三十三表　各茶号各批毛茶用费之分配

茶号	第一批	第二批	第三批	第四批	合计
联大	7222.35	5710.65	3288.98	—	16221.98
大成茂	4731.47	3166.18	2460.24	869.33	11227.22
树善	4037.70	2951.04	1611.70	—	8600.44
春馨	3880.76	2884.60	931.00	—	7696.36
益大	3887.73	2119.46	661.21	—	6668.40
合计	23760.01	16831.93	8953.13	869.33	50414.40

第二，资本利息。五家茶号经营红茶精制，共计投资71267.74元，各茶号之自有与借用资本之数额如下：

第三十四表　各茶号之资本数额

茶号	资本数额(元)			资本利息(元)		
	自有	借用	总计	自有	借用	总计
联大	10000.00	12306.14	2230614	450.00	369.00	819.00
大成茂*	6000.00	9000.00	15000.00	315.00	410.71	725.71
树善	4000.00	8391.60	12391.60	240.00	329.34	569.34
春馨	5000.00	6520.00	11520.00	350.00	320.00	670.00
益大	5050.00	5000.00	10050.00	318.20	117.50	435.70
合计	30050.00	41217.74	71267.74	1673.20	1546.55	3219.75
百分率	42.2	57.8	100.0	52.0	48.0	100.0

*该茶号未将资本数额显示，表中数字系根据熟悉该号内部情形者之估计。

　　资本利息，盖以每月一分五厘计算。各号自有资本，皆系凑合而成，借用资本，则为上海茶栈之放款，占资本总额57.8%，而借用资本利息，则占利息总额48%，由此可知自有资本之使用期间较久。各茶号所有箱茶，均须由各债权茶栈经手代售，脱售后，本利尽茶栈自行扣还，平均每制茶100市斤，需资本84.14元。

　　第三，包装。包装用费计分木箱、铅罐及纸张三项。木箱皆系用当地箱板店所定制者，普通每只箱价大洋六角，多购及年前预定者，用费可减省少许。茶号需用木箱，至少须于一个月前通知，并预付定洋若干，余价俟交货时付清。此外装箱钉口尚须另给酒资，每箱大洋三分，已加入木箱用费项内。当地制作木箱，多为江西都昌人。铅罐用费，包括铅价、制工及焊口锡等。铅价每百斤约需三四十元，每只需用原铅四斤，外加焊口锡三两二钱，计需洋二角余及工价每只八分。所用纸张，计有毛边、表芯及花纸三种。每罐需毛边纸四张、表芯纸四张及花纸五张，五家合计需用各项包装用费及每箱平均用费如下：

第三十五表　祁门五家茶号各项包装用费（1318箱）

项目	总用费(元)	每箱平均用费(元)	占总用费之百分率
木箱	734.05	0.56	24.1
铅罐	1984.88	1.50	65.2
纸张	326.28	0.25	10.7
总计	3045.21	2.31	100.0

此外糊工、浆糊及洋钉等项开支，则概归入杂支项下。

各茶号之包装费如分别计算，计联大963.66元，大成茂686.50元，树善495.72元，春馨497.70元，益大401.63元。

第四，茶工工资。当地茶号所用之制茶工人，大都来自江西河口，其人数系按制茶多寡而定，以制茶500箱而论，约需茶工52人。各项工作之人数分配如下：烘间6人、下身间6人、尾子间5人、看拣5人、打头子2人、毛茶风扇间4人、复捞2人、筛毛茶12人、复筛8人、打杂1人、司厨1人。五茶号共需茶工工资2835.97元，计联大727.00元，大成茂689.00元，树善627.97元，春馨432.00元，益大360.00元，合如上数。平均每人每季需工资19.19元。

第五，雇员薪金。普通茶号每家须用雇员二十余人，小者亦需十数人，大者则需三十余人。各雇员之薪金，每季自数元至数十元不等，须视各人所司之职务而异。管号综理一切号务之进行，其薪金最高，次之为看火，再次为司秤司账。此外尚有杂役数人，每人工资仅数元而已。据五茶号之统计，共需雇员薪金2826元，计联大762元，大成茂594元，树善488元，春馨450元，益大532元，合如上数。平均每人每季需薪金21元。

第六，伙食。此项包括雇员、茶工、拣工，及待客等全季一切之伙食开支，各人之膳食日数，颇不一律，故不易分别计算。五茶号共需伙食费洋1958.13元，计联大574.92元，大成茂325.00元，树善287.36元，春馨247.25元，益大523.60元，合如上数。

第七，拣工工资。拣茶女工，亦由茶号供给伙食，其用费已包括在伙食项内。至工资则按季计算，以制茶500箱为标准，每季每人约需工资7元。普通茶号需用拣工二三十人，小者亦需十余人，大者需五六十人。五茶号共需拣工工资 1379.63 元，计联大 358.63 元，大成茂 386.00 元，树善 180.00 元，春馨 210.00 元，益大 245.00 元。

第八，柴炭。茶叶烘焙、厨房烹饪及烧水泡茶，均需柴炭。祁门茶号所需之柴炭，皆系当地山户利用冬季农闲所砍取。其售价随一般之需要而上落，自二十一年各茶号大为亏折以后，柴炭价格大跌，迄未恢复。山户每于废历年关，需款孔亟，如在年前付款预定，其价更为低廉。五茶号共需柴炭用费 1128.41 元，计联大 520.69 元，大成茂 197.00 元，树善 137.72 元，春馨 130.00 元，益大 143.00 元。

第九，房屋。当地茶号，除有少数专作制茶用之房屋外，其利用祠堂及庙宇为茶号这，颇为普遍。房屋用费，均以按季支付租金计算，即自有者亦必照例提取租金。五茶号共需房屋用费大洋 1040 元，计联大 240 元，大成茂 380 元，树善 200，春馨 120 元，益大 100 元。

第十，捐税。茶叶捐税，计有营业税、教育捐、茶商公会捐、防务捐、慈善捐等名目。五茶号共需捐税用费 901.06 元，计联大 295.59 元，大成茂 224.00 元，树善 139.38 元，春馨 132.08 元，益大 110.01 元，合如上数。

第十一，器具。茶号所用器具，计分购茶、制茶、厨房及普通家具等项。其用费无论自有或租用，例取租金，外加修理费若干。五茶号共需器具租金 375 元，及修理费洋 455.61 元，合计 830.61 元。各茶号之器具用费如下：联大 261.01 元，大成茂 167.00 元，树善 188.00 元，春馨 130.00 元，益大 84.60 元。

茶号器具之购茶用者，计有秤、秤箕、布袋、砚台之类。制茶用者，种类繁多，计有晒簟、茶篓、烘笼、风车、茶筛、筛架、簸箕、竹围、拣板、拣箕、大小凳、样盆、麻袋、布帆、烘袋、烘片、竹夹、毛帚、竹帚、打袋、火烙、火刀、火铲、铁瓢、茶桶、软篓、铁耙、竹耙等等。厨房用具如锅灶、菜厨、碗、匙、火钳、铜铲、水缸、菜刀等等。普通家具，则有桌、椅、凳、铺板、灯台之属。

第十二，杂支。此项包括灯油、火烛、邮电、汇水、酬应、糊箱酒资、浆糊、纸、墨、笔、账簿等等之开支。五茶号共需杂费洋 1894.73 元，计联大 588.52 元，大成茂 301.00 元，树善 233.84 元，春馨 352.87 元，益大 418.50 元，合如上数。

6.茶号大小与制茶成本

祁门茶号规模狭小，制茶 500 箱者，即为最大茶号。据民国二十二年祁门全县共有茶号 156 家，共制红茶 33150 箱，平均每茶号仅 212.5 箱。营业虽小，但一切开支，无不应有尽有。大凡制茶数量愈少，其每担之制造用费愈高。兹举营业数量不同之大小三家茶号之各项制造用费如下，以证吾说。

第三十六表　大中小三茶号每市担精制红茶之各项平均用费比较

项目	联大（278.85市担）	大成茂（183.54市担）	益大（112.56市担）
毛茶	58.17	61.17	59.24
资本利息	2.94	3.96	3.87
包装	3.45	3.74	3.57
茶工工资	2.61	3.75	3.20
雇员薪金	2.73	3.24	4.72
伙食	2.06	1.77	4.65
拣工工资	1.29	2.10	2.18
柴炭	1.87	1.07	1.27
房屋	0.86	2.07	0.89
捐税	1.06	1.22	0.98
器具	0.94	0.91	0.75
杂支	2.11	1.64	3.72
总计 毛茶用费在外	80.09	86.64	89.04
总计 毛茶用费在内	21.92	25.47	29.80

上列三家茶号，制茶数量不同，其每担之平均制造用费，颇有差异，即制茶愈多，每担之用费愈少。上表中总计项下各号均分毛茶用费在内，与毛茶用费在外二数计算，盖因毛茶价格变动颇大，各号于其用费颇有悬殊，非全由制造数量大小之关系，已如前述。上表各号，每担用费，概将毛茶一项扣去后，所得之数，亦颇足表示制茶愈多、用费愈减之原则。至各号分项用费，未能与此原则完全相符者，或因各号归项方法，未能尽同，与夫管理优劣及地点不同之故。上列联大制茶最多，益大制茶最少，两号之每担平均总用费，毛茶用费除外，相差7.88元之巨。分项比较，除柴炭、捐税及器具三项，益大较联大略少外，其余各项，无不多费，联大于该三项所费稍多，或因该号位居城内，柴炭价格较高，且茶号规模较大，对于当地所派捐税自然较多，器具用费，则因修理费较大之故。查联大器具之修理费计需151.01元，而益大则仅34.60元，其差数竟至百余元之多。总之，茶号制茶数量太少，各项开支难免耗费，可无疑义。

七、红茶运销

茶农生产生叶，制成毛茶以及茶号之加工制造，已如上述，惟茶叶由生产者，达于消费者之手，其间尚须经过种种买卖手续，是即谓之"运销"。祁门红茶之运销方法，可分为茶商运销与合作运销二种，兹将其运销程序，图示如下：

注：一、黑线系代表祁红之主要运销程序，虚线次之。
　　二、有箭头指着者，表示购茶者及合作社，无者则为代客买卖之商行，不自购茶专事介绍买卖，从中支取佣金。

第九图　祁门红茶之运销程序

1.茶商运销

祁门红茶，向皆由茶商于每年茶季，在乡镇或村内，设立茶号，并派人四处设立分庄，收购茶户及茶贩之毛茶，加工制造，而后输出销售。据民国二十三年，祁门县114家茶号之清查，平均每家茶号，设有分庄四处，以广采办。盖当地茶号众多，竞购之风甚烈，不如此恐无以购得所需数额，且分庄往往不受茶商公会议案之束缚，任意放价放秤。因之当地收购毛茶价格，极无一定标准，一视各茶号需要之缓急为转移，前后茶价相差之巨，颇足惊人。详情于茶价章内，再细加讨论。兹先将产地毛茶之交易手续，约略述之：

第一，产地毛茶之交易。毛茶之交易手续，即由茶农将制成之水毛茶担负入市，任投一家茶号之门庄或分庄，讨还价格，双方合意，即行过秤，否则即另向他家求售。恒有秤价不合，辗转担负至数十里外，始获脱售者。当地茶号收购毛茶，系用旧库平二十二两至二十四两之大秤，并须外加样茶2%，谓之"九八扣样"。成交付款时，茶号须于茶价中按照售茶数量代扣茶户捐，计有县教育捐、本地学校捐、防务捐等名目。征收机关，概不统一，各地捐税，自难一律。概言之，每市担毛茶约需各种茶户捐一元之谱。至德之茶户捐，则由茶号认定，虽不须直接向茶户茶价内扣取，但茶价较低，实际仍为茶户之担负。又计算茶价，不无零数，而零数只能茶号找出，茶户不得找入，而找出时铜元之作价，例较市面兑换率短少15%，例如应得一角，只能找得八分五厘，是茶农实际所得之价，又复折扣若干。此外代收茶户捐，其经手出纳之数，亦颇有出入。凡此种种，皆茶号剥削茶户之手段，而无可如何者。

该区每于茶季，茶号设立分庄，收购毛茶，颇为普遍，大村小镇几无处无之。茶农售茶之机会既多，且甚便利，故茶贩营业，极不发达。惟距离市场较远，产额过少之茶户，于山价低落时，自行担负入市出售，殊不合算。每有茶贩上门购买，零星集合，售与茶号，现购现售，只于用秤及茶价上略博微利。如遇茶价骤跌，或意外损失时，则有亏本之虑，此亦当地茶贩营业不能发达之原因之一。

第二，精茶运销。茶号收购毛茶至相当数量时，即可开始精制，以后随购随制，制茶成箱，即行分批陆续装运上海出售。

甲．运输。茶号制茶成箱后，即须运往市场销售。兹先将运输之路线，方法及用费述之如下：

（子）运输路线之变迁。民国八年以前，祁门红茶之销售市场几全在汉口。八年汉口、上海两方出样，一视价格之高下为取舍。九年购茶洋行因国外销路改变，并为汉沪间之运费及堆栈租金起见，交易市场完全移至上海，故运输路线，亦因之改变。从前鄱江流域之箱茶，悉用帆船装运饶州（鄱阳）转载大型帆船，用轮船拖至九江再换江轮溯江而上至汉口，长江流域之茶则直落长江转载输至汉口。民国八年以来，向之溯江而上者，今已悉数改向下游。由产地至销售市场，最快须一星期，迟者十数日，须视水之大小风之逆顺为转移。自杭州休宁间之公路通车后，二十三年起，祁门东南部之红茶，即有少数由肩挑至黟县渔亭，装帆船运至屯溪，转载汽车，运往杭州，再换沪杭火车至上海，时间缩短，二三日内，即可到达销售市场。惟运费稍昂（指主要产地而言），但能捷足先到市场，售价较高，每每可获利。今汽车公路已可直通祁门，运输更称便利，其运输路线，当因交通改变，而又有一番变更也。

（丑）运输方法及用费。祁门红茶，以前大半由阊江、饶江，经由饶州、鄱阳湖及九江运出。由产地至饶州，内河小船每只可载茶四十箱至六十箱不等，视河水之大小而定。该项运输均系顺流而下，如水势高涨，以距离最远之产地而论，最快两日可达饶州，反之则须五六日。由祁门至饶州之运费，每船须三四十元，以三十五六元为最普通，历程近者，其运费亦减省无多。茶至饶州，随即改载大型帆船。据最近统计，当地有船行一十六家办理过载事务，该项大型帆船每艘可承载二三千箱，由各船行承接箱茶，凑合箱数，共同雇用，藉轮船拖曳至九江。由饶州至九江之用费，则由船行开一清单向茶商结算。兹抄录民国二十三年祁门平里茶叶运销合作社一次运茶30箱之清单如下：

今代雇抚船一只船户吴□□装到

平里合作社二五箱茶30件至九江交卸

水力	9.60元	0.32元/件
三分神福	0.29元	
敬神雄鸡纸马	0.80元	
学生叨酒钱　伙老叨酒钱	0.40元	
轮船水力	4.50元	0.15元/件
轮船酒钱	022元	
城隍庙老爷庙捐	0.30元	
张王庙捐	0.30元	
印花	0.04元	
共计付大洋16.45元		

平均每箱用费需洋0.55元。

由九江至上海之一切运费，则全由茶栈代付，茶号多不过问，结算时由茶栈开入售茶清单内，于茶价中扣下。兹据祁门某茶号一次运茶74箱之各项用费如下：

第三十七表　九江至上海之运输用费(74箱)

项目	用费(元)	备注
过费	4.07	由帆船卸过江轮码头
钉裱	2.22	钉裱茶箱之破损者
水险	16.25	
荳验力	2.37	
湖口划子	0.40	
汇水贴现	0.61	
浔至申水脚	82.91	
码头捐	5.18	
报关	1.18	
力驳	14.80	
出店	1.04	
总计	131.03	

平均每箱运费需洋1.77元。

祁门红茶史料丛刊　第四辑（1936）

第三十八表　每箱红茶之一切运费

起讫地点	用费（元）	备注
祁门至饶州	0.80*	
饶州至九江	0.55	
九江至上海	1.77	包括上海之上下力及转力
合计	3.12	

*产地起运之地点不一，每船载货数量无定，今估计以祁门县城为起点，普通每船装茶50箱，运费40元，平均每箱用费，合如上数。

至不经饶州九江而由屯溪杭州运往上海者，其运费不无差别。据去年上半年祁门未通汽车时之调查，祁门县城至黟县渔亭六十里，每担挑力1.22元，酒钱0.24元，船行□金0.18元，每担共需洋1.64元（如其他产地用筏装运至县城起挑者，则须外加下力六分及筏力若干，货物拥挤，人工缺乏时，又须加价）。渔亭至屯溪80里，帆船顺水而下，一日可达，每担只需运费0.8元。屯溪至杭州汽车运输，每担2.28元，八折实收1.724元。杭州至上海火车运输，每担1.028元，外加杭州报关及车捐等费0.2元。以祁门县城为起点，合计每担红茶至上海共需运费大洋5.392元，每担以二箱计，每箱需洋2.696元，外加上海转力各费，尚较由九江运输为省，而时间亦较为缩短。惟此就祁门县城起运之情形而论，如由其他产地运输，自须另加运至祁城之运费。自祁门至屯溪间之公路通车后，祁门红茶可以直接运达杭州，运费更为便利，用费尚可减少若干。此路运输，车辆数目，目下尚不敷用，且加当地茶箱包装，殊欠坚固，汽车运输，易于损坏，故多数箱茶，仍经由鄱阳湖九江运出。

（寅）各种运输方法之用费比较。运输方法不同，其所需用费亦异，兹将祁门红茶各种运输方法之用费，列举如下，以作比较。

第三十九表　由产地经鄱阳九江至上海间各种运费比较

起讫地点	运输方法	距离*（公里）	每箱用费（元）	占总用费之百分率	每百公里之平均用费（元）
祁门至鄱阳	帆船	236	0.80	28.4	0.34
鄱阳至九江	轮船拖曳	207	0.55	19.5	0.27
九江至上海	轮船	808	1.47**	52.1	0.18
合计	—	1251	2.82	100.0	0.23

*以每公里等于1.736华里计算。

**已包括九江钉祿水险等费，但上海码头捐及力驳等在外。

第四十表　　由产地经屯溪杭州至上海间之各种运费比较

起讫地点	运输方法	距离（公里）	每箱用费（元）	占总用费之百分率	每百公里之平均用费（元）
祁门至渔亭	人挑	35	0.82	30.5	2.34
渔亭至屯溪	帆船	46	0.40	14.8	0.87
屯溪至杭州	汽车	250	0.86	32.0	0.34
杭州至上海	火车	186	0.61*	22.7	0.33
合计	—	517	2.60	100.0	0.52

*已包括杭州报关及车捐等费。

由第三十九与第四十两表，可知各种运输方法之用费，以轮船为最低，次之为火车、汽车、帆船三种，人力挑负最为昂贵。同样运输方法，每单位之运费又因路途远近而异，远者常较近者为低廉。

图24—图33图片及文字模糊不清，故省略

乙．售茶。凡借用茶栈贷款之茶号，普通箱茶运至九江之安全地点后，转运销售，皆由茶栈支配，茶号不得过问。

（子）售茶手续及用费。茶叶运抵上海后，首由茶栈分送茶样于洋行，并言明数量，洋行如认为合格，即开始谈判价格。双方价格同意，货样相符，即可成交，限期交货，届期过磅落簿，凭簿付款。买卖双方，始终不得见面，洋行付款，茶商不能直接领到，必须经过茶栈之手，七折八扣，名目繁多，其剥削费用，为数颇巨。每次售出之茶，由茶栈开一清单，交与卖方，藉以清理存欠关系。兹将祁门某茶号民国二十二年售茶之茶栈清单抄录一纸，例举如下，以示剥削项目之一般，至该号盈亏情形，当另作详细之探讨。

计开代沽

□□洋行□□二五茶74件下一件又30斤交73件净重3515斤，每担价洋90元算，计洋3163.5元。

付九单*	大洋61.92元
付支单	大洋
付水脚	大洋82.91元
付码头捐	大洋5.18元
付报关	大洋1.18元
付验关	大洋0.70元

付力驳	大洋14.80元
付栈租	大洋3.11元
付公磅	大洋2.56元
付九九五扣息	大洋15.82元
付打包	大洋8.18元
付楼磅	大洋1.53元
付修箱	大洋6.13元
付另加	大洋7.00元
付检验费	大洋3.90元
付茶楼补办	大洋18.00元
付关破代补	大洋1.75元
付保安	大洋6.33元
付出店	大洋1.04元
付商律	大洋0.89元
付思恭堂	大洋1.04元
付公估	大洋0.44元
付焊口	大洋1.40元
付钉裱	大洋4.09元
付航空捐	大洋1.58元
付祁门同乡会捐	大洋1.04元
付茶栈佣金	大洋63.27元
付保税	大洋
付息	大洋
共计大洋315.79元	
以上两抵净存大洋2847.71元	

*注：上列清单内有九单一项，计分下列各项：

付过费	大洋4.07元
付钉裱辛力	大洋2.22元
付水险（本6500元）	大洋16.25元
付趸验力	大洋2.37元

付饶支	大洋36.00元
付湖口划子	大洋0.40元
付汇水贴现	大洋0.61元
共付大洋61.92元	

　　以上茶栈扣取各项费用之标准不一，有按箱或担抽取者，如力驳、水脚等；有照售价抽取者，如九九五扣息、栈佣等，尚有毫无标准，如钉裱、另加等。兹再将各项费用之抽取标准，列举如次：

第四十一表　各项茶栈用费之抽取标准

项目	抽取标准	备注
过费	每箱0.055元	由拖船至轮船之用费
钉裱	无定	视茶箱损坏多寡为定
水险	普通每千元2.50元	
寇验力	每箱0.032元	
饶支	无定	茶栈在饶州之垫款
湖口划子	无定	
汇水贴现	无定	
水脚	普通每箱1.12元花香取费较少	九江至上海运费
码头捐	每箱0.07元	浚浦局收
报关	普通每箱0.016元	手续费
验关	普通每箱0.01元	
力驳	每箱0.20元	到沪后之上下力及转运费
栈租	每箱0.042元（长江轮运） 每箱0.056元（火车运输）	
公磅	每箱0.035元（样箱除外）	
九九五扣息	值千抽五	洋行收
打包	每箱0.112元（样箱除外）	洋行收
楼磅	每箱0.021元（样箱除外）	
修箱	每箱0.084元（样箱除外）	
另加	无定	
检验费	每担0.10元	实际每担多收一分多

项目	抽取标准	备注
茶楼补办	普通每箱0.24元（样茶除外）	亦有以茶价折算者
关破代补	每种花色或每批二十四斤照价估算	
保安	值千抽二	
出店	每箱0.014元	
商律	每箱0.012元	
思恭堂	每箱0.014元	慈善捐
公估	普通每箱0.006元	
焊口	每种花色1.40元	
钉裱	每箱0.056元（样箱除外）	
航空捐	值千抽0.050元	
祁门同乡会捐	每箱0.014元	
茶栈佣金	值千抽二十	茶栈收
保税	平均每箱0.014元	只花香有之

*公磅、打包、楼磅、修箱、茶楼补办、钉裱等项，亦有不除样箱计算者，其多扣之数，则为茶栈所中饱。

（丑）售茶数量之折耗。产地茶号之箱茶运至上海出售时，除须担负以上售茶之各项支用外，在数量上又须受扣样、吃磅等之折耗。

（1）扣样。每批茶叶运沪销售，例须扣取若干，名为"样茶"。其扣样标准，系按每种花色扣取，每种花色，至少须扣样一箱，多则递加。据祁门某茶号民国二十二年，售茶三批之扣样数量如下：

第四十二表　售茶扣样数量之折耗

批次	原有箱数	每箱净重（磅）	总额*（磅）	样茶数量（磅）	净售总额（磅）	备注
第一批	80	67.15	5372	107	5265	扣样一箱又卅斤
第二批	74	64.75	4792	105	4687	扣样一箱又卅斤
第三批	62	64.75	4015	65	3950	扣样一箱
合计	216	—	14179	277	13902	

*尚有吃磅数量不在其内。

售茶216箱，重15475磅（以75%，除第四十四表原有精茶数量11606斤而来），即须扣样277磅，占总额1.79%。茶号因受茶栈洋行之剥削，乃转以剥削茶农，即收买毛茶时，而有九八扣样之举，藉资弥补。实则茶栈分送小样于洋行并不需如许数量，其中大半均为茶栈坐得。以扣样之价值而论，卖方之损失见四十三表。

该年上海售茶价格尚系以十六两秤核算，上表斤数即按照磅秤七五折合十六两秤计算而来。某茶号售茶三批，共被扣取样茶208斤，以各批售价计算，共值洋185.58元，其损失占总值（10391.95元）1.8%。

第四十三表　售茶扣样之数量及价值

批次	每担价格(元)	样茶		净售茶		总额	
		折合斤数	价值(元)	折合斤数	价值(元)	折合斤数	价值(元)
第一批	99	80	79.20	3949	3909.51	4029	3988.71
第二批	90	79	71.10	3515	3163.50	3594	3234.60
第三批	72	49	35.28	2963	2133.36	3012	2168.64
合计	—	208	185.58	10427	10206.37	10635	10391.95

（2）吃磅。除扣样之外，过磅时每箱又须折耗四磅或五磅以至六磅或七磅，名为"吃磅"。民国八年以前，此风颇盛，名吃暗扣，漫无限制，茶商曾起一度争执，结果成立一公磅处，每箱规定扣吃二磅半，但实际仍然不能依例施行，除明吃之外，尚有所谓"暗吃"，为过磅人所中饱。据上举祁门某茶号售茶三批之吃磅数量及价值如第四十四表。

第四十四表　售茶吃磅之数量及价值

批次	原有精茶数量			样茶与净售之数量及价值		吃磅折耗	
	箱数	装箱十八两斤数	折合十六两斤数	十六两斤数	价值	斤数	价值
第一批	80	3901	4389	4029	3988.17	360	356.40
第二批	74	3491	3927	3594	3234.60	333	299.70
第三批	62	2925	3290	3012	3168.64	278	200.16
合计	216	10317	11606	10635	10391.95	971	856.26

售茶三批216箱，净茶原有十八两秤10317斤，折合16两秤11606斤，除净售与样茶10635斤外，其吃磅数量达971斤之多，占茶叶总额（11606斤）8.4%。以售茶市价计算，共值洋856.26元，占净售总值（第四十三表10206.37元）8.4%，每箱

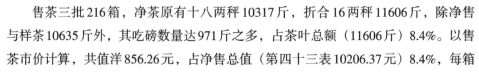

平均被吃去四斤半，即合六磅。

（寅）售茶价之折扣。茶商售茶，既受扣样与吃磅种种数量上之损失，其剩余之净茶，尚不能获得谈定价格之全数。茶栈佣金及转运等费，理所应取，固无可论，然此外尚有种种不合理之扣取用费，今略举二三，以概其余。

（1）九九五扣息。茶叶成交过磅后，理应即行钱货两清。最初定章，过磅后，四日付价，后乃改为一星期，而洋商每不按章付款，卖方亟须用款还债，以轻担负，因之乃有九九五扣息之恶例规定，即于谈定之茶价中，每千元扣去五元，以为即时付款之利息。后更有非即时付款，亦例须照扣，此项折扣。即使即时付款，原已于理不合，今更变本加厉，无论延迟至数月后付款，此项用费，仍须照扣，可谓已尽剥削之能事。

（2）打包。洋商购进茶叶，尚须改装，而后输出。此项改装用费，按理应由买方负担，而茶叶买卖则否，亦须取自买方，每箱0.112元，售茶213箱（样茶三箱除外）共需23.86元。

（3）关破代补。茶叶过磅方法，系于每种花色或每批任抽一箱秤之，以为标准，扣除箱皮，即为每箱净茶重量，以此与售茶箱数相乘，即为净茶售额总数。茶号每批或花色各箱之装茶数量原已一律，为求手续之简便，在方法上，自无可议之处，然茶楼规定每批或每种花色之箱茶，必须额外再取24斤，照价估算，并不扣茶，名为"关破代补"，实则茶箱并无破坏，亦无不照扣。

（卯）延期取货。除上述茶叶数量及售价上之折耗外，往往尚须受洋行延期取货之无形损失。茶商茶叶经茶栈代售成交后，原先规定，一星期内须将交货过磅手续完全办清，后乃改期限为三个星期，而洋商尤复常常延宕时日，恒有至三四个月，甚至半年后始行过磅者。洋行拖延时日，无论多久，成交之茶绝不能另售他家，故每有不正常之洋商因时日既久，藉口货样不符，拒绝取货过磅。卖方不仅遭受资本搁呆，抑且担负栈租保险等之损失，故卖方往往多方迁就，以求货品之脱售。洋商之作威作福，宁有过于是耶？

（辰）售茶用费。茶叶运抵上海由茶栈捐客兜售于洋行，茶商须支付种种售茶所需之用费，概由茶栈在售价中扣下，其支付清单已如上举，兹就该清单将各项售茶开支抽出计算每箱之用费如下：

项目	用费(元)	占总用费之百分率
栈租	3.11	2.1
验关	0.70	0.5
公磅	2.56	1.7
九九五扣息	15.82	10.6
打包	8.18	5.5
楼磅	1.53	1.0
修箱	6.13	4.1
另加	7.00	4.7
检验费	3.90	2.6
茶楼补办	18.00	12.1
关破代补	1.75	1.2
保火险	6.32	4.3
商律	0.89	0.6
思恭堂	1.04	0.7
公估	0.44	0.3
焊口	1.04	0.9
钉裱	4.09	2.8
航空捐	1.58	1.1
同乡会捐	1.04	0.7
茶栈佣金	63.27	42.5
总计	148.76	100.0

　　平均每箱售茶用费需洋2.01元，其中有九九五扣息，保安、航空捐、茶栈佣金等项，系依售茶价格高下而增减。但售价时有涨落，成交数量，各有不同，欲求一绝对真确之平均价格，以核算上述各项之售茶用费，殊不可得。只就该年售茶较为普通之价格，略举如上，以资代表销售用费之一般。

　　丙.各项用费之分配。兹再将茶号收购毛茶、加工制造、包装成箱以至运输销售等各项用费之分配，列举如第四十六表。

第四十六表　毛茶成本及制造捐税包装运销等用费之分配

项目	每箱用费*(元)	每市担用费(元)	占总用费之百分率
毛茶	38.25	59.52	64.4
制造**	10.55	16.41	17.8
捐税	0.68	1.06	1.1
包装	2.31	3.59	3.9
运输	3.12	4.85	5.3
销售	2.01	3.13	3.4
资本利息	2.44	3.80	4.1
合计	59.36	92.36	100.0

*据联大，大成茂，树善，春馨，益大五茶号合计制造精茶84706市斤，装箱1318件，平均每箱计装净茶64.27市斤。

**此项包括雇员之薪金伙食及杂用等项，其中难免不无有收购毛茶部分，无从分开，但为量甚微，差异甚属有限。

由第四十六表可知祁门红茶之各项用费，以毛茶为大宗，次之为制造费用，销售费用，虽名目繁多，但仅占总用费3.4%，并不若一般所认为问题严重之甚。

茶叶出售过磅时之扣样与吃磅损失，尚须另外扣除，每箱平均计须少去样茶1.79%，以每箱净重64.27市斤计算，计扣样1.13市斤。又每箱吃磅4.5市斤，合计每箱须受数量上之损失5.63市斤，即每市担净茶损失8.89市斤，聚少成多，总计全区损失，颇为可观。

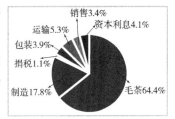

第十图　祁门红茶各项制销用费之分配

丁.祁门某茶号营业盈亏之探讨。民国二十二年祁门各茶号之营业结算，大都亏折颇巨。惟当地茶商对于盈亏实情，类皆不肯告人。上海售价先后高下不一，各号盈亏程度，势难一律，欲求普遍调查，殊不可能。兹只就某茶号之亏折情形举例如下，以示一斑。

该茶号共制精茶216箱，计分三批运往上海销售，净售10427斤，共得售价总值10206.37元。外加花香40箱，净重2061斤，售价329.76元，茶梗39.2元及花蕊21元，合计总收入为10596.33元，而该号支出方面共需13454.89元，两比，共亏2858.56元，占支出总额21.2%。

戊.茶栈。茶栈为掮客兜售茶叶于洋商之商行，不自购货，专事代客卖茶，从中支取佣金，兼在产地放汇于茶号，藉资招徕。茶栈虽属代客买卖之商行性质，但因其定名曰"栈"，且在上海租界营业，与普通牙行迥异，向不领取行帖。据云：茶栈在产地自设茶号者，亦间有之。兹将经营祁门红茶之茶栈数目、组织、资本、营业大小、同业公会及其利益与困难，略述如下：

（子）茶栈数目帮别。上海共有茶栈18家，在祁门红茶区内放汇兼代售箱茶者，计有7家。兹将该区放汇茶栈之栈名及帮别，列举如下：

茶栈	帮别	备注
忠信昌	广东	
洪源永	徽州	
源丰润	徽州	
永兴隆	广东	有谓徽广合帮
仁德永	徽州	
公升永	徽州	有谓徽广合帮
慎源	徽州	有谓徽广合帮

（丑）茶栈组织。茶栈内部之组织，自经理以下，有管账、书记、通事、茶楼、过磅、学生、栈司及茶房等职务，每家均有分庄设于与产地近便之处，以便放汇及管理茶叶转运事宜。在祁门红茶区内放汇之七家茶栈无不在九江设立分栈，藉资管理转运事宜。各茶栈之分栈数目及人数各不相同，须视营业之大小而异。每栈除分栈人数不计外，小者须十余人，中等者二十余人，大者三十余人。各人薪金之高下，依其所司之职务而异。最高为经理，掌理全栈之行政，每栈一人，每年薪金大都在千元以上；管账司银钱出入及登记账目，每栈普通二人，每年每人普通四五百元；书记司往来文件，每栈普通一人，薪金约与管账不相上下；通事即跑街，专与洋行接洽定价事宜，人数与薪金无定，成交后按售茶价值每元抽取佣金七厘；茶楼司看茶事宜，每栈普通五人，每人每年薪金约百数十元；过磅司洋行收款，每栈普通二人，每人薪金年约百余元；栈司司出店送样交货，普通每栈六人，每年每人约得百余元，外费较正薪为优厚；厨房茶房八人，司栈内之侍役及伙食，每人每年约可获百余元；学生则为学习生意之学徒，每人每年亦有数十元之收入；此外送样交货，尚须雇用临时工人，工资无定。

（寅）茶栈资本及营业大小。各茶栈所有资本之确数，不易查得。惟据一般之估计，谓茶栈之大者，约有资本十万元，中等者六万元，小者只三四万元。其放汇之款，大都以信用转向钱庄借用，普通月利一分上下，而放与祁门红茶产地茶号，则每月需一分五厘。茶栈放汇，如不吃倒账之损失，即就利率上，一进一出之数，已颇可观。

茶栈营业之大小，可以代售茶叶之箱数为标准。每年各栈之营业大小，因茶叶出产数额与洋商之进货数量而异。据一般之估计，普通每一大茶栈，年约代售红绿箱茶八万箱，中等五万箱，小者只两三万箱，祁门红茶仅占其营业之一小部分耳。至营业总值，则视茶叶之种类及市价而定，未可一概而论。以箱数言，祁门红茶年约产六万余箱，虽售价较高，实则只需大茶栈一家，即足应付。今有七家茶栈前往该区，竞相放汇，不问茶号之资本厚薄与信誉优劣，只求有人接受，故有因滥放吃倒账，而致倒闭者。

（卯）同业公会。上海洋庄茶栈，曾联合组织有同业团体，名为"茶业会馆"，创立于清同治年间，会址在北京路顾家弄，屋宇宽敞，经费充足。

（1）组织。该会创立虽早，但于组织，不甚注意，迨至民国二十三年，始遵照工商同业公会改组。凡经营代售洋庄茶叶之栈家，均为该会会员。其组织系采用委员制，设常务委员若干人，由常务委员中推举主席一人，总理会务。

（2）会费。入会费不论茶栈之大小，概按代售茶叶之种类缴纳，专营红茶者，计需入会费规元一千两；如兼营绿茶，则需外缴规元二千两。平常会费，每箱抽取大洋三厘。各项公款，由会员公推一人，负责保管之。

（3）遵守条例及会规。该会定有遵守条例七项及会规六条，兹抄录如下，藉示该会事务之一般。

（a）遵守条例：

遵守本会章程及议决案并呈准备案之行规；

担任本会指派职务；

缴纳会费；

准时出席会议；

应本会之咨询及调查；

不得侵害他人营业；

不得兼营不正当营业之事务。

（b）会规：

通知山内各商：不准作样箱、尾箱、须箱，箱一律不得高下其价；

茶箱发至洋行必须当面点交数目填明收单，以免过磅缺乏发生争端；

茶箱发至洋行应即过磅，若洋行延期适遭火险，栈家当以收单为凭向洋行是问；

成交箱茶发至洋行过磅之时，洋行须嘱茶师看明，毋得挑□图贿；

茶楼栈房等费系照明章，勿得任意增减，若有格外需索，即投会馆处理；

样箱如系原箱发进洋行，成交以后或有轻少，不得向栈补茶。

（4）开会。常务会议于每年废历正月十五日开会一次，讨论范围，除上列会规以外，对于废除苛捐杂税及产地厘金等，均由建议。临时会议，只由主席临时召集之。

（辰）茶栈之利益与困难。茶号售茶于洋行，其由茶栈经手之种种剥削，并非全数为茶栈所得，其中有若干项目，系为洋行及买办效劳，已略如前述，按茶栈所获额外利益之主要款目，计有下列数种：

（1）样茶。茶栈代客售茶，例须扣取样茶。实际发送与洋行之小样，并不需如所扣数额之多，至少有半数为栈家中饱。祁门价格颇高，积少成多，再折合为银，为数颇巨。

（2）放汇利率。茶栈向钱庄银行，以低利借进之款，而以高利贷与产地茶商，其一进一出之利率差数，均为茶栈所得。且受茶栈放汇之茶号，其箱茶必须经由该栈代售，茶商不得过问，茶栈又可从中剥削若干。

（3）付款延期。茶商与洋行向不见面交易，全由茶栈从中斡旋。茶叶成交后，洋商过磅付款期限，既不按章履行，而茶款支付确期，内地茶商，亦无从知悉，一任茶栈支配，此中难免不有弊端发生。每有不正当之茶栈，虽已领到款项，而仍蒙蔽茶商，不即与之结算，藉口洋行延期，如是茶栈不仅得使用不需利息之茶款，且于放汇之款，延长时日，亦可多得息金。此种一举两得之利益，纵非各栈全有，然亦不可谓为绝无！

以上只略举栈方应得佣金酬劳外之不正当收入数端。至其唯一藉口之营业困难，则为放汇茶号不能收齐之倒账。然此种困难，如茶栈同业联络，不滥放款，自易免除。

己.茶叶堆栈与保险。茶叶运至上海卸载后，即须搬入堆栈贮藏。茶在堆栈内，又须向保险公司保险，以防火患损失。堆栈与保险二业，颇有密切关系，故可相并而论。

（子）堆栈性质。上海茶叶堆栈，非由茶栈设立，多系轮船公司兼营性质，茶叶只为其堆货之一耳。上海兼营茶叶之堆栈，计有元记、招商局、太古公司、三北公司、宁绍公司等数家。

（丑）栈租及保险费。栈租与保险各堆栈互有差别，但茶栈向祁红茶客支取，则有定例，每箱栈租大洋五分六厘，保险则按售茶价值抽取千分之二。各公司承运茶叶至上海后，均各堆存于其自有之堆栈，最低限度于两星期内可免付栈租。茶叶如在免费期间完全脱售，茶客仍须照付栈租，其款则为茶栈所中饱。至保险费，茶栈亦可于折扣上略获少许。

2. 合作运销

祁门红茶之有合作运销，为时未久，故其范围不广，运销数量亦微，将来之发展，尚难预卜？兹将其缘起、营业经过及现况详述如下：

第一，合作运动之缘起。祁门红茶合作运动，倡于民国二十二年，距今只有三年之历史，倡导者为前安徽省立茶业改良场。最初茶农知识浅陋，不明合作意义，虽属同情，但均未敢轻于尝试。该场为权宜计，藉使农民实地认识合作事业起见，对外以其所在地平里村名义，成立一茶叶运销合作社，内部由该场职员主持一切。借入资金，照市十足付价。收购毛茶，加工精制，与普通茶号无二。凡售茶于该社之茶农，一律认为社员，并发给售茶登记证，载明茶叶数量、价格及售户姓名等项，以为将来分配盈余之根据。如有亏折，售户毫不担负损失。此种试办性质之措施，于茶农方面，固属有利无害，然主持其事者，颇具有亏折之危险，其倡导精神，殊足钦佩。该年一般茶号，无不亏折，而该社经营结果，幸能获得盈余一成。爰凭售茶登记证，分给各售茶农户，于是合作社之功效乃大为一般茶农所担任。嗣即有坞里村茶农自动要求茶场代为组织合作社，同时平里村合作社已正式成立，此外尚有要求茶场指导组织者多起。该场以限于人力与茶叶销路，未敢轻易广为组织，故成立之合作社社数极少。

第二，组织合作社之意义。据主持合作运动者自称，其倡导祁门红茶运销合作之意义，计有下列三端：

（甲）目的在自有生产，自行制造，自为运销，使茶之企业，成为有系统之经营。

（乙）消极的作用，在避免居间商之种种剥削；积极的作用，在集中力量，改善种植及制造。

（丙）茶叶由合作驯成有利益之生产事业，渐以达到茶户经济生活及文化生活之向上。

第三，试办合作经营之经过。祁门红茶合作运动之缘起及其意义，已如上述，兹再将平里合作社二十二年首次营业之经过，加以叙述与分析，藉以明了该社正值各茶号无不亏折之年，犹能获得盈余之原因所在。

（甲）资金来源。该合作社社址设于茶场，另在双凤坑设一分庄，以广采购。共用资金三千余元，大部系以该场职员之薪金及由场长私人垫用。借用外来款项，只有一千元。

（乙）毛茶与精茶之数额。该社共制红茶两批，于4月27日开始收购毛茶至5月3日止，制成第一批精茶30箱，5月4日至11日止，又制成第二批29箱，两批所需毛茶与制成精茶之数额如下：

第四十七表　平里合作社两批所需毛茶与制成精茶之数额

批次	毛茶数额		精茶数额		毛茶折精茶之百分率
	原用秤斤数*	折合市斤	原用秤斤数*	折合市斤	
第一批	2904	4768	1465	1968	41.28
第二批	2645	4342	1306	1754	40.40
合计	5549	9110	2771	3722	40.86

*收购毛茶原用二十二两大秤，精茶装箱原用十八两秤，为求单位一律。均折合市斤，以便比较。

据前举五家茶号所制精茶占毛茶总额为42.59%，合作社制茶较为认真，故只得精茶40.86%。

第四十八表　平里合作社精茶制造成本及运销用费(37.22市担)

项目	总用费(元)	每市担用费(元)	占总用费之百分率
毛茶	2266.06	60.88	68.8
茶工工资	177.58	4.77	5.4
运费	175.78	4.72	5.3
包装	146.32	3.93	4.5
拣茶工资	83.60	2.25	2.5
伙食	83.09	2.23	2.5
职员薪金	72.00	1.93	2.2
捐税	54.32	1.46	1.7
器具	38.03	1.02	1.2
柴炭	30.00	0.81	0.9
售茶折扣	26.99	0.73	0.8
借入资本利息	13.33	0.36	0.4

项目	总用费(元)	每市担用费(元)	占总用费之百分率
房租	10.00	0.27	0.3
杂支	115.64	3.11	3.5
总计	3292.74	88.47	100.0

（丙）精茶制造成本。该年茶场主办之平里合作社，据云：于经营上之浪费，颇为减省，兹录该社制造精茶3722市斤之制销成本如四十八表。该表所列3292.74元，系精茶之制销费用。此外尚有副产物花香梗子等之用费35.54元，及售副产物折扣6.93元，合计共支出洋3335.21元，与售茶及其副产物之收入总额3568.76元相抵，计获盈余233.55元。据云：实际盈余应不止此数！如外加广告及研究等用之精茶花香，计值洋235.68元，合计应可盈余469.23元。兹将各项用费之计算方法及分配，分别述明如下：

（1）毛茶。该社毛茶之来源，计分社员（即售茶农户）与茶场两种，均已按照当时市价十足付现。两批计收社员毛茶4299斤，付价1819.79元，又茶场毛茶1171斤半，付价446.27元，合计共收毛茶5440.5斤，付价2266.06元，平均每担毛茶价格41.65元。以上毛茶之斤数，均以二十二两大秤计算，收购毛茶例有扣样2%之习惯，合作社亦未能免俗。每担毛茶之平均价41.65元，尚须外加样茶，故上举价格实际乃为毛茶102斤之售价。共收毛茶5440.5斤，加样茶2%，即为5549斤。

（2）茶工工资。该社共用茶工八名，平均每人全季工资20元，计160元，外加酒资共11.49元，均堆2.89元，及旅费3.2元，合计177.58元。

（3）运费。此项，包括箱茶由产地至上海脱售前所需之运输转力，及途中保险报关等一切开支。第一批30箱计需103.9元；第二批计需71.88元，合计共需175.78元。

（4）包装。包装用费，计分木箱、铅罐、纸张等三项。两批共用木箱60只，需洋36元；铅罐60只，需洋87元；纸张需洋23.32元，三项合计146.32元。纸张一项，可分为四项，计需桑皮纸六刀，4.22元；花纸一百副，8元；横江纸二刀，7.6元；表芯纸3.5元。此外尚有面粉、钉口钉，及糊工等用费少许，已算入杂支项下。

（5）拣茶工资。拣茶工人分内拣与外拣两种。内拣即包工，按季付给工资者，共用6名，每名6元，计需工资36元。外拣即临时拣工，按照拣茶斤数付给工资者，计需洋46.2元。此外加内拣夜工工资6角，酒资每名200文，计4角，又工头代为招雇拣工4名，每名给予工头酬劳费1角，计需4角，合计拣工用费，共需83.6元。

（6）伙食。职员3人，计需伙食费24元；茶工8人，计需28元。拣工6人，计需21元；其他各项工人，计需10.09元，合计共需伙食费83.09元。

（7）职员薪金。管庄1人，计需薪金36元；分庄司秤1人，计需20元；分庄司账1人，计需16元；合计共支职员薪金72元。至本庄之司秤司账各1人，系由茶场职员充任，不取薪金。（司秤司账若须支付薪金时，则盈余之数，当较前述者为少。）

（8）捐税。捐税共54.32元，内有地方捐35.4元，杂捐3.98元，平里防务14.94元。营业税原须抽取茶值5‰，每箱应实征0.3元，该社曾以合作社名义，呈请财政厅特予免征。

（9）器具。器具用费共需38.03元，内除器具租金8元外，余为添置及修理之费。

（10）柴炭。共用柴600斤，平均每百斤价洋0.33元，计需洋2元；又木炭35担，平均每担炭价8角，计需洋28元，合计柴炭总用费30元。

（11）售茶折扣。该社营业未向茶栈借款，故售茶不受束缚，大都不经茶栈而直接售于上海茶叶店，售款亦不延期。兹举两批售茶之各项折扣如下：

第四十九表　平里合作社两批售茶之各项折扣

项目	第一批	第二批	合计
九九五扣息	11.94	4.86	16.80
修箱	—	2.10	2.10
七分箱扣	—	1.82	1.82
打包	3.36	2.91	6.27
总计	15.30	11.69	26.99

（12）借入资本利息。由银行借入资本1000元，月息1分，计用40日，共付息洋13.33元，茶场垫款则未计算利息。（如计算利息，盈余当较减少。）

（13）房租。该社制茶场所，系设于茶场内，不取房租。表中所列房屋用费10元，乃为收购毛茶时所设之分庄房租。

（14）杂支。杂支115.64元，内有旅费31.54元，汇费26.7元，邮费12.8元，及其他杂用44.6元（分庄杂用1.71元在内）。

第四，合作社与茶号之制销用费比较。组织合作社之作用，在避免居间商之种种剥削及营业上之耗费。兹将合作社与茶号之制销用费，比较如下：

第五十表　合作社与茶号每担精茶制销平均用费之比较

项目	(甲)合作社每市担平均用费(元)	(乙)茶号每市担平均用费(元)	差数(由甲减去乙)
毛茶	60.88	59.52	多1.36
制造	16.39*	16.41	少0.02
捐税	1.46	1.06	多0.40
包装	3.93	3.59	多0.34
运输**	4.72	4.72	0
销售	0.73	3.13	少2.40
资本利息	0.36***	3.80	少3.44
合计	88.47	92.23	少3.76

*本庄之司秤司账未计薪金，茶场之制茶场所，未计房租。

**均以祁门南乡平里为运输起点。

***茶场垫用资金二千余元，未计利息。

合作社收购毛茶，较为认真，毛茶折制精茶率，亦略较一般为低，故每担精茶需用毛茶用费，较茶号多用1.36元。制造、捐税、包装等项，合作社因制茶数量过少，未见减省。上表所示，捐税与包装两项，不仅未能减省，反较茶号多费。捐税一项，虽经政府特许免征营业税，然地方捐及防务捐，仍须照纳。上表所列合作社之制造用费，尚有职员薪金及房租等，未尽计入。如加入计算，则该项用费，应较茶号为高。其实际能以减省者，只有销售与投资利息两项。然上表合作社之资本利息数字，只为银行借款之息金，茶场垫款，尚未计算在内。故实际该项之每担用费，应不止0.36元，但无论如何，必较茶号少费，可无疑义。

第五，正式合作社之成立及其营业经过。自茶场试办合作经营获有盈余后，当地茶农纷起请求该场，指导组织合作社。当年正式成立者，计有平里村与坳里村两茶叶运销合作社，并由茶场协助代为向豫鄂皖赣四省农民银行（今名中国农民银行）请求贷款。该银行以祁门红茶在国际贸易上占重要地位，且事关复兴农村，颇愿放款，以资调剂茶农之经济。当即函托金陵大学农学院农业经济系调查研究，以作放款之参考。该系当即派遣著者前往产地调查，撰成报告，寄呈该行。该行遂于茶季之前，派员前往放款；同时并协助茶农另行组织合作社两处，贷以资金，俾可从事精制，直接运销上海。该年茶季合作社之经营茶叶精制运销者，计有平里、坳里、龙潭及小魁源四社。兹将四社之社址、性质、成立日期、社员、职员、社股、茶叶产销数量、贷款及运销经过等项，分别述之。

（甲）社址。四合作社均在祁门县内，平里合作社设于南乡之平里村，即茶场之所在地，坜里合作社设于南乡之坜里村，距茶场三里许；龙潭合作社设于西乡之龙潭里，距县城二十里；小魁源合作社设于东乡之小魁源村，距县城十里，皆以所在之村名为社。

（乙）性质。平里坜里两社，为无限责任信用运销合作社，龙潭与小魁源则为保证责任运销合作社，四社均营茶叶运销事宜。

（丙）成立日期。四合作社均经在祁门县政府呈请注册，各社之筹备、成立及备案日期如下：

社名	筹备开始日期	备案日期	成立日期
平里	1933年11月10日	1933年12月11日	1933年11月24日
坜里	1933年10月1日	1933年10月14日	1933年11月1日
龙潭	1933年1月5日	1933年1月12日	1933年1月13日
小魁源	1933年1月20日	1933年1月30日	1933年2月1日

平里合作社之名义于二十二年茶季，即已由茶场假用；其实际之茶农组织，则成立于该年十一月廿四日。

（丁）社员。各合作社之社员，均以自产茶叶者为限。按土地（不限于茶地）之所有权论，各社社员可分为自耕户、半自耕户及佃户三种。兹将各社社员人数与自耕户、半自耕户、佃户分配，列表如下：

第五十一表　各合作社之社员人数与自耕户半自耕户及佃户之分配

社名	社员总数	自耕户	半自耕户	佃户
平里	33	20	12	1
坜里	30	15	10	5
龙潭	24	20	2	2
小魁源	20	2	0	18
总计	107	57	24	26
占社员总数百分率	100.0	53.3	22.4	24.3

（戊）职员。各社均设有理事会与监事会，各社之理监事人数，如第五十二表。

第五十二表　各合作社之理监事人数

社名	理事人数	监事人数
平里	3	3
坳里	3	3
龙潭	5	3
小魁源	5	3

理事会由社员大会选举三人或五人组织之，由理事中互选一人为理事长。理事会有执行一切社务之权，并就社员中选任司库一人，管理银钱出纳；选任书记一人，管理一切文件及记录。

监事会亦由社员大会选举三人组织之，由监事中互选监事长一人。监事会有监察财产、报告借款用途及理事等各职员执行业务之权。

监事理事，不得互相兼任，为义务职，不支取薪金。但社务发达时，理事长、司库及书记，得由社员大会决议，酌给酬劳金。

（己）社股。社股金额，各社不一，据二十三年之调查，平里与坳里两社，规定每股5元。平里合作社共认社股93股，计465元，已缴33股，计已收到165元，坳里合作社共认社股90股，计450元，已缴30股，计已收到150元。

龙潭与小魁源两社，则规定每股20元。龙潭合作社共认社股180股，计3600元，已缴60股，计已收到1200元；小魁源合作社共认社股100股，计2000元，已缴50股，计已收到1000元。

总计四社共认社股金额6515元，已缴2515元，已缴股金占共认股金38.6%。

（庚）茶叶产销数量。合作社原以自产自制自销为宗旨，但祁门红茶茶号向有抢先运销之习惯。头批茶叶无不抢先多为采购，日夜赶制，期能早日运到销售市场，以冀售得高价。合作社为适应事实上之需要起见，头批茶叶亦多有收购非社员之产品，藉资凑足箱数，赶早运销者！兹将各合作社之茶叶产销数额，列举如下：

第五十三表　二十三年各合作社之茶叶产销数额

社名	毛茶产额(担)	售茶箱数	实得售价(元)
平里	100	254	9348.10
坳里	120	138	6615.97
龙潭	170	157	8567.30
小魁源	100	93	5541.64
合计	490	642	30073.01

上表毛茶担数，系估计各社员可能交社之数额，以二十二两大秤之一百斤为一担计算。按祁门一般之标准，毛茶大秤一担，可制精茶一箱，四社于头批制茶，均曾收购非社员之产品，且间有社员未将全数茶叶交社者；故上列各社社员可能交社之毛茶数额，未能按一般制茶标准，与售茶箱数相符。售茶箱数与实得售价，均指精茶而言，花香等副产物概未计入。

（辛）贷款。各合作社借款，皆直接向银行贷入，打破当地茶号向来借用茶栈放款之旧例。放款银行计有中国农民银行与上海商业储蓄银行两家。由中国农民银行贷款者，计有平里合作社4583元，坳里5287元，龙潭合作社6600元，小魁源合作社4000元，合计20470元，月息概以一分二厘计算。由上海银行贷款者，计有平里2000元及龙潭1000元，合计3000元，月息九厘。

（壬）运销经过。除平里合作社外，各社头两批箱茶，均改由杭州运输，如此转运，时间大为缩短，抢先赶到上海市场，售价较高。在此多数茶号无不亏折之年，其营业结算，尚各略获盈余，不可谓非合作之功！惟平里合作社独遭亏折，一因制造不良，据云有烟味之茶一批，贬价脱售，损失不赀。二因未能遵照茶场指导，改由屯溪杭州抢早运至销售市场，而仍循旧道，经由鄱阳九江运输；且加当时皖赣交界地带为国共交战区，延误时日颇久。三因社员对于合作事业欠缺真确认识，致将好茶暗下售与茶号，而以劣茶送社制造，此实该社失败之主因，殊为遗憾。

第六，合作事业之进展。祁门茶场自二十三年九月经全国经济委员会、实业部暨安徽省政府改组合办后，对于推行合作事业，不遗余力，特由全国经济委员会农业处指派专员赴祁，就地指导组织，并与上海商业储蓄银行，接洽贷款，以图合作事业之推进。

（甲）社数之增加。二十四年二三月间，农业处及上海银行先后派员莅祁，商定原则，以祁门西南两乡为推行区域，以旧有合作社为发展中心，积极进行。自三月半起至四月十四日止，未及一月，而先后成立之合作社连同旧有三社，共有一十八社之多，社员总数达619人（见第五十四表）。于短期内，即增加如许社数，以数量言，其进展之迅速，颇足惊人。此皆由工作人员之努力推行，与夫该茶叶之亟须改造，有以致之。

第五十四表　民国二十四年祁门茶叶运销合作社一览

社名	社址	社员数目	制茶箱数	贷款数额（元）
坳里	坳里	34	121	3854.00
龙潭	石门桥	30	153	4899.00
小魁源	魁溪	21	107	3547.00
老胡村	老胡村	54	298	9865.71
西坑	西坑	28	168	5397.84
茅坦	茅坦	36	340	9991.00
仙源	仙洞源	33	153	5134.00
石墅	石墅	25	157	5185.69
石谷	石谷里	63	432	13141.58
竹溪	竹箬里	26	120	3822.00
石坑	石坑	23	156	5334.80
殿下	殿下	21	117	4130.00
湘潭	湘潭	47	125	4054.00
兰溪	兰溪	45	296	8467.00
郭溪	八亩坦	27	90	2975.00
奇岭	奇岭口	34	151	5117.00
庚峰	庚岭	22	122	4274.70
雾源	雾源	50	100	3426.00
联合社				7165.00
总计	一八社	619	3206	109781.32

上表材料系根据全国经济委员会，及祁门茶业改良场之统计，前列三社，乃系旧有组织，其余一十五社，则为二十四年组织之新社。

（乙）营业数量与贷款额。二十四年各合作社，除花香、茶梗等副产物不计外，共制精茶3206箱（见第五十四表），约占全县红茶总产额10%。贷款总额109781.32元（见第五十四表），较上年23470元，增加三倍有余，全由上海商业储蓄银行放款，月息概以九厘计算。

（丙）运销概况。本年各合作社制造成箱之红茶，运销方面曾由全国经济委员会农业处派有专员驻沪办理一切。对于运输及销售上，颇多改善。自杭州至祁门间之公路通车后，不仅运输时间缩短，且于运费上每担可减省一元以上，报关用费，亦概全免。至茶叶运至上海，皆存入自租之新式仓库堆藏，除可避免破箱、偷窃及走味受潮等损失外，于租金上亦较便宜。更以自租仓库，不受他人勒制，随时提取，于处理售价上尤多便利。合作社既未用茶栈借款，故可享有自由售卖之权，茶栈之剥削，类多避免。此外对于英国之直接运销，以及其他各国与国内之试销，均已在设法进行中。

（丁）本年合作社营业亏折之原因。本年祁门各合作社之营业账目，在编撰本报告时，虽未完全结算，然皆大都亏折，已可断言。亏折原因，一言以蔽之，未得善价而已。售价太低，虽极力节省浪费，减轻成本，然为数究属有限，尚难免于亏本。至售价低落原因之所在，当于茶价章内，详加讨论。

八、输出贸易

1.茶叶输出商

吾国茶叶输出贸易，向由外商经办之洋行经营。近年来已有两三国人自设之商行，如华茶公司、合中企业公司等，均从事茶叶贸易。然大多数之华茶，仍须经外商输出，故不分华商或外商之经营，概以"洋行"二字称之。兹将输出商行之数目、性质，及输出祁门红茶之数量，分述如下：

第一，茶叶输出商行之数目。外销之祁门红茶，全数皆由上海输出。上海营业茶叶输出之商行，有三十余家，除两三家以茶为主业外，余皆为附带营业。

第二，茶叶输出商行之性质。输出商行之从事茶叶贸易，虽亦间有自动购进后，直接销售国外者，然大都系受国外茶商委托，代为采购。是知此等输出商行，类皆为代客买卖，藉以收取佣金之居间商，不自担负直接亏折之责任。

第三，各商行输出祁门红茶之数量。据上海商品检验局于二十一年至二十三年三年间检验各商行输出之祁门红茶数量统计，列举如下，以见各商行对于该茶叶贸易数额之一般。

第五十五表　近三年来各主要茶叶输出商输出祁门红茶之数量(担)

茶叶输出商	民国二十一年	民国二十二年	民国二十三年
怡和洋行	16158.68	15368.00	13190.48
华茶公司	3236.75	4043.33	2042.21
天裕洋行	2607.91	1663.37	1670.44

茶叶输出商	民国二十一年	民国二十二年	民国二十三年
仁记洋行	414.54	996.49	1632.83
兴成洋行	2372.02	1908.28	1528.69
杜德洋行	1615.06	1006.42	1362.03
天祥洋行	790.24	920.22	1300.02
协和洋行	2882.64	3160.78	993.36
同孚洋行	1768.37	1321.43	972.66
协助会洋行	857.53	5311.80	764.24
合中企业公司	67.60	651.63	428.58
锦隆洋行	6039.20	5541.83	161.36
启昌洋行	—	—	98.14
公成祥茶号	—	—	80.62
保昌洋行	1519.37	865.85	54.92
永兴洋行	220.70	103.84	—
利亨洋行	—	55.10	
恒和洋行	159.84	—	—
德孚洋行	55.25	—	—
其他洋行	365.00	381.01	297.98
总计	41130.70	43299.35	26578.56

由上表可知近三年来输出祁门红茶最多者，首推英商怡和洋行，次之为华茶公司，锦隆洋行于民国二十一及二十二两年输出数额，亦不在华茶公司之下，惟二十三年较少耳。

2.贸易手续

上海输出商行自接到国外总行或联行或茶商之委托后，即按买方指定之购茶种类、等级、数量及价格，与茶栈通事接洽收购。

收购方法与吃扣。由茶栈将内地茶商运来销售之茶样，分送与洋行，经由专门看茶之司务，鉴别茶之成分、香味、水色、外观等后，如经认为合格，即行开始谈判价格，价格同意即可成交，并定期过磅交货。洋行购入之茶，因系由多数茶商集合而来，其品级每难一律，故须再加拼堆，期与委购者指定之茶样相符。

由内地运来原来之茶箱包装，如转运国外，类皆不够坚实，须另行改装。其改装用费，则仍取自产地售茶客商，茶栈代扣之打包费，即抵偿此种改装之用费。又茶叶运往国外各地，路途遥远，搬运频繁，需时颇久，由上海起运，恒需一月以上，始达目的地，途中或不免有漏失与减轻重量等情，故洋行乃有每担明吃售茶商客两磅半之规定，以资弥补。但实际每箱即须明吃两磅半，每担则有五磅，其多吃之数，则为洋行买办所中饱。据云：洋行之精明者，亦有每箱可实得两磅半者！

改装。祁门红茶之产地包装，颇欠坚实，洋行将茶购进后，除须施行拼堆外，原有茶箱大都不用，另以夹板制成之茶箱改装。改装大小不一，须依各国外市场进口商之需要而定。有每件一十一磅、二十二磅、四十四磅、六十六磅、七十七磅等之不同包装。其改装之用费，亦系取自茶客，名曰"打包费"，前已言之。

检验。洋行将购进茶叶拼堆改装成包后，即可起运。惟在出口之前，尚须填一茶叶检验请求单（见附录四），述明茶叶种类、品名、产地、每担价格、包件号码、商标、件数、重量、出口日期、载运船名、受货地点及货栈地址等项，呈请实业部上海商品检验局检验。该局当即派人前往货栈扦样检验，如经该局检验，认为合格，即可发给证明单，凭单运输出口，不得留难。

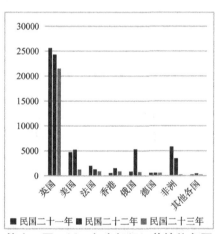

第十一图　近三年来祁门红茶输往各国之数量

押汇。茶叶装载上船后，当由承载轮船签付提单，交与洋行，洋行即径向进口商发出跟单汇票，言明见票后若干日付款。同时将轮船提单、保险单、商业发票、货物提单等，连同押汇汇票交与银行。如茶叶出口商欲向银行借款时，即可以各种单据连同汇票为抵押品，向银行商作押汇，取得现款，以在运输中之茶叶向银行先期押汇货值十分之几，利息则由银行预为扣下。经银行接受押汇后，即将汇票及各种单据寄交受货地之联行，或代理银行，再由进口商所在地银行通知进口商备款换取提单，到期凭单提货，银行只负代收款项之责，而收取相当之手续费耳。

洋行佣金与吃扣。茶叶经进口商提取后，如发现颜色改变，货样不符，国外茶商每有藉口抑价情事。此种损失，须由出口洋行担负。洋行之报酬，即向买方按值扣取佣金5%至7%，邮电等费亦向买方索回，亦有将邮电费包括在佣金以内者，则须多收佣金。但如交易不成，一切来往之邮电费，须由洋行与其总行或联行分担。是知洋行之剥削与操纵市价，亦所以抵补对买方之损失也。

3.祁门红茶输往各国及各地区数量

祁门红茶几全数输出，国内消用数量极微。兹据上海商品检验局检验近三年来输往境外各国各地区之祁门红茶数量，列举如下：

第五十六表　近三年来祁门红茶输往各国及各地区之数量（担）

国家和地区	民国二十一年	民国二十二年	民国二十三年
英国	25625.31	24299.22	21529.96
美国	4737.37	5253.62	1283.25
法国	2005.49	1308.56	930.68
中国香港	572.35	1521.78	870.07
俄国	857.53	5313.42	764.68
德国	559.64	609.62	604.06
荷兰	444.91	280.49	106.51
加拿大	72.51	343.49	85.25
非洲	5825.64	3471.71	84.52
印度	103.34	46.19	63.21
土、波、埃等	20.62	129.46	7.84
澳洲	53.06	269.50	6.44
其他各国、各地区	252.93	452.29	242.09
总计	41130.70	43299.35	26578.56

由上表可知祁门红茶以销英国为大宗，输往英国之茶叶，几全集中于伦敦。其他各国各地区输入祁门红茶，均属有限。且各年输入数额或多或少，每多悬殊。例如非洲于民国二十一年曾输入5800余担，而二十三年只80余担，其相差之数，有如此者。

祁门红茶大都于五至九月间载运出口，据上海商品检验局之检验统计，近三年来祁门红茶各月输出数量如第五十七表。（因图文不清晰，第十一图至第十九图省略）

第五十七表　近三年来祁门红茶各月输出数量(担)

月份	民国二十一年	民国二十二年	民国二十三年
一月	523.39	1360.48	114.63
二月	1179.22	1539.65	64.35
三月	699.36	1081.50	34.00
四月	82.79	574.86	62.90
五月	8278.39	4059.82	1178.22
六月	15113.11	13788.86	13441.57
七月	6842.75	10348.12	7029.43
八月	3418.94	1835.70	2486.92
九月	1140.19	7844.33	1776.73
十月	709.41	502.53	263.34
十一月	1293.38	180.59	76.65
十二月	1849.27	182.91	40.82
全年	41130.70	43299.35	26578.56

九、茶价

产地茶农出售之红茶，几全为毛茶。惟茶商每茶季开始，为诱致茶户提早开园采茶起见，每有抬高价格，略购生叶者，但为时只一二日，为量极少，不足以为标准，故产地茶农所得之一般茶价，仍为毛茶之价格，俗称"山价"。毛茶由茶号收购加工精制后，运往上海所售之价，谓之"上海趸售茶价"，简称"沪价"。

1.产地毛茶价格

该区各年之毛茶山价，无不先高后落。其原因固由后采之茶叶，品质较早采者为低，然亦大半受上海售价之趋势影响使然，当另加详述。兹据祁门南乡平里源丰永茶号民国十八年至二十三年六年间之逐日购茶账簿，列举每日毛茶之平均价格于第五十八表，以示茶价变化之趋势。

第五十八表　民国十八至二十五年祁门茶号收购毛茶每担之逐日山价(元)

年别	四月份															五月份															平均	指数(民19=100)
	16	17	18	19	20	21	22	23	24	25	26	27	28	29	30	1	2	3	4	5	6	7	8	9	10	11	12	13	14	15		
民国十八年						50.0	54.0	59.5	60.0		60.0	60.0	60.0	50.0	48.0	46.0	45.0		45.0	41.0	40.0		34.0	32.0	31.0	30.0	28.0	26.0	26.0		44.07	96.3
民国十九年				61.6	59.8	59.8	59.9	59.8	55.6	51.0	40.1	40.2	36.9	37.2	37.5	37.0	34.0	33.5		28.5											45.78	100.0
民国二十年	100.0	100.0	89.9				85.0	97.6	80.0	82.0	80.0			70.0	56.0	40.0	45.0	46.0	40.0	41.0	40.0	37.4									66.46	145.2
民国廿一年										89.5	89.8		90.0	90.0	83.2	80.0	84.1	74.0	69.3	53.9	51.5	37.7	32.7	32.5							68.44	149.5
民国廿二年												49.9	55.6	56.0	55.1	54.4	49.3	44.5	40.4	36.0			25.9	22.7	20.3		23.0				41.01	89.6
民国廿三年															53.9	53.5		53.9	51.3	49.8	49.8	45.9	44.8	37.9	28.0	24.8	22.2	19.8	19.4	20.4	38.36	83.8

注：表中未有价格者系因当日阴雨，茶户不克采制茶叶及茶号歇样之故。

当地茶号收购毛茶，系用二十二两大秤，并扣样茶2%，谓之"九八扣样"，故实际以上所列数字乃为毛茶大秤102斤之价格。

大体言之，毛茶之各年价格，几无不呈逐日趋于低落之势，且前后差异之数颇大，各年最高较最低价格，恒在一倍以上。开秤后间有价格忽趋高涨者，大都系因同业竞购之故。至同业竞购之目的，据云有下列二端：一是抢先制造成箱，运往上海，冀得高价；二是预知天将阴雨，茶号惟恐阴雨连绵，不能采制，致使茶叶长老，故每多先期争相放价，以期早日收足数量。

2.上海之祁红精茶趸售价格

毛茶精制成箱后，随即分批运至上海出售，其售价颇有涨落。据财政部国定税则委员会出版上海货价季刊与月报之每月十五日上海趸售市价记载，列举近十年来上等祁门红茶之每月趸售价格如第五十九表。

第五十九表　近十年来上海每担祁门红茶之每月趸售价格（元）

年别	一月	二月	三月	四月	五月	六月	七月	八月	九月	十月	十一月	十二月	全年平均	指数（以十五年平均价格=100）
民国十四年	92.64	107.34	90.47	93.79	94.39	167.34*	141.38	134.48	118.62	113.10	112.95	100.97	113.96	89.9
民国十五年	101.67	103.35	109.09	101.81	157.12	172.03	149.72	135.10	131.94	135.73	106.16	117.73	126.79	100.0
民国十六年	105.34	117.08	115.86	112.02	91.41	162.53	142.07	143.65	135.17	133.06	117.81	129.12	125.43	98.9
民国十七年	106.80	103.33	106.50	108.67	115.86	116.87	115.65	105.70	101.39	99.45	81.60	81.25	103.59	81.7
民国十八年	96.10	96.10	84.84	91.23	154.81	129.89	108.64	102.37	100.69	92.93	88.99	78.04	102.05	80.5
民国十九年	79.28	88.32	86.81	82.52	78.47	247.21	221.15	211.25	167.81	120.36	94.35	88.97	130.54	103.0
民国二十年	72.71	74.10	79.53	82.42	438.96	337.00	289.66	279.31	268.97	233.84	210.06	207.47	214.50	169.2
民国廿一年	198.74	149.19	153.42	165.72	356.13	266.96	202.31	196.22	177.02	145.18	102.11	105.04	184.84	145.8
民国廿二年	99.57	99.44	96.52	91.61	210.00	130.00	120.00	132.50	127.50	117.50	119.00	112.50	121.34	95.7
民国廿三年	108.00	115.00	110.00	106.00	105.00	205.63	169.34	163.30	151.20	145.15	145.15	139.10	138.57	109.3
各月平均	106.09	105.33	103.30	103.58	180.22	193.55	165.99	160.39	148.03	133.63	117.82	116.02	136.16	107.4

*价格未详，所列数字系以历年各该月之平均价占其下一月历年平均价之百分率与其同年下一月之价格相乘得来。

由第五十九表可知祁门红茶在上海之趸售价格，不仅各年变化颇大，即同一年内月与月间，其涨落之差异，亦属极巨。大抵每年之最高价，皆在五六月中，六月以后，即逐渐降落，直至翌年新茶上市，方可复见上升。近十年来，上海祁门红茶售价以民国二十年为最高，该年祁门茶号，无不大获盈余。二十一年之售价，虽亦颇属不恶，只因上年大获盈余之后，茶号数目激增，各茶号以其有利可图，收购毛茶，莫不争相抬高，加之工资物料，无不较前昂贵，以致成本提高，各号营业，盈亏互见。

我国为用银国，英国与我交易，须以金镑折银计算，白银价值之涨落，影响国际之汇兑率至巨。过去数年中，白银价值颇有显著之涨落，国际汇兑变化极大。据上海物价月报，近十年来，以每一华币折合便士之汇兑率指数如第六十表。

第六十表　近十年来伦敦平均汇兑率指数及其倒数（民国十五年=100）

年别	汇兑率指数	汇兑率指数之倒数
民国十四年	106.8	93.6
民国十五年	100	100
民国十六年	86.1	116.1
民国十七年	88.7	112.7
民国十八年	80.2	124.7
民国十九年	57.8	173
民国二十年	46.9	213.2
民国二十一年	57.7	173.3
民国二十二年	58	172.4
民国二十三年	63	158.7

伦敦每月之汇兑率指数见附录五。

上海祁门红茶之趸售价格，与伦敦之汇兑率息息相关（参看第五十九及六十表），银价愈跌，茶价愈涨，即伦敦汇兑率倒数之升降与茶价几完全步趋一致，惟二十二与二十三两年，因国外实行茶叶生产限制协定，而为例外。

祁门红茶销路，既以英国为主，其上海售价，往往须依伦敦市价为转移。伦敦之祁门红茶售价，手头苦无适当材料可资应用，兹姑就英国统计周报（Statist）所记近十年来普通工夫茶（中国茶）伦敦之价格，并以之折合华币，以与上海祁门红茶趸售价格比较之。

在第六十一表，可见伦敦之茶叶价格，以英币计算，于民国十七年至二十一年间，逐年步跌。但以华币银元计算，则其趋势并不一致，十九至二十两年，反见上涨，盖有银价低落关系。由此可知伦敦茶价，如与上海茶价比较，必先将其折合华币，方为合理。

第六十一表　近十年来每磅普通工夫茶之伦敦平均价格及指数（民国十五年＝100）

年别	以英币(便士)计		以华币(元)计	
	价格	指数	价格	指数
民国十四年	7.13	92.4	0.2616	82.0
民国十五年	7.71	100.0	0.3189	100.0
民国十六年	6.75	87.6	0.3065	96.1
民国十七年	6.25	81.1	0.2759	86.5
民国十八年	5.94	77.0	0.2892	90.7
民国十九年	5.17	67.0	0.3505	109.9
民国二十年	4.69	60.8	0.3938	123.5
民国二十一年	4.10	53.3	0.2786	87.4
民国二十二年	6.67	86.5	0.4496	141.0
民国二十三年	8.67	112.4	0.5369	168.4

普通工夫茶之伦敦每月价格见附录六。

于第十七图（图文不清晰已省略），可见华茶在伦敦之价格，如以银计算，颇与上海祁门红茶售价之涨落相吻合，尤以银价比较稳定时（十八年以前），更为显著。十九年以后，则因银价发生激烈变化，及印、锡、爪哇等国，实行限制茶叶输出数额协定，上海茶价感受伦敦市价之影响稍迟，例如二十一年伦敦之平均价格下跌甚巨，而上海之祁红茶价，于翌年始见下降至同等程度，即其例证。

中国茶叶输出贸易悉操纵于外商之手，祁门红茶自亦不能例外。上海售价之高下，须依外商之需求为转移。产地山价，则依上海之售价而上落，大抵春茶如在上海，得售高价。产地之子茶山价亦高，如当年之售价高俏，茶商获利，则下年之茶号，势必争相提高毛茶山价，于第六十二表及第十八图（图文不清晰已省略）内可以概见。毛茶山价之变化，不及精茶售价之剧，盖因精茶价感受国际汇兑之涨落较为直接故也。

第六十二表　近六年来每担祁门毛茶山价与上海精茶趸售价

年别	毛茶山价(元)	精茶售价(元)
民国十八年	44.07	102.05
民国十九年	45.78	130.54
民国二十年	66.46	214.50
民国二十一年	68.44	184.84
民国二十二年	41.01	121.34
民国二十三年	38.36	138.57

祁门红茶价格，不论毛茶精茶，变化均大，已如上述。至精茶之制造及运销等用费，各年虽有上落，但差异甚微。兹列举近二年来每担毛茶之山价，及每担毛茶所制成精茶之上海趸售价格如第六十三表以资比较，并示茶农所得茶价占上海趸售价格之比额。在茶价陡见增涨时，山价不若精茶趸售价格增涨之速，山价占趸售价格之比额反见减少。惟在茶价跌落时，则山价跌落更速，而山价占趸售价格之比额亦更见渐小。盖在茶价高涨时，茶商不敢过于放盘收买，以防价格之跌落；在茶价跌落时，茶商恐价格之再跌，更须压低山价，以减低成本而防损失。

第六十三表　祁门毛茶山价与上海祁红精茶趸售价之比较

年别	祁门每担毛茶山价（折合上海售茶用秤）	上海祁红精茶之趸售*价格（即精茶42.59斤之售价）	毛茶山价与上海精茶售价之差异	毛茶山价占精茶售价之百分率
民国十八年	32.05	43.46	11.41	73.7
民国十九年	33.29	55.6	22.31	59.9
民国二十年	48.33	91.36	43.03	52.9
民国二十一年	49.77	78.72	28.95	63.2
民国二十二年	29.83	51.68	21.85	57.7
民国二十三年	27.9	59.02	31.12	47.3

*每百斤毛茶可制精茶42.59斤，见第二十九表。

3.祁门红茶之购买力

根据财政部国定税则委员会出版之上海货价季刊及上海物价月报，以上海一般物价与输出农产品物价计算上海祁门红茶之购买力，如第六十四表，以示近十年该种茶叶购买力之趋势。其计算方法系以一般物价指数，及输出农产品物价指数，各除祁门红茶趸售价格指数。

第六十四表　近十年来祁门红茶之购买力

（民国十五年＝100）

年月	祁门红茶价格指数	上海一般物价指数	上海输出农产品物价指数	购买力	
				以上海一般物价指数计算	以上海输出农产品物价指数计算
民国十四年	89.9	99.3		90.5	
一月	73.1	98.2		74.4	
二月	84.7	97.9		86.5	
三月	71.4	97.6		73.2	
四月	74.0	97.9		75.6	
五月	74.4	99.9	105.0	74.5	70.9
六月	132.0	99.6	104.2	132.5	126.7
七月	111.5	103.2	108.2	108.0	103.0
八月	106.1	101.7	105.3	104.3	100.8
九月	93.6	100.5	101.7	93.1	92.0
十月	89.2	99.4	101.0	89.7	88.3
十一月	89.1	98.3	96.4	90.6	92.4
十二月	79.6	97.6	93.5	81.6	85.1
民国十五年	100.0	100.0	100.0	100.0	100.0
一月	80.2	97.9	96.5	81.9	83.1
二月	81.5	99.0	97.9	82.3	83.2
三月	86.0	99.2	99.5	86.7	86.4
四月	80.3	99.4	102.5	80.8	78.3
五月	123.9	98.1	98.9	126.3	125.3
六月	135.7	97.9	99.3	138.6	136.7
七月	118.1	98.0	100.6	120.5	117.4
八月	106.6	97.9	95.6	108.9	111.5
九月	104.1	99.2	96.9	104.9	107.4
十月	107.1	103.0	102.8	104.0	104.2

祁门红茶史料丛刊　第四辑（1936）

年月	祁门红茶价格指数	上海一般物价指数	上海输出农产品物价指数	购买力	
				以上海一般物价指数计算	以上海输出农产品物价指数计算
十一月	83.7	105.3	105.8	79.5	79.1
十二月	92.9	105.5	103.3	88.1	89.9
民国十六年	98.9	104.4	105.3	94.7	93.9
一月	83.1	103.2	103.1	80.5	80.6
二月	92.3	103.1	102.6	89.5	90.0
三月	91.4	104.7	105.7	87.3	86.5
四月	88.4	105.2	105.8	84.0	83.6
五月	72.1	104.1	106.7	69.3	67.6
六月	128.2	103.9	107.5	123.4	119.3
七月	112.1	104.5	109.1	107.3	102.7
八月	113.3	104.8	104.6	108.1	108.3
九月	106.6	106.2	106.9	100.4	99.7
十月	104.9	104.9	108.2	100.0	97.0
十一月	92.9	103.1	105.1	90.1	88.4
十二月	101.8	101.7	97.8	100.1	104.1
民国十七年	81.7	101.7	106.8	80.3	76.5
一月	84.2	101.0	101.1	83.4	83.3
二月	81.5	102.2	103.7	79.7	78.6
三月	84.0	102.4	109.0	82.0	77.1
四月	85.7	102.9	110.3	83.3	77.7
五月	91.4	103.0	113.0	88.7	80.9
六月	92.2	101.7	107.8	90.7	85.5
七月	91.2	100.8	110.4	90.5	82.6
八月	83.4	99.8	107.4	83.6	77.7
九月	80.0	98.9	101.6	80.9	78.7
十月	78.4	101.2	106.3	77.5	73.8
十一月	64.4	101.4	105.1	63.5	61.3

年月	祁门红茶价格指数	上海一般物价指数	上海输出农产品物价指数	购买力	
				以上海一般物价指数计算	以上海输出农产品物价指数计算
十二月	64.1	101.6	105.8	63.1	60.6
民国十八年	80.5	104.5	109.6	77.0	73.4
一月	75.8	101.7	105.0	74.5	72.2
二月	75.8	103.2	106.7	73.4	71.0
三月	66.9	104.1	107.2	64.3	62.4
四月	72.0	103.1	105.6	69.8	68.2
五月	122.1	102.6	106.4	119.0	114.8
六月	102.4	103.0	108.9	99.4	94.0
七月	85.7	103.4	110.7	82.9	77.4
八月	80.7	104.8	111.8	77.0	72.2
九月	79.4	106.6	115.6	74.5	68.7
十月	73.3	107.4	117.0	68.2	62.6
十一月	70.2	106.1	111.0	66.2	63.2
十二月	61.6	105.5	109.1	58.4	56.5
民国十九年	103.0	114.8	115.9	89.7	88.9
一月	62.5	108.3	111.1	57.7	56.3
二月	69.7	111.3	115.8	62.6	60.2
三月	68.5	111.3	115.8	61.5	59.2
四月	65.1	111.2	117.8	58.5	55.3
五月	61.9	111.0	117.5	55.8	52.7
六月	195.0	117.5	120.7	166.0	161.6
七月	174.4	120.4	129.4	144.9	134.8
八月	166.6	119.6	121.3	139.3	137.3
九月	132.4	118.4	119.0	111.8	111.3
十月	94.9	115.4	110.9	82.2	85.6
十一月	74.4	114.1	109.8	65.2	67.8
十二月	70.2	113.6	102.2	61.8	68.7

年月	祁门红茶价格指数	上海一般物价指数	上海输出农产品物价指数	购买力	
				以上海一般物价指数计算	以上海输出农产品物价指数计算
民国二十年	169.2	126.7	107.0	133.5	158.1
一月	57.3	119.7	10.3	47.9	56.0
二月	58.4	127.4	112.8	45.8	51.8
三月	62.7	126.1	111.5	49.7	56.2
四月	65.0	126.2	110.5	51.5	58.8
五月	346.2	127.5	111.2	271.5	311.3
六月	265.8	129.2	114.5	205.7	232.1
七月	228.5	127.4	108.8	179.4	210.0
八月	220.3	130.3	107.2	169.1	205.5
九月	212.1	129.2	105.5	164.2	201.0
十月	184.4	126.9	102.0	145.3	180.8
十一月	165.7	124.8	100.2	132.8	165.4
十二月	163.6	121.8	98.2	134.3	166.6
民国二十一年	145.8	112.4	95.7	129.7	152.4
一月	156.7	119.3	98.8	131.3	158.6
二月	117.7	118.4	98.1	99.4	120.0
三月	121.0	117.6	97.5	102.9	124.1
四月	130.7	116.7	96.8	112.0	135.0
五月	280.9	115.7	98.2	242.8	286.0
六月	210.6	113.6	95.7	185.4	220.1
七月	159.6	111.8	96.1	142.8	166.1
八月	154.8	111.3	101.9	139.1	151.9
九月	139.6	109.8	95.8	127.1	145.7
十月	114.5	108.7	92.3	105.3	124.1
十一月	80.5	106.9	87.9	75.3	91.6
十二月	82.8	107.5	93.2	77.0	88.8
民国二十二年	95.7	103.8	85.8	92.2	111.5

年月	祁门红茶价格指数	上海一般物价指数	上海输出农产品物价指数	购买力	
				以上海一般物价指数计算	以上海输出农产品物价指数计算
一月	78.5	108.6	96.5	72.3	81.3
二月	78.4	107.6	92.9	72.9	84.4
三月	76.1	106.7	94.5	71.3	80.5
四月	72.3	104.5	88.9	69.2	81.3
五月	165.6	104.2	90.1	158.9	183.8
六月	102.5	104.5	91.7	98.1	111.8
七月	94.6	103.4	91.1	91.5	103.8
八月	104.5	101.7	81.2	102.8	128.7
九月	100.6	100.4	79.8	100.2	126.1
十月	92.7	100.3	75.6	92.4	122.6
十一月	93.9	99.9	72.7	94.0	129.2
十二月	88.7	98.4	70.8	90.1	125.3
民国二十三年	109.3	97.1	73.7	112.6	148.3
一月	85.2	97.2	70.6	87.7	120.7
二月	90.7	98.0	73.3	92.6	123.7
三月	86.8	96.6	70.5	89.9	123.1
四月	83.6	94.6	66.3	88.4	126.1
五月	82.8	94.9	71.5	87.2	115.8
六月	162.2	95.7	72.2	169.5	224.7
七月	133.6	97.1	72.4	137.6	184.5
八月	128.8	99.8	80.5	129.1	160.0
九月	119.3	97.3	75.2	122.6	158.6
十月	114.5	96.1	73.9	119.1	154.9
十一月	114.5	98.3	76.3	116.5	150.1
十二月	109.7	99.0	81.8	110.8	134.1

祁门红茶，以上海一般物价，及以上海输出农产品物价计算之购买力，自民国十五年至十八年间，均见逐年下落。推其原因，大概系受欧战后输入国经济不景

气，需求锐减，及印度、锡兰、爪哇等国红茶产量继续增加之影响！

十九年祁门红茶之购买力，骤然上升，而达二十年之最高点。则或因该年英、日等国相继放弃金本位制，国际汇兑，大起变化，其间难免不无投机者，乘机大量购办，冀图年利。同时该年产地之生产量亦见减少（见第二十六表），且因茶为半制造品，各国放弃金本位后，物价突涨，而茶价增涨较一般物价更速，故购买力升腾。翌年购买力稍有下落趋势，或因投机减少，需求低落，然变化尚属不大。二十一年之购买力，初亦继续下落，然以印、锡、爪哇等国实行限制茶叶输出协定，茶叶之供给量顿减，购买力上升。但以产地产额略有增加，及需求减少，故二十三年之购买力虽续向上，然较之二十及二十一两年者，不及尚远。

茶叶为半制造产品，其购买力之变化，每较一般物价为速，而较农产品价格为慢。民国十九年以前，物价稳定，此种现象尚不显著，二十年起每有变化，无不如此，此于第十九图（图文不清晰，故省略）中，颇可显见。

十、祁门茶业改良事业

祁门红茶之改良事业，已设有祁门茶业改良场专理其事。兹将该场之沿革、组织、经费及事业等项，略述梗概。

1.沿革

民国以来，政府当局对于祁门茶业之改良，向颇注意，民国四年即由前北京农商部创设茶场于出产红茶著名之祁门南乡平里村，位居昌江上游，年初筹备，十月正式成立。初名农商部安徽模范茶场，经费充足，规模宏大。旋即缩小范围，只图维持现状。六年十一月改名农商部茶业试验场。十五年因军事停办。十七年四月改隶安徽省，定名安徽省立第二模范茶厂，派有委员保管，八月始行恢复工作，改名安徽省立第二茶业试验场。十八年二月归并秋浦之省立第一茶业试验场，改名安徽省立第一模范茶场，以秋浦之原有茶场为分场。同年八月省令停办。十九年十二月又恢复为安徽省立茶业试验场。二十一年十一月又改名为安徽省立茶业改良场。二十三年九月间，乃由全国经济委员会、实业部暨安徽省政府改组合办，始定"祁门茶业改良场"之今名，改组以来，又已年余矣。

2.组织

该场由全国经济委员会、实业部及安徽省政府联合组织一委员会，定名为"祁门茶业改良场委员会"管辖之，并定有组织规程。该委员会以全国经济委员会代表二人、实业部代表三人及安徽省政府代表二人组织之。会中设常务委员三人，由全国经济委员会、实业部、安徽省政府各就委员中，指定一人担任之，并设秘书主任一人，由常务委员就委员中推选之。祁门茶业改良场之场长人选，亦由该委员会决定之。

祁门茶业改良场亦另定有组织规程，以场长兼技术主任，秉承该场委员及常务委员之命，综理全场之事务。场长以下设事务员二人至四人，技术员及助理员三人至五人，承场长之命分别办理事务股与技术股一切事宜。

3.经费

祁门茶场自二十三年改组以后，经费较前大增，计分经常与事业两种，经常费每月由中央农业实验所担任400元，上海汉口两商品检验局各300元，安徽建设厅728.08元。事业费则由全国经济委员会担任之，总计有购置仪器、机械及建造房屋等费33500元。根据该场二十三年度之工作报告，全年经常事业二项费用合计之预算为102947.50元，该年度实收65784.80元，实支32941.17元。又根据场报告，该年度之经费，大都用于设备、开办、俸给、试验等项，预算经费尚有三分之一未经领到，尤以事业费为多。但领到之款、实际使用者尚不到一半，足知该场改组未久，一切改良事业正在着手进行中，预定计划多半尚未见诸实施，其实际成效尚有待也。据云：现该场已决定在祁门县城近郊之朴里一带圈地出价收买，设立新场址，惟因目下被圈业户反对，尚未实行。

4.事业

该场二十三年之工作大都趋重于技术方面，对于旧有茶园之整理与恢复，以及新茶园之开关与栽培试验，均曾计划进行，并已获有相当成效。制茶方面已购置大批机械，从事制茶试验，藉资改进，并拟新建制茶工厂，以达科学化制茶之目的。至茶叶运销事宜，系与全国经济委员会农业处联合进行，已于运销章内详述，兹不再赘，该场二十四年度之业务计划大纲，亦曾拟就公布。

十一、结论

祁门红茶区域，以自然环境之优胜，所产红茶品质最高。并在国外高级红茶市场，亦居领袖地位。誉满全球，历有年所。然晚近产额年年衰落，所产总额，只有其鼎盛时期之半。推其衰落原因，固有多端。然要言之，实世界经济之不景气，与夫国外红茶业之相继勃兴，遂致销路减销，为其主因。

据本调查之研究结果，该区种茶农户，端赖茶叶为其主要收入。在此华茶贸易衰落之年，其所产毛茶，除去家工等一切开支外，尚有利润可图。此为我国各茶区罕有之现象。故就茶农自身而言，茶农发展之前途，殊可乐观。

至茶号之经营，则殊欠稳妥，类似赌博性质。如制茶能在上海售得高价，则获利颇丰。否则无利可言，或竟尔赔累。例如民国二十年上海祁红之售价，登峰造极，各茶号无不大获盈余。因之翌年茶号纷起，数目骤增。就祁门一县而言，由137家，递增为194家。收买毛茶，争相抬价，加之工资物料，无不较上年昂贵，成本提高，势所必然。迨至上海出售，遭受洋商抑价。初以不敷成本，不愿贱买。终因自己资本薄弱，借用款项，期迫利高，势不得不忍痛脱售，藉资周转。茶号既遭亏折，毛茶山价，即见低落。因之茶市金融呆滞，而茶农之经济，亦直接蒙其影响矣。

按祁门产茶区域，荒山层叠，举目皆是，用以开辟茶园，增加生产，颇多可能。即就固有茶地，加以整理，善为培植，欲使茶叶产额增加一倍，亦非难事。最大问题，只在销路之如何开展耳。

查祁门红茶，质高价昂，大都为经济宽裕而有赏识能力者所购饮。当此世界经济普遍不景气之时，高级物品之消费莫不低减，祁门红茶自亦不能例外。况祁红销路，以英国为大宗，而该国政府对于华茶进口税特别重征，而于印锡茶叶则皆减半征收。足予彼以竞争之机会，而限制我茶之输入者甚明，宜乎祁红销路之日被排挤也。

今欲复兴祁门红茶，非不可能。盖该区茶叶，具有优良之天然条件。且于茶叶市场已获得相当地位，事之成败只在吾人今后之努力耳。兹就管见所及，略述该茶叶今后改进应循之途径，以与有心该茶业者，共商榷之。

在今之日，欲言复兴祁门红茶，一言以蔽之，须从减轻成本，藉广销路入手。但有谓祁门红茶，独不宜如此者。其所持之理由，以为饮用祁红者，均属经济宽裕而能赏识者之流，是消费者已有限数，似已无增加消用量之可能。其实不然。考祁红之制造，迄今不过六十年之历史。起初产额，必甚微小，后乃逐渐增加，而达年十二万箱以上之销售额。是知该茶叶消用数量初无限定，曾有与时增进之事实。其后消用量之减少，系因受世界经济不景气之影响，而被低价红茶所排挤之故。据此，则祁门红茶如能减低成本，未始不可恢复原有销路，甚至有侵夺其他红茶销路之可能。况今后世界经济，尚有欣欣向荣之日，祁门红茶实有厚望也。至于如何减轻成本，则为技术问题，尚须加以精密之研究方可实施。大略言之，栽培方面，需要改良品种，防除灾害，及施行合理的茶园管理，藉使茶叶品质改良，每亩产量增加，而减轻生产费用。制造方面，宜极力增进工作效率，免去各种浪费。运销方面，须减轻运费，及改善交易方式，俾免除茶栈洋商等之种种剥削。希望今后祁门茶业改良场，在技术上秉此原则进行，以达到复兴之目的。兹举该茶业亟需举办之事项，略述数端如下：

1.组织统一之销售机关

祁门红茶产地之茶号，数目虽多，大都系小本经营，对茶叶之售价高下，全属被动，一任洋行茶栈之操纵剥削，毫无抵制能力。当今国际贸易竞争时代，国外茶叶市场已非我独有，若不有统一之销售组织，殊难以应付时艰。上海茶栈之纷起反对者，盖为维护其自身利益，不足深咎。然为该茶业之前途着想，此种机关之设立，实有亟不可缓之势也。至组织方法，在此过渡时期，似以采用德国之强迫加太尔制较为相宜。所谓加太尔者，即同种企业之联合，以达到某种共同经济行为为目的者也。强迫加太尔与此不同之点，即此为自动之组合，而前者则非，各企业之自动组合，乃系由政府以权力强迫组织者也。然与托拉斯（Trust）又不复相同，即各企业仍能保留其独立自由竞争之权，不似托拉斯为一纯粹之独权组织。祁门红茶之生产集中，只须政府勒令各茶号及合作社参加组织，规定出品，划一价格，统一销售即可。至其利益有三：

第一，共同之经济行为，有伸缩余地。起初只须于茶叶之等级、包装、销售等项，加以统制，而后可以因时制宜，逐步进行，且政府亦无须担负重大之经济责任。

第二，各企业者，仍可保持其独立自由竞争之权，以免茶商反抗之阻碍。且茶农在茶号自由竞争之下，尚有利润可图，故茶号营业之独立，实无积极消灭之必要。只须政府加以推进，银行予以金融投资，及茶场从旁指导改进，各企业者即可健全发达。

第三，原有之制茶设备，得以利用。当地茶号无不有其相当之制茶设备，如立即施行大规模之制造，将其废置不用，殊不经济。采用强迫加太尔制，各茶号仍可继续营业，一切设备，自可尽量利用。

此种统一组织之主要任务，第一须明了消费市场之需求情形，而与国外有力茶商进行直接贸易。盖彼辈由此得以免去中间商之种种麻烦手续，并可减轻负担，亦何乐不为？吾人亦早为之图可耳。

2.厘定标准等级

祁门红茶之产制，既不统一，复又各自分别售卖，其品质之优劣，自然难有一定之标准。是以外商购得茶叶后，尚须经过分级手续，以合消用者之需要。今后吾人似应按照主要消费市场之需要品级，自行厘定标准等级，以广推销。以往洋行代理国外茶商购办茶叶，恒需邮寄样品，电报谈价，往返频繁，既耗费用，复延时日，殊不经济。今后如有标准等级，国外购茶，只须指明等级数量，即可立办。而上述之手续与费用，概可免除，诚属茶叶贸易上之要务。

3.改良包装

茶叶输出，途中必须经过许多时日，与种种起卸搬运。若包装不良，则易遭损坏，损失不赀。欧美各国经营输出贸易者，对于货物包装，至为注意。各大商埠，莫不有包装商人，专司其事。各大厂家，则有包装试验室，专事研究适当与经济之包装方法及材料。其于包装之重视，有如此者。祁门红茶之茶号包装，系以薄板、铅罐、钉裱而成。质地单薄，迄未改良。箱茶由产地运至上海，即有破坏者，茶栈常藉此折扣，遑言输出。如能将产地之包装改善，适于输出之用，则不仅改装用费可以节省，即内地运输中之损失亦可免除，一举两得，亟应倡办。如能再进一步，按照消费者之需要与标准等级，在产地改成适当之包装，则外国输入后，原装即可推销，且茶叶少经过一次改装，即减少一重茶味之散失机会，不独免除改装手续与用费已也。

4.促进茶农合作事业

该区倡导组织茶叶运销合作社，已有三载，只以种种障碍，未能宏效。推原其故，固由销路不能直接，与夫年来美国购银于吾国已往货币政策不利，未克售得善价所致。然合作社本身缺乏健全组织，与社员对于合作意义，未能真确认识，亦不无相当关系。据实地调查祁门所有之茶叶运销合作社，其中自不无有真正茶农之组织，然以合作社为名，藉以借取银行之低利贷款，而图牟利者，实繁有徒。当地合作社业经发现社员将劣茶交社，而以好茶暗下售与茶号之事实。更有制茶数量，以少报多，而蒙蔽贷款银行者。凡此种种，均为合作社组织未臻健全，及社员不明合作真谛之明证。今后该区合作事业，须确实推行，以期达到祁红茶业成为有系统之经营，而在国际贸易恢复已有之地位，自无待言。惟此种工作之领导者，除于合作原理确有真确之认识外，且须具有丰富之经验，而又肯热心服务者，方克奏效。设若领导者不得其人，吾恐将见爱民反而害民矣。深望领导改进事业者，审慎从事为幸。

以上所述数点，只为著者实地调查后之观感而已，未敢以云定论！至精密之实施计划，自有专家详为拟具。本报告为事实之叙述，藉供有心该茶业者之参考云尔。

附录一至四（略）

附录五　近十年来伦敦汇兑率指数
1926=100

月＼年	1925	1926	1927	1928	1929	1930	1931	1932	1933	1934
一月	112.2	109.5	89.4	93.1	92.4	72.3	45.8	67.5	59.3	66.7
二月	112.9	108.0	91.7	91.7	90.9	70.0	42.1	67.6	59.0	67.7
三月	110.3	106.9	87.9	91.7	90.9	67.5	46.2	64.1	60.4	67.2
四月	108.8	103.6	89.4	91.7	89.4	68.6	45.1	58.9	59.6	66.4
五月	118.8	104.3	90.2	94.6	87.2	65.6	44.7	58.5	61.5	63.6
六月	111.0	105.1	91.7	96.1	83.5	52.9	41.7	58.9	62.5	64.6
七月	112.5	104.3	90.9	94.6	84.2	53.3	44.7	58.9	62.5	66.7
八月	113.3	100.6	87.9	94.6	84.2	55.5	43.2	62.6	62.0	68.8
九月	115.5	99.1	88.7	93.5	81.6	58.1	44.3	63.0	63.1	70.3
十月	114.8	86.4	89.4	93.9	79.0	56.6	57.4	62.6	63.6	71.4
十一月	111.8	86.4	92.4	93.9	79.0	57.0	62.6	63.7	63.8	66.2
十二月	110.3	85.7	93.1	92.4	79.0	51.8	69.3	60.0	64.6	67.7
平均	111.8	100.0	90.2	93.5	85.1	60.8	48.9	62.2	61.8	67.3

附录六　近十年来伦敦功夫茶价(以银计算)指数
1926=100

月＼年	1925	1926	1927	1928	1929	1930	1931	1932	1933	1934
一月	109.4	103.8	78.3	96.9	99.3	106.4	158.0	101.1	84.6	194.3
二月	103.6	110.3	78.3	90.0	99.3	106.4	144.9	95.8	116.3	194.3

年 月	1925	1926	1927	1928	1929	1930	1931	1932	1933	1934
三月	97.8	110.3	85.4	90.0	99.3	117.0	144.9	95.8	126.9	174.9
四月	86.3	110.3	85.4	90.0	103.1	117.0	131.7	95.8	132.2	174.9
五月	69.1	110.3	92.5	90.0	91.7	117.0	105.4	95.8	132.2	184.6
六月	69.1	97.3	99.7	90.0	91.7	117.0	105.4	90.5	132.2	174.9
七月	63.3	97.3	99.7	76.1	91.7	117.0	105.4	85.1	137.5	174.9
八月	74.8	103.8	99.7	76.1	91.7	95.7	92.2	85.1	158.6	155.4
九月	63.3	100.5	106.8	83.1	91.7	95.7	105.4	74.5	158.6	136.0
十月	74.8	94.0	106.8	83.1	76.4	95.7	131.7	58.5	163.9	150.5
十一月	80.6	84.3	113.9	83.1	76.4	95.7	131.7	85.1	169.2	155.4
十二月	92.1	77.8	106.8	90.0	76.4	138.3	125.1	85.1	179.7	150.4
平均	82.0	100.0	96.1	86.5	90.7	109.9	123.5	87.4	141.0	168.4

附录七　近三年来由上海输出各种茶叶之数量

（根据上海商品检验局茶叶请求单统计）

1.上海一九三二年输出各国（地区）之华茶数量（担）

种类 国家和地区	绿茶	红茶	其他	总计
非洲	147695.88	14207.14	193.42	162096.44
英国	562.73	26164.78	514.81	27242.32
美国	31576.09	8831.44	695.14	41102.67
俄国	16587.44	1141.57	—	17729.01
法国	13200.34	2226.37	51.34	15478.05
中国香港	3901.30	776.54	2936.82	7614.66
印度	14803.25	3594.19	79.41	18476.85
荷兰	128.01	445.31	—	573.32
加拿大	325.37	91.93	—	417.30
德国	118.48	772.38	—	890.86
土、波、埃等	1465.88	53.56	—	1519.44
意国	109.51	276.47	—	385.98
澳洲	1.12	100.56	—	101.68

种类 国家和地区	绿茶	红茶	其他	总计
西班牙	150.34	27.75	—	178.09
丹麦	—	1.20	—	1.20
其他各国和地区	4862.51	786.13	5.87	5654.51
总计	235488.25	59497.32	4476.81	299462.38

2.上海一九三三年输出各国(地区)之华茶数量(担)

种类 国家和地区	绿茶	红茶	其他	总计
非洲	163962.91	3291.51	8.07	167262.49
英国	1889.49	24617.63	7296.04	33803.16
美国	35671.17	10736.12	763.94	47171.23
俄国	12631.94	12221.75	5754.13	30607.82
法国	11723.08	1784.67	62.08	13569.83
中国香港	2265.81	1686.82	4838.49	8791.12
印度	18402.26	98.92	0.98	18502.16
荷兰	0.61	282.46	231.89	514.96
加拿大	408.27	691.11	1.60	1100.98
德国	34.91	988.39	108.40	1131.70
土、波、埃等	1636.28	122.98	907.72	2666.98
意国	19.49	8.72	—	28.21
澳洲	—	272.49	1.00	273.49
西班牙	194.74	186.78	—	381.52
丹麦	22.78	154.19	—	176.97
其他各国和地区	352.54	357.52	90.27	800.33
总计	249216.28	57502.06	20064.61	326782.95

3.上海一九三四年输出各国(地区)之华茶数量(担)

种类 国家和地区	绿茶	红茶	其他	总计
非洲	155619.16	3443.88	97.65	159160.69
英国	7811.93	57097.07	6053.41	70962.41
美国	23493.95	16139.19	194.00	39827.14
俄国	4230.14	19914.60	3788.69	27933.43
法国	5817.89	6895.75	1396.61	14110.25
中国香港	2507.26	2091.49	4617.90	9216.55
印度	7136.63	101.21	114.55	7352.39
荷兰	26.03	2754.63	1201.70	3982.36
加拿大	1722.96	911.27	—	2634.23
德国	12.21	1478.04	28.46	1518.71
土、波、埃等	975.03	447.84	15.63	1438.50
意国	874.56	221.28	—	1095.84
澳洲	2.41	66.95	140.49	209.85
西班牙	152.72	—	—	152.72
丹麦	—	—	—	—
其他各国和地区	4427.83	1578.66	14.69	6021.18
总计	214810.71	113141.86	17663.68	345616.25

4.上海一九三二年各月输出之华茶数量(担)

种类 月份	绿茶	红茶	其他	总计
一月	11100.83	5087.34	332.85	16521.02
二月	7559.72	1690.49	88.90	9339.11
三月	10893.03	2762.73	64.29	13720.05
四月	2840.85	142.11	321.79	3304.75
五月	6559.81	8549.30	203.44	15312.55
六月	28490.37	16178.73	530.42	45199.52
七月	30277.87	8502.97	454.68	39235.52
八月	38194.41	5562.00	226.92	43983.33

种类 月份	绿茶	红茶	其他	总计
九月	26415.44	3647.79	799.35	30862.58
十月	24709.31	2009.75	1210.28	27929.34
十一月	28844.04	1772.01	141.09	30757.14
十二月	19602.57	3592.10	102.80	23297.47
全年	235488.25	59497.32	4476.81	299462.38

5.上海一九三三年各月输出之华茶数量(担)

种类 月份	绿茶	红茶	其他	总计
一月	11555.03	1520.30	487.23	13562.56
二月	10934.16	1453.31	475.93	12863.40
三月	10691.17	1956.21	4709.30	17356.68
四月	3715.17	906.31	385.35	5006.83
五月	6790.97	4957.24	472.89	12221.10
六月	28625.85	15739.72	3181.82	47547.39
七月	36800.58	9883.23	2742.41	49426.22
八月	45943.56	5577.57	3986.03	55507.16
九月	32898.90	5429.23	1616.21	39944.34
十月	26325.28	1850.45	562.33	28738.06
十一月	19399.78	966.03	1160.75	21526.56
十二月	15535.83	7262.46	284.36	23082.65
全年	249216.28	57502.06	20064.61	326782.95

6.上海一九三四年各月输出之华茶数量(担)

种类 月份	绿茶	红茶	其他	总计
一月	14771.61	1582.75	3.00	16357.36
二月	12131.94	2107.80	1165.54	15405.28
三月	8427.41	1556.97	605.91	10590.29
四月	5237.65	589.04	269.29	6095.98

种类\月份	绿茶	红茶	其他	总计
五月	4071.91	3657.05	330.98	8059.94
六月	19826.21	20992.64	2323.98	43142.83
七月	26523.02	32254.40	4425.85	63203.27
八月	30363.93	19239.25	4806.25	54409.43
九月	36580.22	19419.72	2545.03	58544.97
十月	21258.83	7512.73	989.96	29761.52
十一月	17975.48	1129.26	130.34	19235.08
十二月	17642.50	3100.25	67.55	20810.30
全年	214810.71	113141.86	17663.68	345616.25

7.上海各商号一九三四年输出各种茶叶之数量(担)

种类\商号名	绿茶	红茶	其他	总计
锦隆	56307.62	22281.95	2659.35	81248.92
怡和	25904.90	36917.65	4190.51	67013.06
华茶	30030.53	12093.11	684.66	42808.30
协和	21597.49	11697.74	316.15	33611.38
天裕	10825.25	5054.78	1193.28	17073.31
同孚	10691.43	2124.30	—	12815.73
天详	9681.45	1851.67	678.17	12211.29
南和顺	—	9726.73	295.66	10022.39
福时	8993.93	4.69	—	8998.62
永兴	7856.35	388.34	—	8244.69
杜德	6332.48	1362.03	332.85	8027.36
协助会	4229.37	767.08	2923.45	7919.90
保昌	4415.33	54.92	—	4470.25
合中企业	2025.27	1075.19	185.90	3286.36
裕隆	2577.55	—	16.50	2594.05
仁记	695.53	1632.83	152.08	2480.44
利享	49.21	5.21	2075.34	2129.76

种类 商号名	绿茶	红茶	其他	总计
兴成	134.75	1646.71	—	1781.46
美凤	1758.74	—	—	1758.74
瑞昌	1711.47	—	—	1711.47
英发	1547.21	31.74	—	1578.95
美大	48.21	1232.67	30.00	1310.88
道生	1244.02	41.67	—	1285.69
克昌	118.14	1151.93	11.25	1281.32
东兴源	964.54	4.15	—	968.69
复昌	784.33	27.63	—	811.96
巨昌	693.71	28.91	—	722.62
仁义公	3.48	672.55	33.48	709.51
启昌	263.04	368.55	—	631.59
裕源	38.31	—	542.04	580.35
百多	531.94	12.11	—	544.05
广裕荣	494.48	—	—	494.48
裕兴祥	199.64	0.72	246.99	447.35
永生和	—	—	358.92	358.92
谋利	65.86	265.34	—	331.20
源生	241.86	82.23	—	324.09
志成	—	39.90	188.24	228.16
范刚记	15.20	2.00	208.87	226.07
拈孖治	218.88	4.90	—	223.78
利泰	203.44	—	—	203.44
达昌	173.10	8.28	—	181.38
欧丰	162.92	—	—	162.92
永发源	150.38	—	—	150.38
公成祥	21.32	110.62	—	131.94
礼荣	128.34	—	—	128.34
保生	123.42	—	—	123.42
裕丰	—	—	102.84	102.84

种类 商号名	绿茶	红茶	其他	总计
联友	—	62.70	20.68	83.38
三义公	22.80	—	58.90	81.70
美德	—	—	76.50	76.50
恒源	16.22	—	55.55	71.77
慎余	70.59	—	—	70.59
永乐	—	65.09	—	65.09
长丰	59.95	—	—	59.95
广永长	46.41	12.38	—	58.79
其他	340.32	230.84	25.52	596.68
总计	214810.71	113141.86	17663.68	345616.25

金陵大学农学院经济系：《祁门红茶之生产制造及运销》1936年。

安徽祁门茶市保险调查

一、缘起

溯自海禁洞开以后，畅销海外之商品，以丝茶为大宗，在昔据海关报告，每年徽茶之出口，达三十万箱。迄来外受印度、锡兰、日本茶之竞争，及日人之反宣传，内受外商之垄断，兼以国人之墨绳旧法，不知改革，遂致一落千丈。据最近海关报告，吾徽茶之出口，仅六万箱，较诸昔年，诚有天壤之别。兹者党政当局鉴及出口量锐减，而将不能立于世界市场，亟欲彻底整顿之，乃由皖赣二省之财政、建设二厅，组织皖赣红茶运销委员会。而全国经济委员会农业处组织合作社。兹为谋安全保障计，拟投保火险及行动险。爰将调查所得，陈述如后。

皖赣红茶运销委员会之组织及宗旨

该会由皖赣二省之建、财两厅所组织，办理茶号登记、茶号贷款及运销事宜。其贷款机关系安徽省地方银行，下设运销处。运销处经理，由安徽省地方银行总经理程寿新先生担任，运销处计分四股：总务、经济（贷款）、运输、推销。贷款范围以祁门、浮梁（即景德）、至德为限。其目的在救济茶商，统一运销，改良制造，以冀出品之标准化，借以博得国际间之信用，而恢复吾国茶业固有之光荣。

合作社之组织及目的

曩者茶农之受茶商种种垄断剥削，故一年辛勤，所获无几。此实为农村破产之莫大原因。兹者经济委员会农业处，在祁设立办事处，本救济农村之宗旨，灌输乡民以合作事业之利益，以冀达到茶农自种、自制、自卖之目的。惟以乡民尚不能完全了解合作事业之真谛，故本年成立之合作社仅三十五处，其贷款机关系交通银行。本年产量七千余箱，交行贷款为三十万元。

二、火险

1.红茶之制法

在四月中旬，茶农均入山采茶。其采得之青叶，俗称茶草。将茶草捶搓之，经自然之化学作用而发酵。茶草即是红色，俗称毛茶。经二次之烘焙，然后去劣存优，始成红茶。其烘焙之法，以竹制之圆柱形烘笼，高约三尺，直径约三尺，下燃木炭屑。虽热度甚高，而无熊熊之火焰，焙工日夜看守及翻弄之，使其受热均匀。茶工之人数十余人，视其烘笼之多寡而定。初烘时约须四小时，第二次则仅须二小时许。

2.各合作社茶场之房屋建筑情形

祁门之附近山中均产茶树，为谋制造便利起见，均租赁山中之祠堂作为临时制茶所。其房屋均系一二层楼之旧式建筑，四围系实砌砖墙，而风火墙之高出屋面者三四尺。

3.交通银行堆栈之房屋建筑情形

交行堆栈，在祁门县省屯公路旁。其第一堆栈系租借吴氏宗祠房屋之一部分。其建筑系砖墙瓦顶之头等房屋，四围风火墙高出屋面三四尺。其同居者系经济委员会驻祁专员办公处。前依空地，右临小巷，建筑环境均佳。内分甲乙两仓，全栈容量约可堆茶八百箱。其第二堆栈则系砖墙瓦顶之木板门面房屋，建筑稍次。惟四面临空，环境甚佳，全栈约可堆茶四百箱。该二栈系对方已装箱之茶叶，候装运之用，二栈保额约国币72000元。

4.消防设备

各合作社散处四乡山中，故无消防设备。交通银行堆栈，虽居祁门城内，惟该县消防设备亦颇简陋，全县仅有人力水龙五六架，且已破旧不堪。

三、行动险

1.茶叶之装置

茶叶制成后，即装入木箱。该项木箱，以枫树所制，因茶叶富吸收性，如遇他种气味侵入，则其固有之香气，将完全损坏，而枫树系无嗅之木质，故以之为箱。箱之体积约三立方尺，箱板约厚一寸，箱边接笋处，均用三角木条衬托，以其不易破碎，箱内以毛边纸及锡皮，将茶叶倾入，上覆锡皮及纸。箱盖用骑马钉封钉，箱外糊以油纸，复捆以机包铁条，每箱重量，规定四十公斤（连箱）。

2.运输路程

由祁门装省屯路卡车运至屯溪，由屯溪转芜屯路至宣城，换装江南铁路公司货车至南京尧化门，转京沪路至申。公路运输约270公里（由祁门至屯溪约70公里，屯溪至宣城约200公里），由宣城至尧化门约180公里（系江南铁路公司芜京铁路）。

3.公路概况

省屯路于去年始行通车，路基尚佳。惟以通车不久，路面尚不能十分平坦。芜屯路于去年通车，路基路面均较省屯路为佳。两路均系石砖沙土混合筑成。两路在屯溪衔接，全程五分之三系山路，故上下坡甚多，且山中溪涧颇多。全程桥梁300余座，所有桥梁之桥脚，系砖石水泥造成，桥面桥栏系木制，其中有七八座系旧式石桥改造者。此种石桥坚固异常，其最大之石桥，约长200米，其载重量则以五吨为最大。凡遇上下坡及桥梁转弯之处，均设立颇醒目之标记，借以引起司机之注意。

4.货车情形

该省公路局所用运货卡车，大半系 Ford V8 车，其小部系 Federal 车，机件车身，均不十分破旧，载重自二吨半至三吨，每车限装60箱，约重2.4吨。每车保额约合国币4000元，每小时速度约25里及20里。

5.江南公司铁路情形

全程由宣城至尧化门，约170公里，该路系新建，通车未久，故路基尚不十分坚定，路系阔轨，全程所用钢轨系轻轨，故不能使用重量之货车。其货车载重，最大者为25吨。桥梁在宣城附近及大桥站，附近之大桥三座，建筑欠佳，故车辆行经该桥时，均将速率减低，以免危险。行车速率，最快每小时35公里为度。

四、调查后之意见

火险部分，虽茶厂性质危险，惟以房屋建筑及环境而论，尚无大碍，且烘时有工人在房监守，可免意外。且经济委员会在各社均派员指导，又系交行押款。至于纵火图赔等事，可望避免，故以稍高之保价，自可承保。关于行动保险部分，纵观全程，尚无十分危险之处，且公路局及江南铁路公司，系负责运输。公路局于货物损失时，负赔价运费之五倍，而江南公司则按铁道部颁行之负责运输章程办理，故危险成分较少。惟皖省残匪尚未完全肃清，且该省雨水多，如加保兵匪及受湿险，则以不保为宜。如按平安条件，则可以接受，且据调查所得，该路车辆失慎之事，最近并无发生也。

《太安丰保险界》1936年第12期，第15—16页

祁红区茶叶产地检验工作报告

一、绪言

祁门、浮梁、至德三县交界处之山脊名祁山，海拔颇高，而风日和缓，周围六万方里以内所产茶叶，以香气馥郁身骨浓厚见长。春产鲜叶，均制红茶，是即"祁红"，属奢华品之高级茶类，运销英国，价格独高，与印北大吉岭所产者，并为世界红茶之冠，不需并和，即能单独出售。

红茶之品质，以香气为最不易得，故赋有馥郁之天禀香气者，能售高价。祁红之能在世界市场占特殊之地位，即因赋有此悦鼻清香之故。倘祁红茶缺乏祁红之香气，即与普通红茶等，其售价亦将由极高价而沦入普通茶之流。

祁红茶中所以能有馥郁之芳香者，厥有两大要素：一为优良之鲜叶原料；一为熟练之烘茶手法，两者缺一不可，故宜并重。前者之权操于茶农，后者之权操于茶号，故论理茶农与茶号间，应切实合作，和衷共济，方可提高品质，减低成本，推广销路，利益均沾。无奈事实上因种种不良制度与传统习惯，茶号茶农间，竟视若水火。号方以大秤、杀价、陋规等种种惨无人道之方法剥削茶农；茶农乃以粗枝老叶潮茶搪塞茶号，冀免冻馁！茶之鲜叶原料以是大坏，种种情形，容后另节详述。关于此种民生问题，在未有良好制度适当解决以前，毛茶鲜叶品质之检验，低劣茶及潮茶之取缔，尚不能措手。故今年茶叶产地检验，暂以茶号为对象，努力使良好原料不因制茶之疏忽而变劣；并检验工厂设备，防患于茶未制成之前；监督均堆，阻止有酸劣杂末掺入茶内；改良包装，使合坚固原则；登记烘茶师傅，以为奖罚训练之初步；采样泡验，以绳出口标准；测验水分，免在海运中发生霉坏；此乃本年度实施祁红区茶叶产地检验之意义。兹者检验工作已告一段落，爰将产区情况、检验工作记实及此次所得经验，谨为报告于后。

至于检验详细结果，祁浮至各县茶叶优劣之判别，则尚有待于精细之研究与统计，兹已着手进行，一俟稍有结果，当再就正于世之明达焉。

二、祁红茶区概述

（一）行政治安民俗及经济情形

祁浮至三县交界处，荒山峻岭，起伏环抱，树木葱茏，野草连天，形势峻险，利匪窝藏。山多田少，难事稼穑，饭米粮食，皆须由外供给。人民收入，惟靠茶叶。近年以来，世界经济不景气，且因对外汇价逆转，致茶价跌减，直接影响茶区，山乡景象，益臻萧条，民不聊生，铤而走险。军队数度围剿，杀戮虽重，宵小尚多，若干地方，迄今仍告不靖。现届茶季，特调重兵驻守，在祁门者，有四十六旅一部；在浮梁景德镇者，有江西保安队，该县五区经公桥等地方，亦有地方守卫队防护，该项守卫队，皆就各保壮丁抽编充任，其实力较微；至德方面，亦有皖保安队第五六两团驻扎。茶区治安，似有相当程度之安宁，但实则除军警所在地外，厄于匪患者，仍难幸免。如五月三十日，浮梁状元港永和昌茶号主，在离经公桥检验处仅八里相距之长坑田地方被杀；又六月二日茶实山"烂官堆"（即所谓野杂茶号）号主闵安邦，在五里遥之汪金庙处被惨杀，又如五月二十五日茶叶检验员张怀迪，绕祁门坑口前往大江村茶号时，于离坑口一里许，被身穿军服类似盗匪者三人，拦路洗劫。（查坑口驻有四十六旅一连军队）类此惨剧，层出不穷，假如各地军队撤防，则更有不堪设想者。是以当地军队，居为最高阶级，拥有无上权威，就地机关，皆仰承鼻息，地方乡绅，亦以结识军人，藉壮声势为荣焉。祁门县府所在，与产区相距尚不失为中心地点，而浮梁县府设于景德镇，偏于南隅，离茶区近则百里，远则百五十里，且路途多艰，行政上诚有鞭长莫及之慨。至德县府，位距尧渡街三里，该地为茶叶聚集之处，就茶区行政论，为三县中之较为适宜者。各县境行政区域之划分，计祁分三区，浮六区，至三区，每区置有区长、联保主任及保甲长等，皆为各该县地方政治机构之一系。凡充保甲长者，皆在地方拥有相当势力，县政府极力拉拢，保甲长颇能效劳，其权力亦大，匪类衔恨，常有被杀闻。然乡民之经保长指控为匪而遭酷刑者，亦不在少数。此辈乡民，大半棚户居多（外乡来之灾民或劳工，架棚寄居者，俗多棚户），故棚户遭此排外性击袭，鲜能久居异地，此种情形，在浮梁更多。至就民俗而言，三县类似，方言难懂，多缘交通不便，与外界接触少，故偏于守旧，迷信神佛。真正乡民，驯良质朴而易欺，属浮梁境者尤甚。缘该地带几经匪患，几经清乡，积威胁之势，默化潜移之渐，柔懦至极，对政府官吏，唯唯诺诺，予取予求。惟祁门西乡，山高民悍，南乡复多狡黠诡谲之地主绅士之流，初行检政，颇感棘手。祁门至德茶商，组有茶业公会，浮梁则尚无该项公会之组织，历年上海茶价，浮梁茶虽有品质极佳者，亦难占优势，非无因也。祁门棚户生计，除茶外仅略种包芦（玉蜀黍），或入山伐木，此外别无其他重要收入。毛茶价高，则一年生活可以无虞。茶季期过，即从事茶树之栽培施肥，不再另谋别业。若毛茶价跌，不足维持生计，则另谋他法。故茶在吾国他处，或为农民副业，而在祁红区，则实属主业。茶农一年生计，全靠茶叶，故山价亦较其他地方为贵。至于经济机构，与一般破产之农村相似，农民平日，专恃高利贷以维持其残喘。其债主即乡村士绅，而乡村士绅，亦即靠租吃饭而开设各种粮食店铺者。平时出贷现钞或米粮杂货于茶农，俟到茶期，采茶脱售后偿还。故茶期之前，当地士绅，开设茶号，虽认股额，而无现款，须待茶农售出毛茶价还债务后，方能缴款。因此茶区金融之调剂，全恃外来之救济，否则虽有茶业，亦不能制造成箱运出也。

（二）茶号茶农及茶工

1.茶号

茶号主持者，大抵均为当地略有资望之乡绅，或为小资产阶级之地主，及智识阶级之小学教师等等。彼等平时或各有职业，或无所事事，在茶季开始前，即行活跃，凭其资望设法贷款，开始营业。其对茶农茶工为剥削者，对贷款者和介绍贷款者为被剥削者，是为茶号之普遍立场。其从事茶叶，含有投机性质者居多，确有茶叶经验而能职业化者，实属少数，故每年茶号，有极大之大变更。

茶号自有资金，大部由集股而得，普通以百股居多，取其利便。出面借款者自为经理，而认股独多，余股皆向本地人募集，此中详情，另见下章。

茶号内部职工，各有专责，计分：

掌号：（即经理）执掌全号一切事务，对外负银钱责任。

账房（内）（外）：内账管理账目会计，外账司日常零星出纳，均系掌号之心腹。

掌烘：专司烘炉打毛火、足火、补火等事务，须有相当经验。

看样：评定毛茶品质者。

掌堂秤：收买毛茶司秤者。

管厂：专司监督筛工等制茶。

箱司：司制造茶箱。

铅司：司焊铅罐口及黏贴罐内衬纸等工作。

拣司：发拣　司发拣毛茶。

　　　　收拣　收拣净之茶，给拣工竹筹，以计工资。

　　　　发引票　收竹筹发（引票），凭票向外账房取工资。

水客：司到沪出售事务。

厨司：司全厂膳食。

因收买毛茶而分设之分庄，其职员如下：

书手：总览书写、记账、发钱等务。

采办：专管收买毛茶掌秤等务。

以上两项，亦有一人兼司者。

他如茶号房屋及制茶器具，亦有经理人自备或另外租赁，但因合股关系，即经理自备房屋及制茶器具，亦均照算租金及修理费。茶号租价，较普通租赁为贵，各茶号房屋，为经理人所有，则在茶季，又可收入租金和修理费。制茶工人，以采用包工制与工头包定者为多。

在茶季中，除茶号制茶外，尚有茶农将自产毛茶，纠合同志者若干人，自行雇工制茶者。其原因为二批茶之后，茶号已无款收买毛茶，如卖与亦只能赊欠，不付现款，茶农不愿赊欠者，乃各以毛茶为资本，自行合作，由为首者筹措若干款项，即纠工制为成茶，但其品质则异常杂乱，优者、劣者、酸者、粗者拼成一堆，故是项茶号，俗称"烂官堆"。此种茶出箱较少，售价亦低，而制工消耗与茶号相同，或竟更高，故实际收入，除去一切开支外，所获亦自区区也，但较之弃诸茶山茶园者，已属胜算矣。

（2）茶农

茶农以自耕农为多，居平原者，以耕种田地为主业，以植茶为副业，对茶树培植，只在庄稼余暇为之。居山地者专以植茶为生，在茶季时，对摘采工作，除由全家长幼分任外，并雇短工采摘。畴昔茶叶鼎盛时期，一季产茶所得，即可温饱终年，生活颇为恬适，但近年国茶输出锐减，茶价低落，随亦罹不景气而闹农村破产矣。

（3）茶工

茶工属于无产劳动阶级，分制茶工及摘茶工两种。茶工男女均有，来自赣之河口、上饶及皖之怀宁、太湖、潜山等处者为多，在茶季由各方赶集，至茶季结束，咸各领得工资，欣欣言归。但近以茶叶失败，待遇随之益苛，茶季终了，常有旅费无着，无法回家，因而流落他乡者，以是弱者流为乞丐，强者铤而走险，地方不靖与有关也。

（4）茶号对茶农茶工之剥削

茶号利用茶农之毛茶，不能稽延时刻，苟若稍予稽延，必将过度发酵而成废物，故其剥削茶农手段之苛刻，名目之巧立，无奇不有。如收茶所用之秤，常在二十三两以上，此种大秤名曰"堂秤"；每斤毛茶，抽收"秤钱"铜元三枚至六枚，"茶样"三钱至一两不等；其尾找法币与铜元之合算，又无理压低。市价每元合三千文者，茶号则任意作为二千五百文，或二千四百文，即茶价尾数至九角九分者亦不准茶农找钱换法币。其他尚有"九八折净"或"九六折净"（即售价内扣百分之二或百分之四）等等陋规。但此种陋规，亦有其致此之原因，如茶叶登场，茶区各机关常有巧立名目，抽取箱捐（一二角）者。此种杂捐之所费，每号约需百元以上，其间虽有用之得当者（如教育费），但大多数为饱入私囊无疑，茶号因此再转嫁予茶农以取偿也。其对毛茶之杀价，尤为毒辣！如早晨开价五十元者，在下午常有跌落至二三十元，市价高下，视来源之多寡，遂其操纵垄断之能事。故茶农终年生计所恃之茶叶售价，毫无保障之足言。

其对于茶工，各号大抵系采包工制，普通制茶自二百箱至二百五十箱，约需茶工二十人，至三百箱者，需二十四人，故茶工数额，按制造箱数为增减。每名工资，昔年每季为二十五元，去年已减为二十元，今年则又减至十六元。此为茶号与工头包定之工资，实际由工头所雇来者，大都为"副手"，工资由工头自由付给，以是工头刻扣工资，增加工作时间等弊，随包工制而丛生。尤以近年茶号包工给资减低后，工人待遇更苦！故茶号对茶工剥削中，又有一层工头对茶工之剥削。

（5）茶农对摘工之剥削

茶农雇摘工供膳宿，工资甚轻，每摘生叶五十斤得工资一元，其秤鲜叶之秤，昔日为三十二两秤，已足骇人听闻，平均每天每工，摘叶七八斤，仅获工资一角五六分。今年因毛茶山价低落，对摘工方面之剥削，变本加厉，有改用五十四两秤计算者，故每人每天，只能摘鲜叶四五斤，所得工资，不足一角，较前大减，由是可知摘工生活之困苦矣。茶农压迫摘工，自亦有其苦衷，如本年毛茶山价，空前低落，茶农毛茶售价，常不足偿还摘茶所赊之米账！故追溯其剥削之原因，当归咎于茶号之狂杀山价！

（三）茶号贷款状况

茶号资金之来源，可分为三部：一贷款，二附本，三资本，而以贷款为茶号之最大资源。凡茶号之开设，非先将贷款问题解决不可。茶号贷款，曩昔全由上海茶栈贷放，大抵在废历一二月间，茶栈开始派员至内地茶区，办理其贷款手续。通常由需款茶号，觅一素为茶栈所信用熟悉之人为担保，此种人士，大抵为就地绅商中具有资望者，经其担保谈妥数额后，填写贷款三联单，即可享受贷款。如茶号信用素佳者，于此种手续办妥后，即可领得全部贷额之申汇票，若新设茶号，尚未为茶栈信任者，仅能先领一部，余数须俟栈方代表到号视察所收毛茶数量认为满意后，再予补发，而其利息，于第一次领款时，即已起息。各茶号贷得款项后，即可招揽附本，纠工开号。

能领得贷款者即有资望吸收附股，凡有款项者，不论十元二十元以至百数十元，皆可临时加入，故常有花香已经成箱，方来缴付股本者，亦有若干茶农，将毛茶折价加入附股者，此则希求售价稍佳，而获红利之分配。如茶号获有盈余，附股可以分得余润；若遇亏折，则附股最蒙不利，盖茶号主持者，常以附股为亏折后之挹注品，对于自身资本，反少损失。而茶号之正式固定资本，虽为调查茶号者，素所注意，然极难探得资本之额数，此则因缴股不能按定日期，且茶号之内外账房，又为掌号之心腹，故常讳莫如深。掌号有充实财力者，固属甚多，虚定股数者，亦复不少，藉其移挪之手术，其资本原有三十股者，或虚报为四十股，原无一定也。畴昔茶叶鼎盛时期，茶号信用稳固，茶栈贷款，无虑亏倒，利息又属优厚，且一经贷款，承借茶号之全部茶叶，即归放款茶栈一手销售，其间尚有种种折扣（即陋规）行佣之收入，故茶栈非常发达。惟近年国茶输出大减，茶价低落，茶区匪患，农村破产等种种关系，在茶区贷款，常有吃倒账之事发生，贷款已非如昔日之放任，营业随亦大受打击。

去岁十一月四日，政府明令管理通货后，对外汇率之稳定，使国币与金镑换算，较前低落，对出口贸易为有利。茶栈有鉴于此，预料今年洋庄茶价，可得高价，故拟在本年度将历年茶号欠账收回。万不料霹雳一声，皖赣两省统制红茶，打破其黄金迷梦，以是奋其全力，奔走呼号，而与皖赣红茶运销委员会相颉颃，如此相持者达月余，始由运委会登记放款，但已较往年放款期为迟矣。

祁红区茶号之自有资金，类均甚少，有集资二三千元，即能制茶二三百箱者。其自有资金，决难胜任制茶之成本，往者则全恃上海茶栈贷与资金，遂其经营之目的。本年皖赣两省，为救济红茶业之衰颓起见，合组皖赣红茶运销委员会，谋合理化之统一运销。一面又为救济内地茶商，脱离上海茶栈高利贷之压迫，对凡登记合格之茶号，介绍银行贷款，于是茶号茶栈间六十年之深切关系，废于一旦。今后祁红区茶号借贷资金之来源，将全恃银行之放款。

本年祁红区茶号请求贷款者，须先向运销委员会登记合格。故运委会于成立以后，即派登记专员至祁浮至三县，办理各茶号登记事宜。规定各茶号各茶庄或各合作社，均须向登记处请求登记，否则不能介绍贷款。茶号登记之资格，须有资本三千元，能制茶二百箱以上，及掌号（按即经理）至少须有五年之经验。此项标准，得逐年提高之。申请登记时，须呈缴申请书、股东合同及保证书或提供担保证件，经审查委员会审查合格，由登记专员转请皖赣红茶运销委员会核定。前项审查委员会，则聘请当地县长、商会主席、茶业公会主席，及当地声望素著之茶叶专家组织之。凡经登记合格之茶号，发给登记证，其有效期间为一年。

登记合格以后，由运销委员会之介绍，向安徽地方银行请求往来抵押贷款。按照皖赣红茶运销委员会规定放款办法，每箱贷款数额，最高为三十元，借款利率，按月息八厘计算，以本年年底为偿还期，其抵押品即为茶号全部财产及制茶。至于合作社贷款，则另由交通银行贷放。凡祁门茶业改良场指导组织下之合作社，由改良场之介绍，均得向交通银行驻祁临时办事处，请求贷款。贷款计有两种：（甲）生产贷款，以合作社全体社员自种茶叶，预计能制成之精茶箱数为标准，每箱最高额，不得超过二十五元，并分三期贷借之；（乙）运销贷款两种。贷款月息，均为八厘，生产贷款，以三月为期；运销贷款，则以五月为期。此次交行贷款，实际仅任八成，余二成由安徽地方银行搭放。即以此搭放之二成及合作社茶税，仅先弥补交行因贷款所受或有之损失，故交行此次农村放款，尚属稳固。

本年祁门登记之茶号，计有128家，内同心昌一家，因未贷得款项，未能开设，故实际仅有127家。由安徽地方银行贷出款额计有883000元；每家贷款最多者为24000元，最少者为4500元。浮梁登记茶号，计有67家，共贷款399500元。贷款最多者，为8000元，最少4000元。内森茂祥一家，经理陈作诚，即将贷得之7500元，卷逃无踪，故茶号实数，仅有66家。至德茶号，共有46家。共贷款额199000元。最多每家为8000元，最少为2000元。三县茶号，尚有因无保证人，未获贷款者，数亦不鲜。此外贵池县境内，亦有茶号两家，登记而未贷款。至于祁门合作社贷款，计35家，由交行贷出生产及运销贷款，共221127元。统观此次皖省地方银行在祁浮至三县共贷茶款1481500元，茶号制茶资金之周转，仰赖甚多，以茶号自有资金之薄弱，自非赖于外界之贷借不为功。昔年仰赖高利贷之茶栈，受尽剥削，今则由银行轻利贷与茶商，利便制茶，果能善自运用资金贷借之权，指导监督茶号之制造，褒优罚劣，不难使祁红之品质改进，出产增加，成本减少，以达复兴茶业之目的也。顾本年运委会对于茶号贷款，尚有恐须斟酌考虑之处，吾人为祁红之前途计，有不能已于言者。如茶号贷款，原定以有五年经验，及有三千元以上之股本者为合格，旋以时间仓卒，未遑作慎密之调查，乃取指定就地绅商担保之办法出贷借之。夫开设茶号，本含有相当之投机性，而今年投机之风更甚于昔。有一人兼设数号，领款数万元者，而正式有经验之老号，反所贷不多。亦有因与茶栈贷款之历史悠久，感情较深，并以运委会登记贷款，事系初办，对统一运销意义，均有未尽明了者，不敢接受登记贷款，以破茶栈感情，冀留后日地步。及后贷款额满，欲贷无从，交通不便之浮梁，此种情形尤为显著。

祁红区祁、浮、至三县贷款，亦大分轩轾，似有不公之嫌。祁门一处，享优先权，先办登记，故放款达90万元。其后浮梁登记，贷款40万元。至德登记最迟，仅贷20万元，略分杯羹而已。

至德贷款最少，四十余家茶号，所贷仅属区区，致三四批茶，有因无款收买而终止。茶农因无处求售，眼看葱茏雀舌，弃诸山崖，终年生计，又将何恃。

本年浮梁贷款虽少，但茶号号主较属纯良，未杀山价。祁浮两处毛茶价格，依照品质而论，浮茶自较为低。但本年祁浮两处之山价，不相上下，甚有祁价反较浮价为低者，故浮梁茶号，所费制茶成本甚大。迨二茶制成，资金已涸，运费无着，不得已向运委会请求，按照皖省办法，运费暂予记账，经照准后始得起运，但经此数日耽搁，堆置于设备简陋栈房内之箱茶，在无形之中，其品质已受相当之损失。因运费付现问题发生后，运委会始再请皖省地方银行，就逾额箱数，每箱补贷八元至十元。五月三十日永和昌主在长垄田被杀及六月二日茶宝山烂官堆主之遭害，即系由景德镇补领贷款归来也。

浮梁茶号，昔日所得茶栈贷款，多为申汇票。向均往景德镇各钱庄，或商号折现。今年茶栈仍先放款，持票者早已向景镇折现，后归运委会贷款，掉回茶栈之三联单而贷以地方银行本票。奈此种本票，景镇上海均不通用，非至安庆不能兑用。景镇钱庄，乃即利用时机，九九七贴水付现，景镇各商，蒙此意外损失，亦无可奈何。故地方银行，为茶商便利计，似有在祁浮至三县，设立办事处或临时办事处之必要也。

再如各县贷款保证人之由会指定，既无实际保证人之责任，又有酬劳可得，似尚欠妥。盖为指定保证人，则茶号非求助于保证人不可，难免流弊之发生，似应采取自由保证制。且保证人既负偿还之责任，即不应有酬劳，否则其视保证人之地位为何，其为银行之跑街乎？

又如茶号交箱作抵，仅有箱额之规定，而乏品质之规定。于是狡谲之茶商，即以银行贷款，收买价廉毛茶，制足箱额，藉以搪塞。幸而获利，则无本生息；不幸而失败，银行即受其累矣。

总之，此次运委会以低利救济茶商，其宗旨不可谓不善，惜以时间仓卒，未暇深筹熟思，故运用之处，有考虑修改之必要。所幸本年洋庄茶价，较去年为高，三县茶商之制茶，如无劣变等情，当有利可沾，因之本年银行放款，尚不致受及损失。然来日方长，世界茶价之涨跌不测，如何善自运用放款办法，匡辅茶商，救济茶农，进而谋放款之安全，则对茶业有价值之贡献，将为国人馨香祷祝者也。

（四）祁红茶产制经过

祁红区普通制茶习惯，春茶做红，夏茶做绿，秋茶不采。春红茶由茶号收买精制，夏茶由茶农在家炒成绿毛茶，贩挑至屯溪出售。

自谷雨前后起二十日中，茶枝新芽怒放之际，拥有茶棵之农家，即领全家老幼人口，并招募临时摘工，携筐采叶。采下之鲜叶，先摊晒簟上，放日光下晒至三成干，倾入木桶内，用力揉踹，使叶细胞破碎，叶汁流至叶表面，至能粘结为度。此时叶中所含养化酵素，已与空气接触，乃即堆置一旁，不再揉踹。祁红发酵，大抵将揉踹过后之叶，堆积于木桶竹篓或布袋中，上覆以棉絮，置于日光下，或温暖处所，令其自然发酵。（亦有因距茶号遥远者，不经发酵之正当手续，而即投入布袋中，肩负出售者）俟察其叶柄全部泛棕红色，取出用二号或三号筛筛分，筛上摊于竹篓上，日晒片刻，以去叶面之水气（筛下则反任其继续发酵，堆置不晒，免其多量折耗，祁红之细嫩芽叶，每有呈发酵过度之现象者，多基于此）晒至四五成干，使酵素活动作用略杀，即装入布袋中，捎负至附近茶号求售。大概清早摘叶，日中揉踹，于后三时左右，即须酵过晒毕。自鲜叶至酵过晒毕，时间仅一日，此种酵过晒毕之茶，即俗称毛茶。茶号收进毛茶，须先放在烘炉上烘至七八成干，是为打毛火。打毛火之科学意义，为用高温停止发酵，蒸发过多水分，发泄叶表之一切污浊臭气，故过毛火之后，应即摊开吹冷，使臭气外扬，勿任其于冷却中，重复吸入怪气。继由筛工过筛，捎工过车，其手续非常繁复。

茶叶需经过极繁复筛拣风簸等手续后，始能清净匀齐，计以制造时期，有头、二、三、四批之别。每批茶在补火官堆前，分为六种，即一号茶、二号茶、三号茶、四号茶、五号茶及六号茶。除正茶之外，尚有黄片、茶末、梗子及花乳等类。黄片与茶末，即制成花香，售与洋商。茶梗与花乳，则多属内销。普通制茶，依上述六种做整，再经补火一次，使茶中天赋之茶香原料，在适当之温度及湿度中化成馥郁之香气。此种补火手续，须有充足经验之烘茶师傅，方能达到炉火纯青之妙境，是乃祁红茶之特点。

最后补火手续，于官堆时行之。官堆时尚须举行祀神仪式，神之对象为陆羽（传为发明制茶之祖师）及财神。用三牲供奉，并在大堆内。扦取样茶若干，供于神前，仪式隆重，凡妇女须一律回避，以取吉利。经掌号人等，在神前一一礼拜后，并燃放爆竹，其迷信神佛，于此可见一斑。官堆之后，随即装箱运销。

今年茶叶，劣变者颇多，考其原因，不外下列数点：

（1）茶号过度杀价，茶农不忍割售，郁在布袋中之时间过久。

（2）天雨茶湿，茶农无法烘干，茶号不及烘干，湿茶堆积过久。

（3）茶号设备不足，烘炉太少，摊茶面积太小，分庄距离太远。

（4）茶工省工，烘茶每笼每次烘量太多，及毛火时火温太低或过高，烘焙时间延长。

（5）毛火后堆积过厚，致内部热气不能发散，尤以在不通气之处为最甚。

（6）毛火不足之茶，以含有水分尚多，如摊放时间太久，亦有酸变之虞。

（7）茶农茶商作伪，每因不忍将少量茶叶牺牲，于良好毛茶或精茶中，掺入已经酸变或霉变之茶叶少许，致影响全部之茶叶。

总之，酸坏劣变之茶，虽因天时之关系，而误于人事者实多。

（五）祁茶之运输

五省公路，杭徽、芜屯、屯景、景南各段，未曾建筑以前，祁浮茶产之运输，大半由昌江渡鄱阳湖，集九江运沪。溯自杭徽、芜屯、屯景、景南各段通车后，少数进步茶商，已舍水道而陆运。矧今岁茶产，由皖赣两省政府，统制运销，于运输上之改善，益加注意，谋运输之安全，更为急切。因划一路径凡三：祁门茶循芜屯路至宣城，转江南铁路运沪；浮梁茶循屯景景南路运至鹰潭，转浙赣铁路运沪；至德茶都集尧渡街，用帆船运往安庆，装长江轮运沪。命令各茶商遵循，违者即不能出境，故今年之运输路线，舍此无由。溯先前之运输，循昌江而鄱阳而九江，约四昼夜，再自九江而上海，又须三昼夜，转辗既多，而费时复长。逆鄱阳以上，内河航行，虽无危险，但鄱阳湖则浩荡无际，风波叵测，尤其在星子附近，湖岸骤狭，危险殊甚，帆船经过，常有覆没之祸。闻去年曾沉淹上等祁红二千箱，损失二十万以上，此为茶商常引为遗憾者。现在陆路运行，自茶区中心交箱地点至铁路转运处，仅需七八小时。到达上海，亦不过一二昼夜足矣，又无意外风险，与前相较，可谓进步。然事犹有未能称意者，如：

第一，汽车容量太少，运输路线过长，而公路局车辆又不多，茶箱交到运输处后，有经旬犹不能起运者，较诸往日托民船水运，为时尚迟缓数日。茶市习俗，先到者先售，能获高价，汽车运输，既耽误时日，而茶商又格于统制法令，不能自由运沪，坐失时机者不在少数。

第二，祁红茶区，因跨皖赣二省，运输亦由两省公路局，按行政区域划分，营业范围，不相合作。但地理之形势，与河道之源流，互相贯通（看茶区地图便可明了）。祁县之茶，本可顺流直至景德镇，转公路上车，运费较廉，且又安妥。但以两省公路未能充分合作，故需出高价运费，雇夫挑过崇岭，至祁县境内公路交货，时间与经济，两均不利，不无遗憾者也。

第三，浮梁公路，建筑尚未臻完善，且全线河道颇多，而桥梁未架。车辆须循尺余宽之跳板，驶上渡船，因此乃有倾车河内事之发生。

第四，祁门方面，或为车辆过少，或由于其他原因，致另有中亚运输公司之开设。出租车辆于公路局，而该项车辆，多属上海装猪之破货车，防雨设备未臻完善。

第五，公路路基不平，行车不稳，经七八小时之长途颠簸，常有茶箱受损之虞。

第六，运输既不能迅速，茶箱之交站待运者，又来如潮涌，乡间沿公路小站旁之房屋，往昔为行旅息脚之所，兹乃乘机兼营堆积业务，希图厚利。然行旅出入，依然如故，香烟火星，随地抛掷，屋外不置水缸，厨房又近在咫尺，茶箱之外，表纸系新刷油料，易于着火，偶有意外，诚有不可救药者。站旁无民房之处，或民房不敷应用时，则当地投机者，于泥泞地上，搭架茅棚，权充堆栈，每箱取费五分，常堆有一二千箱以上。该项堆栈，虽有遮庇，而四周赤裸，易受湿气雨水之侵袭。堆放时久，则茶香气极易走失。此种无形之损失，实不可忽视者也。

（六）今年茶况

祁红茶今年毛茶市况之不佳，已属尽人皆知之事实，都有归咎于天雨者，其实人事之不和，乃属最大原因。此次省政府统制红茶，事先未及充分筹备，与茶栈间之纠纷，既延不解决，一切运输销售情形，又不能确定公布周知，遂至谣言频至，人心惶惑。岂但茶号茶农，不知制出之茶将归谁经手销售，盈亏后之账目如何算法；即运委会派出之专员人等，亦均意见纷纭，莫衷一是。即以收税一事而论，倏而记账，倏而收现，收进之后，又言记账，结果记账者有，收现者亦有，运费亦然。朝夕异规，出尔反尔，当局者苦心硬干之一片热情，确可从此见到。无奈产区茶商，都系不顾大局，惟私利是视之徒，当茶芽怒放时，天气虽晴，都延不开秤，冀当局与茶栈间，有一妥善解决，昭示大众，方敢放手做去。后因茶叶将老，再不收货，将无货可得，运委会又限定箱额，非缴足不可，等待不能再待，方在谣言频惑声中，开秤收货，故祁门今年之茶市，较往年为迟。去年祁门茶价，达六十元以上，今年外汇转顺，反只四五十元，数日后即降至十余元。且天不做美，开秤期内，乍雨乍晴，茶叶既无法晒干，毛茶仍不免带潮。茶号乃愈杀价，因之祁门南乡塔坊、西乡历口高塘闪里等处，皆发生茶农捣茶号事。茶农捣号，皆因毛茶价格，无论干湿，跌至二十元以下之故。当历口闹号时，县长适巡乡抵镇，经询明原委，知各号故意杀价，大为震怒，即令各茶号开秤，规定最低价格，不得过二十元，对于打茶号之祸首，则交巡官打手心，准保了事。旋即出布告，规定各点：

（1）茶叶须提干；（2）禁卖湿茶；（3）今后毛茶价格，每担不准降至二十元以下；（4）废除九八或九六折净之陋规。茶号至此，乃亦不得不遵。初有好货，压价不收，而致酸坏。现则虽属劣货，亦不得不以二十元之价格收进。在茶号本身言，固属咎由自取，但就整个茶况品质言，则不堪设想矣。

祁门之茶况，大略如上，除少数号家，曾于早期收进高货者，制出品质，方达上乘外，其余皆属中等以下之红茶。全国经济委员会农业处所指导之合作社，今年规模扩大，达三十五家，制茶达七千余箱，占祁门总额五分之一，其中健全者固有，不良者亦属不少。茶农售茶，每喜得现款，品质佳者，多售与茶号，往往有发酸及低级茶，为茶号所拒收者，方送合作社朦售。合作社因与贷款银行，订有预定箱数，分期支款，深恐不足箱数，不得贷款，故一味收罗，不辨品质。虽有改良场等作技术上之指导，各社多无法服从，致制出之茶，酸者颇多。

浮梁茶区，交通不便，消息不通，今年因茶号林立之故，开秤时山价极高，达五十元左右，为历年所未有。自祁门消息，传入浮梁，价亦猛跌至十元左右，亦为历年所未有之最低价。此种情形，在接近祁境地带，更可看出。就大体而论，浮梁茶之成本，今年与祁门产者不相上下，但浮梁堆栈，与运输方面缺点较多，箱茶在潮湿天中，搁置过久者，香气恐难保持，无形损失极大。

至德之茶况，因能由民船直运安庆交货，运输便利，无须堆栈，并无损失。但因贷款过少，今年产量又多，茶号无钱收买，致有将三茶倾入田中以作肥料者。

就整个祁红产区茶况而言，今年因天时之多雨，人事之未臧，品质佳者绝少。茶号因成本贱，外汇高，可以大获其利，而茶农茶工之困苦，则非文字言语所可形容者也。

（七）祁红区茶号分布情形

祁门、至德、浮梁三县，通称为祁红区，祁门有登记茶号128家（内一家未制茶），至德有茶号48家（内两家在贵池县境内），浮梁有茶号68家。兹将各县茶号分布区域，分列于后：

祁门

县城内（第一区）日升 同芳 吉和长 吉善长 慎余 永华昌

塘坑头（第三区 南乡）同茂昌

塘源 仝 同大昌

舟溪 仝 同泰昌

岭西 仝 瑞馨祥

田源 仝 同和昌

燕里 仝 大有恒

小岭脚 仝 怡昌 联大

群坑 仝 恒泰昌

阊脑 仝 同裕昌

宋坑 仝 德和昌

将军桥 仝 公大 怡大 同大

阊头 仝 永生祥

塔坊 仝 同春安 万山春 丰大昌 同和昌 公昌 同大新

樟村 仝 同春昌

板桥山 仝 恒大

老榨里 仝 益大

芦溪 仝 大德昌 瑞春祥 裕福隆

奇岭口 仝 懋昌祥 仁和安

奇岭村 仝 均益昌 元吉利 永益昌 慎昌祥 公益昌

倒湖 仝 大同康 诚信祥

查湾 仝 志成祥 大同康

严台 仝 成德隆

景石 仝 景兴隆

畲坑口 仝 景昌隆

碧桃 仝 同德昌

溶口 仝 同新昌 同福康 源丰祥

贵溪 仝 永馨祥 源利祥 日隆 永和昌 胡怡丰 大华丰 同昌

程村碣 仝 益馨祥 信和昌 春馨 隆裕昌

平里 仝 树德 益馨和 源丰永

龙园 仝 同和祥

虎跳石 仝 慎昌

柯岭 仝 同兴昌

张坑口 (第四区 西乡) 致大祥

石门桥 仝 苑和祥

小路口 仝 常信祥

石谷　仝　同华祥

陈泥坑　仝　均和昌

渚口　仝　公顺昌　德昌祥　公和永　一枝春　恒信祥

石泽　仝　共和祥

深都　仝　笃敬昌

历口　仝　义和昌　润和祥　共和昌　汇丰祥　志和昌　聚和昌　聚源昌　集义昌　鼎和昌
恒新祥

环砂　仝　同志昌

彭龙　仝　同和昌　大成茂

历溪　仝　合和昌

汪村　仝　怡同昌

栗木　仝　善和祥

叶村　仝　裕馨祥

伦坑　仝　利利　同志祥

箬坑　仝　华大春　时利和　裕盛祥　至善祥　裕昌祥

花城里　仝　隆懋昌

文堂　仝　豫盛昌

闪里　仝　洪馨永　恒德祥　永昌　同馨昌　恒信昌　致和祥　恒馨祥　同德祥　恒丰祥
园户公司(设立甚迟)

高塘　仝　裕馨成　豫春祥　同人和　公馨

双河口　仝　怡怡　元兴永

马口　仝　大同昌

正冲　仝　同顺安

叶村　仝　恒德昌

赤山　仝　恒发祥

清溪　仝　成春祥

石坑　仝　玉成

沙湾(第五区 北乡)　永同春

至德

水口　上乡　冠芳园

苏村坂　　　荣利生

占村坂　　　复兴祥

黎痕　　　　义盛祥

曹家坝　　　忠盛昌

木塔口　　　德兴隆　　恒吉昌　　同春祥

郑家坂　　　恒兴昌

横山　　　　义和祥

分流　　　　永顺昌

尧渡街 中乡 同德祥　协昌祥　锦源　正和祥　森森　同兴祥　正源祥　万昌祥　立春祥　益盛　天生祥

罗家亭　　　公利祥

西村　　　　振泰兴

秧田坂　　　鼎新

高家坂　　　长源

官港　　　　春福祥

高坦　　　　集群

陈家衕　　　锦园春

白石口　　　荣盛昌

花园檀　　　顺昌祥

祠堂檀　　　国泰祥

金家村　　　国安祥

上东村　　　鸿茂昌

下东村　　　景昇祥

洞门口 下乡 同泰祥

杨树林　　　国民

南源　　　　同源兴

华芝港　　　聚昌祥

　村　　　　竞生

葛公镇　　　天顺祥　　满园春

板桥镇　　　聚昌福

柴坑　　　　同吉祥

| 榔墅 | 同德祥 |
| 官田徐村 | 永丰 |

贵池

源头　恒晋昌　恒信昌

浮梁

桃墅（第五区）　亿昌隆　同泰昌　民生裕　怡馨昌　永源昌　永兴昌　裕源隆　裕馨昌　馨昌　广源祥

大湖　全　天泰昌

磻村　全　复昌泰　大同昌　源春祥　恒兴昌　复兴昌　和同昌　英和祥　恒兴祥

白茅港　全　公同昌

西湾（第五区）　源兴昌　贞元祥　万利昌

港口　全　道和祥　德润祥　永馨福

状元港　全　永馨园　赛春园　永和昌

查村　全　瑞元祥　义馨祥

拓平　全　聚春和

沧溪　全　恒德昌

严台　全　人和昌　新华　同兴祥　裕馨祥

郑村　全　恒馨昌

大江村　全　福利昌　仁馨昌　同春华　德昌祥　德和祥　公正昌　余庆祥　恒丰祥

楠木田（第五区）　大有

新居　全　永顺昌

岐田　全　美利源

金家坞　全　永泰亨

鸦桥　全　如兰馨

五墅（第四区）　万惟怀

胡宅　全　恒德祥

柳本（第五区）　同福昌

柏林　全　元康

溠口　全　大馨　公利和

梅湖（第六区）　天利和

杨村　仝　昌华

潭口　仝　谦和祥

英溪　仝　同德昌

流口　仝　瑞馨　永和昌

兴田　仝　万成隆　萃丰

茶宝山　美利馨

曲口（第六区）　协益昌

大港（第五区）　森茂祥（停歇）

三、祁红茶区产地检验之组织及实施之概况

（一）筹备前后与祁红区产地检验委员会之组织

四月二十五日实业部吴部长在京召集第二次国产检验委员会议，关于茶叶一项，当时因茶市已近，非赶速筹备，今年将不及施行。上海商品检验局蔡局长无忌吴技正觉农，乃即奉吴部长面谕，尽速调查祁红产区情况，并筹划实施产地检验办法，俾可先行举办。同时皖赣两省，因统一运销祁红事，感及到产地检验，有急迫之需要，亦有二电呈部，要求提早施行祁红区茶叶产地检验工作，并愿协助经费，以为添用工作人员之用。五月二日又由吴部长核准经费预算，本年度决先就祁红区屯绿区先行试办产地检验工作。技术人员，由上海商品检验局抽派充任。

国产品在产地检验，此次尚属首创，条例既未规定，组织亦系临时，在在皆须根据当地风俗习惯特殊情况，方可施行有效，达到产检之本意。既不可操之过急，引起茶商之误会，发生冲突。因此关于临时组织条例，检验办法大纲，除原则系在申决定外，详细规程，均于工作人员到达祁门后，会同皖赣红茶运销委员会特派员、祁门茶业改良场、全国经济委员会农业处在祁工作人员，共同参酌实在情形，方予拟定，呈部备案施行。

因此组织方面，不得不采委员制，由上海商品检验局，从权委定下列各人，为茶叶产地检验委员：

皖赣红茶运销委员会一人　张维

全国经济委员会农业处一人　冯绍裘

祁门茶业改良场三人　胡浩川　潘忠义　庄晚芳

上海商品检验局二人　范和钧　向耿酉

并指定胡浩川、向耿酉为祁红区正副主任，范和钧、张维为屯绿区正副主任，负责主持。当即于五月八日，在祁门县城内方家祠农业专员办公处，开第一次产地茶叶检委会会议。结果咸以屯绿检验工作，尚可稍缓，祁红工作，亟须进行，决调全体人员，先办祁红区，俟祁红结束后，再办屯绿检验。当即依据当地实际情形，拟定祁红区检验办法大纲五条(另录)分区办理。祁门由胡浩川、向耿酉两人主持，合作社由经委会农业处及改良场主持，浮梁由范和钧负责，至德由张维负责。翌日即商诸县府，分贴布告通知各茶号。范张两人亦各率检验人员，分赴浮至两地，依据议定办法，切实进行。

（二）设立检验办事处及划分工作区

祁红茶区跨两省，达三县，周围六万方里，茶号及合作社达277家，尽在崎岖山谷中，交通至为不便。有投一邮件，须奔走一百里以外；有被匪杀害者，动员五十人，大索五日，方能获得尸首。故实施检验，非划分区域，不能进行。是以五月八日第一次茶产检验委员会，即议决依山川地理之形势，及政治之利便，划分检验区祁浮至三县，分头负责工作。浮梁景德镇虽非茶区，但确为运茶之咽喉要道，如第六区等不靖区域，不能前往检验之，茶号皆由水道顺流直达景德镇交货，因在景德镇设一办事处，令未能与未及前往检验之各茶号，根据检验办法大纲乙项，自扦茶样，具结送验。整个祁红茶区，共计设祁门、至德、经公桥、景德镇四办事处，且于每个产区，更依茶号之多寡，距离之远近，山径之利便，划分若干检验小区，每一检验员，负责一至二小区，其详细分布情形，有如下述：

祁门办事处，设于祁门县城汽车站内，负全责者，为胡浩川、向耿酉两人，计分检验小区九区，共辖茶号128家，合作35家，茶区周围16000方里。南乡多绅士，西乡多悍民，于检验措置，甚感棘手。

小区别	茶号数	分布面积	负责检验员
县城	7		向耿酉
塔坊	24		黄剑青
奇尧□	10		
平里	10		潘忠义
溶口	18		费国和

小区别	茶号数	分布面积	负责检验员
渚口	12		赵云燦
历口	14		章梅轩
箬坑	12		
闪里	21		
合作社	35		由全国经济委员会农业处自行负责

至德办事处，设尧渡街，负全责者为张维。计分检验小区三区，共辖茶号48家，周围约5000方里。

小区别	茶号数	分布面积	负责检验员
木塔口	11		胡子敦
尧渡街	24		张维　吴宝铃
葛公镇	13		孙永康

浮梁办事处，计有两处，分设于经公桥及景德镇，负全责者为范和钧。计分检验小区五区，共辖茶号67家，周围面积5600方里。

小区别	茶号数	分布面积	负责检验员
经公桥	12	1500方里	张德风　郑道济
磻村	16	300方里	吴廷桂
桃墅	16	240方里	叶恒青
江村	14	600方里	张怀迪
六区	8	1050方里	吴廷桂　郑道济
景德镇			仇西影

（三）实施各种检验之意义及施行手续

产地检验与出口检验，有不同之处，即出口检验，可以根据出口标准，规定合格与不合格。不合格者虽予禁止出口，但准运销国内。产地检验，不分出口内销，一律须经检验，经检验后即为验讫。只有受过检验与否之分，而无合格与不合格之别。其品质纵极低劣，甚至有掺劣等情事，为检验员所目睹者，今年尚无公布之法律，可以根据而阻止之。检验结果，只能据实书明于报告单，照发"验讫"标记，听其自由运输。究产地检验之最要鹄的，即以检验方式，促进品质防患未成。故产检工作，宜特别注重于茶未制成以前，用种种方法，防止其劣变。至于茶已制成之后，木已成舟，更改不易，故祁红产检之试办，即按实际情形，分六种方式进行：

第一，监督匀堆；第二，开汤检验；第三，出口检验；第四，茶箱检查；第五，烘师登记；第六，卫生检查。

至于各种方式之意义及其检验之手续，兹分别详述于下：

（1）监督匀堆之意义及方式

所谓匀堆者，即在成箱之前，将各色茶样，平均拼混，成一品质匀净之大堆。取其每箱品质，均能一律，此时乃茶号作弊之最好机会，若有酸劣杂末等茶，即于是时拼入。监督匀堆，即防止掺劣蒙混之意。茶号于匀堆之际，事先须通知附近检验办事处，或负责驻在之检验员，于约定时日，莅临该号监督匀堆。检验员同时即抽取茶样，开汤检验，填具检验报告单，将样罐编号，密封送往检验办事处，领验讫证。有时各茶号同时匀堆，检验员不及分配时则由办事处另出委托书，委托当地保甲长或有信誉之茶号，代予监督，然后茶号填具切结，自动扦样送验，办事处据此，亦可发给"验讫"标记。

（2）开汤检验之意义及方法

检验红茶品质之优劣，条件有七：一曰外表，观其制拣之精粗，叶形之嫩老，色泽之光洁与否；二曰香气，闻其香味之好恶、高低、鲜宿及优劣；三曰滋味，辨汤味之厚薄、甘苦、辛涩，及是否劣变；四曰水色，观液色之浓晕鲜浊及亮暗；五曰叶底，察茶叶冲泡后，叶状之开合，叶色之明暗红黑，别其老嫩与烘焙之优劣；六曰灰分，七曰水分。其中六、七二项，须用精密之仪器，方能着手，产地检验，本年因筹备匆促，仅能从事前述五项，盖以五官之感觉，平日之经验，即可开汤判别其优劣。优者予以口头嘉奖，劣者指出其致成之原因，促其以后注意。开汤之法，即将扦取之样茶，先看其形状，再秤取五公分，放定量之大审茶碗内，然后用沸水缓缓冲入，至满碗为止。经五分钟后，即嗅其香，味其汤，视其色，察其叶底，一一缮填于检验报告单上。

（3）出口检验之意义及方法

检验办事处，在产区集得之茶样，连同产地检验报告单密封运沪，由上海商品检验局按照出口标准，所应检验各项，逐一复验。

（4）茶箱检查之意义及方法

茶叶善染外来气味之侵袭，故装置茶叶之木箱，须采毫无气味之枫树。其木板须隔年锯就，充分干燥，否则水分内侵，茶能发霉劣变。箱内软罐，均系铅质，焊口处方用软锡，故罐内若不妥为裱纸，茶与铅壁经长时期接触摩擦后，铅质易入茶中，此乃外国法律所禁止，可以据为拒绝进口之理由。故实业部商品检验局，对于出口茶箱另有规定，所以维护茶叶之品质。箱外标签标明净毛重量等项，可以便利交易手续。检验员巡视各茶号或监督匀堆装箱时，对于茶箱包装，均须检查有无不合上述各条情事，有则劝令其按照规定改良。

（5）烘师登记之意义

祁红茶叶馥郁之香气，乃藉适当之火候与湿度，经一定之时刻，始能将茶中本质，所赋之芬芳原料，渐渐化成透出。火力过大，茶便烘焦；火力过骤，叶底不开，湿度不当，化学上便失其平衡力，而香气不出，或即出而太强，失其温文之性。祁红之驰名世界，香气实为之。而香气之优劣，全赖烘司之经验，技术之高下，及其用心与否而定。因此烘师登记，实为必要，视其制茶成绩之优劣，分别予以赏罚。其奖罚办法如下：

（甲）制茶成绩无毛病者给奖状。

（乙）特别优良者奖银盾。

（丙）成绩不佳者无奖。

（丁）特别焦坏者公布其姓名，使各茶号不敢领教！

制茶成绩有酸霉者，须特别分开，另外处置，另外成箱，方可免罚。否则若混入大堆中，希图蒙混者，除茶师傅须受适当惩戒外，其号主之履历姓名，亦当予以公布，俾银行贷款，知所警惕。

（6）卫生检查之意义

自第一次毛火烘毕后，摊放茶叶附近，即不应有任何恶劣气味，以免仍为茶叶所吸收。惟查中等以下各茶号，内庭天井，多倾污水，烘房间壁，即为厕所，皆为恶浊臭气之发源地，不但有染茶香，且亦不合卫生。检验员遇有此种情形，尤应妥为注意，务令天井勿倾污水，茅厕移至屋外。

当五月八日检验办法大纲拟定颁布时，运委会运输事务所，尚未加入合作。无论验讫与否之茶箱，运输事务所不分轩轾，均予装运。本处检验，毫无后盾。后运输事务所，接运委会之电令，非经验讫之茶，不予装运后，各茶号乃争来求验，冀可先运。嗣后因车少箱多，不能随到随运，交货车站附近之头批茶箱，堆积如山，往往有稽延十五日以上者，茶号抢运之风大杀，乃得利用时机，在若干地方，若茶区不太散漫，人员尚能照顾，地方上并无恶劣士绅，严重阻力时，即严格施行上述检验。

四、调查及统计

（一）各种检验表格

外销茶产地检验祁红区办法大纲

一、茶叶产地检验依实际情形分下列三种方式举行之。

（甲）任何茶号或合作社于官堆后装箱时，须由检验员实施检验，填具检验报告单并采取茶样一市斤，将报告单上所备号码粘入样品罐内，当场封固携回，以备在申复核，并由检验员按箱数发给"产地验讫"证，每箱一纸分贴茶箱前面之右角上，俾到申后可使出口检验简单，省去许多麻烦。

（乙）若检验员正在别处检验，不及在装箱前赶到，检验者各茶号或各合作社负责人须亲自代扦样茶，每一大面扦一市斤，并切实具结担保所扦样茶之一切。品质与大面完全符合，连同大面箱茶样一并起运，交各该地运销事务所收转。检验员收到茶样与具结书后，除即装罐编号汇送上海外，并按大票件数发给"产地验讫"标记，令自粘贴于茶箱上，但一切检验责任均由具结者完全负担。

（丙）任何茶箱若无"产地验讫"标记贴于箱外而又未具结，送样者作未曾受过检验论。该项茶箱于到达运销事务所时，由检验员或同物主或运销处人员开箱抽验采样，每批在五十箱以下者开一箱，在五十箱以上者开两箱，每增五十箱加开一箱，视各箱品质是否均匀。符合填书检验单并采取样茶共一市斤当场运沪，并将所开茶箱会同封钉完好加贴开验标记，其他依据乙项办理。

二、凡未曾受过产地检验即茶箱外无"产地验讫"标记者到上海后，须按照规定办法严格检验，不稍通融。

三、产地验讫之后，对于茶商之最大利益为到申后可以及早布样发卖，不致耽误。

四、产地检验所取茶样在申覆验时，若无大样不合情事，不再取样。

五、产地检验概不取费。

念五年度茶叶产地检验须知（第一号）

本年度因人才上、时间上、经济上及设备上之种种关系，检验项目暂以包装着色为主，品质拼和掺杂为副，兹分别述之。

（1）包装检验应注意事项

①箱内十二边缘有无木条；

②铅罐内有无衬纸将茶与铅箔完全隔绝；

③箱外有无注明应书事项。

包装如能依照规定办法，在检验报告单上包装项下可填"改良箱"字样，否则如未照规定办理者应填"劣箱"字样，除当场晓谕商人应当改革之点外，并令其于制造新箱时务必按法改良，否则在申脱售时必多麻烦，商检局有权禁止出口。

（2）着色检验应注意事项

①如用黄色色料，是否用商品检验局规定之改良黄粉；

②在该号车色房中有无三鱼义记等黄粉发现。

（3）拼和掺杂检验应注意事项

①官堆是否匀净平均；

②有无多量茶梗茶末之类掺入；

③有无回龙茶掺入；

④有无杂质掺入，如砂土等非茶类物；

⑤有无假茶叶掺入。

（4）品质检验应注意事项（另详）

（5）检验员应予遵守事项

①检验员须将检验及调查各项详细分别填入预制之格中（不明白或不正准者宁使勿填切忌瞎填）；

②检验员须每日从实报告工作，写于工作日记中，定期汇报主管人员；

③检验员须绝对遵守主管人之命令；

④检验员不得有违背检政之行为。

监督匀堆暂行办法

一、各茶号官堆须于二日前通知本办事处指派检验员届时到场，检验监督填具检验报告单。

二、本办事处接到茶号申请派员监督官堆书后，立即批示指定检验员届时到场，不稍稽误。

三、若有三处以上相距二十里以外之茶号同时官堆，本办事处原有检验人员不敷分派时，依下列两项办法办理：

（1）令申请较迟之茶号更改官堆时日；

（2）委托当地区保甲长或地方有资望者代为到场监督（由委托人代为监督时，受委托人不填报告单不受第七项之处理）。

监督检验结果只出证明书负信用上责任，其他照外销茶产地检验办法乙项办理。

四、检验员监督官堆检验结果除有五、六两项情事时，应即填具报告单扦样一市斤，将报告单右下角号码撕下，连同茶样具结包封严密，着该茶号送至本办公处领取验讫证。

五、检验员认为有下列情事者，应拒绝检验填具报告单，无检验报告单者不发验讫证，无验讫证者不能装运。

（1）有掺杂掺劣情事者；

（2）官堆不匀品质不一者；

（3）茶箱包装未曾改良者。

六、检验员认为品质过低有酸霉情事者，须令另外包装分别处理，不得混入大面中以免受损失。检验报告单亦应另填。

七、检验员如有徇私蒙混舞弊情事者，任何人可以报告本处，查出确实者严惩不贷。

八、检验员到处如天时过晚，得在茶号歇宿。茶号如供膳食，每客须偿还饭钱法币三角。

九、检验员到处，茶号不得供应车轿马匹。

十、本办法自送到日起发生效力。

茶号具结书

兹有　批红茶　箱大面　已于　月　日均堆，谨依贵处检验办法乙项规定，自扦样茶一市斤送上，切实担保样茶与大面各箱完全符合品质，一切毫无出入，并希免在产地，再行开箱抽检所具切结事实。

具切结　　　号经理（签名盖章）

中华民国二十　年　月　日

监督匀堆请求书

谨申请者兹有　批红茶　大面敬择于　月　日　午　时官堆，请贵处指派检验员届时到场监督。是荷此请

实业部 上海商品检验局

茶叶产地检验□□□□□　　办公处　　台核

　　　　具申请书（填名盖章）　　　　　　茶号经理（签名盖章）

　　　　　　号址　　　年　月　日

委托监督匀堆书

谨启者兹据监督匀堆暂行办法第三条乙项之规定，特委托　　先生于　月　日　午　时拨　冗前往　　乡　　茶号监督匀堆，并请将检验结果据实书明，连同该号自扦具结样茶一市斤，着该号送至敝办公处领取验讫证，俾可运输是荷。

专此即请

　　　　　　　　　　　　　　　先生　　台绥　　谨启

　　　　　　　　　　　　　　　　年　月　日

产地检验报告单　第0200号

　　区　　茶号　　登记第　号

茶名　　　商标

件数　　　标签号码自第　　号至第　　号

产时　　　产地

每担成本约计

制时气候　　日中计　　日晴　　日阴　　日雨

制时温度最高　　　最低　　　平均

官堆时检验员是否在场　　　检验茶样官堆是否平均

装箱时之水分百分数　　　包装状况

平均净重　毛　　皮

着色　　掺杂　　其他

品质

外表

香气

滋味

水色

叶底

其他

中华民国　　年　　月　日检验员　　　签名盖章

县　　　　茶号调查表

茶号所在地：　　　　号主姓名：　　　附注

资本

贷款数目：　　　　　　来源：

股东资本数目：　　　　实缴数目：

设备

房屋间数：　　　　　自备或租借：

制茶器具：

本年制茶箱数：　　头批：　　二批：　　三批：　　四批：　　花香：

预定箱数是否相符　增；　　少；

山　　价　头批：　　二批；　三批：　　四批：

成　　本　头批：　　二批：　三批：　　四批：

对于运销改进意见

视察人：　　　　（签名盖章）

号主：　　　　　（签名盖章）

中华民国二十五年　　月　　日

外销茶产地检验茶号调查表　　第　　号

调查者

号名

号址

号主

头批成箱　　日止实收资本数

烘茶工头履历（制茶成绩佳者有奖）

姓　名　　年岁

籍　贯　　经验

永久住址

通信处

祁门红茶史料丛刊　第四辑（1936）

本庄焙炉数　　　　毛茶摊放面积　　　　毛火茶摊放面积

分庄所在地点及离本庄里数　　　烘焙共数　　　摊放面积

　　本年成茶数量

批数

大面

件数

总重（以新旧制计算）

毛茶成本共价

中华民国二十五年　　　月　　　日

上海商品检验局祁红区茶叶产地检验处制

包装调查表　　　　年　　月　　日

包装种类

尺寸

原料来源及价格　　　板　　　　钉

花贴纸　　　　　衬纸　　　　铅罐

钉工　　　　　装箱费

出售时破损百分数

检验者

实业部上海商品检验局毛茶价调查表

收买毛茶地点

与著名地点距离及方向

毛茶价格　　　最高　　最低　　最高　　最低　　最高　　最低

日　　期　　　　日　　　日　　　日　　　日　　　日　　　日

（二）祁门产地报验逐批茶箱数量及出箱日期表

茶号名称	所在地址	第一批		第二批		第三批		第四批		花香		箱数合计	备注
		箱数	月　日	箱数	月　日	箱数	月　日	箱数	月　日	箱数	月　日		
春馨	南乡程村硔	65	五月七日	72	五月十六日	74	五月十九日					211	
同兴昌	南乡柯岭	82	五月七日	64	五月十六日	40	五月廿一日					186	
源利祥	南乡贵溪	52	五月三日	111	五月二十日					63	六月三日	226	
常信祥	西乡小路口	99	五月七日	121	五月廿一日	30	五月廿三日	58	五月廿五日			308	
益馨祥	南乡程村硔	67	五月九日	68	五月十七日	45	五月二十日					180	
公大	南乡将军桥	110	五月九日	130	五月廿一日							240	
恒大	南乡乔山	110	五月八日	69	五月十五日	62	五月二十日					241	
瑞馨祥	南乡岭西	98	五月十日	78	五月十九日	50	五月廿六日	14	五月廿六日			240	
同裕昌	南乡闪源	69	五月九日	59	五月十九日	28	五月廿一日					156	
大同康	南乡查湾	84	五月七日	90	五月十七日	98	五月二十日					272	
日隆	南乡贵溪	60	五月八日	66	五月十七日	107	五月二十日	15	五月廿四日	68	五月三十一日	316	
同春安	南乡塔坊	91	五月七日	86	五月二十日	77	五月廿二日					254	
同薪昌	南乡溶口	60	五月九日	120	五月廿七日	29	五月廿二日					209	
泰和昌	西乡历口	81	五月七日	57	五月二十日	123	五月廿三日					261	
永和昌	南乡贵溪	55	五月九日	57	五月廿三日	46	五月廿六日			50	五月三十一日	208	
润和祥	西乡历口	74	五月九日	120	五月十四日	136	五月廿五日					330	
公顺昌	西乡渚口	68	五月十日	85	五月十四日	70	五月十八日	6	六月六日	43	六月八日	272	
同芳	城区	99	五月十一日	61	五月廿一日	50	五月廿三日					210	

茶号名称	所在地址	第一批 箱数	第一批 月日	第二批 箱数	第二批 月日	第三批 箱数	第三批 月日	第四批 箱数	第四批 月日	花香 箱数	花香 月日	箱数合计	备注
吉和长	城区	102	五月十一日	107	五月二十日	93	五月廿六日					302	
元兴永	西乡双河口	97	五月十一日	79	五月廿八日	64	五月廿八日					240	
同肇昌	西乡闪里	120	五月八日	60	五月十四日	138	五月十九日			198	五月廿五日	516	
景新隆	南乡景石	66	五月八日	56	五月十四日	74	五月二十日	20	五月二十日			216	
胡恰丰	南乡贵溪	70	五月八日	70	五月廿一日	80	五月廿五日	16	五月廿八日	62	六月七日	298	
万山春	南乡塔坊	94	五月一日	98	五月二十日							192	
树德	南乡平里	75	五月十日	46	五月十八日	46	五月廿二日	6	五月廿九日			173	
鼎和祥	西乡历口	104	五月十一日	76	五月十七日	97	五月廿五日	96	五月三十一日	76	六月十三日	449	
恒新祥	西乡历口	104	五月十一日	75	五月十七日	97	五月廿五日	97	五月三十一日	75	六月十三日	448	
致大祥	西乡樟溪	77	五月十四日	60	五月十九日	31	五月廿五日					168	
成春祥	西乡清溪	75	五月十二日	74	五月十八日	50	五月廿四日			53	六月二日	252	
公昌	南乡塔坊	60	五月五日	62	五月十五日	51	五月二十日	48	五月廿七日			221	
同大渐	南乡塔坊	60	五月五日	62	五月十五日	55	五月二十日	50	五月廿七日			227	
同志祥	西乡伦坑	60	五月十四日	64	五月十八日	88	五月廿六日			30	六月二日	242	
共和祥	西乡石潭	84	五月十四日	87	五月廿四日	53	六月三日	16	六月	69	六月二日	309	
恒发祥	西乡赤山	53	五月十一日	94	五月廿五日					56	六月十一日	203	
同昌	南乡贵溪	63	五月十日	50	五月十一日	31	五月廿六日			50	六月二日	194	
恒肇祥	西乡闪里	214	五月十四日	216	五月十七日	226	五月廿二日	397	六月一日	118	六月九日	1171	

茶号名称	所在地址	第一批		第二批		第三批		第四批		花香		箱数合计	备注
		箱数	月 日	箱数	月 日	箱数	月 日	箱数	月 日	箱数	月 日		
懋昌祥	南乡奇岭口	67	五月十二日	67	五月廿二日			4	六月十一日	28	六月十一日	166	
同人和	西乡高塘	82	五月十二日	83	五月十四日	120	五月廿四日	114	五月廿五日	94	六月三日	493	
恒泰昌	南乡群坑	90	五月十日	101	五月十七日	67	五月廿二日					258	
茶业改良场	南乡平里	46	五月十三日	22	五月廿六日	43	五月三十一日			22	六月二日	133	
益馨和	南乡平里	176	五月十八日	93	五月廿六日							269	
同茂昌	南乡塘坑	76	五月十二日	70	五月十九日	54	五月廿一日					200	
同春昌	南乡樟村	107	五月十二日	77	五月十六日	95	五月廿二日					279	
大有恒	南乡燕里	92	五月十三日	89	五月二十日	58	五月廿六日					239	
裕福隆	南乡芦溪	74	五月十三日	94	五月二十日	60	五月廿四日					228	
源丰永	南乡平里	74	五月十日	68	五月廿三日	84	五月廿九日					226	
慎昌	南乡虎跳石			119	五月十八日							119	
同利祥	南乡坡源	76	五月十三日	71	五月廿一日	60	五月廿三日					147	
隆裕昌	南乡程村碣	70	五月十日	80	五月十九日	60	五月廿三日					210	
元吉利	南乡奇岭	60	五月十一日	83	五月十七日	40	五月二十日					183	
永益昌	南乡奇岭	61	五月十一日	82	五月十七日	48	五月二十日					191	
慎昌祥	南乡奇岭	60	五月九日	72	五月十九日	63	五月二十日					195	

祁门红茶史料丛刊 第四辑（1936）

茶号名称	所在地址	第一批		第二批		第三批		第四批		花香		箱数合计	备注
		箱数	月日	箱数	月日	箱数	月日	箱数	月日	箱数	月日		
同和昌公记	南乡塔坊	87	五月十日	56	五月十九日							143	
信和昌	南乡程村碉	86	五月十日	77	五月十九日	41	五月廿三日					204	
公益昌	南乡奇岭	73	五月七日	87	五月十九日	68	五月廿二日					228	
隆懋昌	西乡花城里	115	五月八日	63	五月十八日	58	五月廿三日					236	
志和昌	西乡历口	68	五月十一日	72	五月二十日	69	五月廿八日					209	
大成茂	西乡彭龙	70	五月十一日	70	五月二十日	70	五月廿八日					210	
益大	南乡榨里	58	五月九日	83	五月十九日	16	五月廿三日	9	五月廿二日			166	
永同春	北乡沙湾	80	五月十二日	82	五月十四日	70	五月十八日			49	六月六日	281	
一枝春	西乡渚口	70	五月十二日	83	五月廿二日	74	五月廿七日	11	五月廿七日	34	六月二日	272	
聚和昌	西乡历口	79	五月十日	183	五月廿三日							262	
怡大	南乡将军桥	72	五月十日	70	五月廿二日	80	五月廿七日					222	
聚源昌	西乡历口	80	五月十日									80	
集义昌	西乡历口	80	五月十日	120	五月廿三日							200	
同福康	南乡溶口	66	五月十一日	65	五月二十日							131	
时利和	西乡箸坑	90	五月十二日	86	五月十九日	80	五月廿五日	57	五月廿九日	62	六月二日	375	
裕盛祥	西乡箸坑	110	五月十二日	60	五月十八日	120	五月廿二日	110	五月廿五日	66	六月三日	466	
源丰祥	南乡溶口	66	五月十一日	59	五月十八日	60	五月二十日			49	六月四日	234	

茶号名称	所在地址	第一批		第二批		第三批		第四批		花香		箱数合计	备注
		箱数	月　日	箱数	月　日	箱数	月　日	箱数	月　日	箱数	月　日		
至善祥	西乡箸坑	96	五月十二日	60	五月十八日	60	五月廿三日	70	五月廿五日	60	六月三日	346	
豫盛昌	西乡文堂	80	五月九日	60	五月十三日	76	五月二十日	7	五月廿三日	32	六月四日	255	
裕昌祥	西乡箸坑	116	五月十二日	60	五月十九日	86	五月廿二日	20	五月廿六日	53	六月三日	335	
恒昌祥	南乡溶口	144	五月十一日	147	五月廿二日	86	五月廿六日	209	六月二日	117	六月十日	703	
大德昌	南乡芦溪	67	五月八日	100	五月十六日	52	五月廿四日	91	五月廿四日			310	
义和昌	西乡历口	78	五月十二日	78	五月十八日	20	五月廿六日			25	六月三日	201	
利利	西乡伦坑	58	五月十二日	70	五月十九日	62	五月廿五日	78	五月三十日	56	六月四日	324	
善和祥	西乡栗里	92	五月十一日	88	五月十八日	46	五月廿五日			36	六月七日	262	
裕馨成	西乡高塘	120	五月十日	60	五月十九日	120	五月廿二日	165	五月廿二日	85	六月五日	550	
志成祥	南乡查湾	87	五月十一日	83	五月十六日	31	五月廿四日					201	
永馨祥	南乡贵溪	62	五月九日	86	五月十二日	60	五月廿六日	25	五月廿三日	65	六月三日	298	
联大	南乡小岭脚	70	五月十一日	66	五月十五日	60	五月十九日	48	五月十九日			244	
公馨	西乡高塘	66	五月十二日	54	五月十九日	60	五月廿二日	47	五月廿六日	48	六月五日	275	
均益昌	南乡奇岭	57	五月六日	74	五月十七日	45	五月廿一日					176	
洪馨永	西乡闪里	164	五月十三日	60	五月十二日	68	五月廿三日	60	五月廿四日	82	六月五日	434	
恰恰	西乡双河口	98	五月十二日	51	五月十三日	96	五月廿四日	23	五月廿五日			269	
均和昌	西乡陈田坑	126	五月十三日	84	五月十八日	97	五月廿七日			71	六月四日	378	
苑和祥	西乡石门桥	87	五月十三日	84	五月二十日							171	

茶号名称	所在地址	第一批		第二批		第三批		第四批		花香		箱数合计	备注
		箱数	月日	箱数	月日	箱数	月日	箱数	月日	箱数	月日		
恒德祥	西乡闪里	82	五月十三日	90	五月二十日	73	六月一日			49	六月九日	294	
永昌	西乡闪里	81	五月十三日	90	五月二十日	74	六月一日			50	六月九日	295	
怡同昌	西乡汪村	74	五月十一日	88	五月廿一日					30	六月七日	192	
同德昌	南乡碧桃	74	五月十二日	90	五月十九日	42	五月廿四日					206	
日升	城区	92	五月十二日	66	五月廿一日	76	五月廿四日					234	
大同昌	西乡马口	100	五月十三日	64	五月十九日	37	五月二十日			25	六月四日	226	
裕春祥	西乡高塘	93	五月十一日	105	五月十六日	120	五月廿二日	123	五月三十日	81	六月三日	522	
诚信祥	南乡倒湖	72	五月十一日	64	五月十九日	79	五月廿六日					215	
合和昌	西乡历溪	90	五月十三日	90	五月廿一日	38	五月廿五日					218	
同顺安	西乡正冲	127	五月十日	80	五月十七日	69	五月廿三日	15	五月廿七日	65	六月三日	356	
驾敬昌	西乡深都	98	五月十二日	78	五月十八日					34	六月九日	210	
吉善长	城区	113	五月十二日	93	五月十七日	157	五月廿四日					363	
永生祥	南乡弓源	64	五月九日	84	五月二十日							148	
同大昌	南乡唐源	97	五月八日	75	五月十九日	33	五月十五日					205	
同和昌	南乡田源	87	五月八日	105	五月十九日							192	
慎余	城区	141	五月十一日	180	五月十九日	220	五月廿四日					541	
汇丰祥	西乡历口	97	五月十一日	105	五月廿一日	82	五月廿八日			100	六月十三日	384	
德和昌	南乡茉坑	90	五月十日	72	五月十七日	65	五月廿一日					227	

茶号名称	所在地址	第一批		第二批		第三批		第四批		花香		箱数合计	备注
		箱数	月　日	箱数	月　日	箱数	月　日	箱数	月　日	箱数	月　日		
同华祥	西乡石谷	75	五月十一日	81	五月廿二日							156	
大同康	南乡闽湖	90	五月九日	102	五月十五日	98	五月廿五日					290	
恒信昌	西乡闪里	103	五月十日	120	五月十九日	125	五月廿九日	64	六月一日	82	六月七日	494	
德昌祥	西乡渚口	122	五月十一日	169	五月十八日	193	五月廿八日	22	六月一日	109	六月八日	615	
同泰昌	南乡舟溪	112	五月八日	116	五月二十日							228	
同大	南乡将军桥	84	五月八日	80	五月十八日	62	五月廿八日					226	
怡昌	南乡小岭脚	60	五月九日	64	五月十五日	60	五月十五日	58	五月廿三日			242	
丰大昌	南乡塔坊	75	五月十日	122	五月十五日	38	五月廿五日					235	
瑞春祥	南乡芦溪	65	五月五日	74	五月十七日	43	五月十七日					182	
共和昌	西乡历口	95	五月十日	80	五月十九日	35	五月十九日					210	
华大春	西乡箬坑	60	五月九日	60	五月十四日	60	五月廿一日	28	五月廿二日	42	六月三日	250	
致和祥	西乡闪里	170	五月十二日	130	五月十八日	127	五月廿六日			76	六月九日	503	
成德隆	南乡严潭	54	五月八日	46	五月十三日	52	五月廿三日	56	五月廿四日			208	
大华丰	南乡贵溪	63	五月七日	54	五月十九日	30	五月二十日			44	六月一日	191	
同志昌	西乡环砂	87	五月七日	90	五月十八日					44	六月三日	221	
公和永	西乡渚口	94	五月九日	99	五月十八日	57	五月二十日	6	五月二十日	60	六月四日	316	
裕馨祥	西乡叶村	72	五月十一日	82	五月十八日	56	五月廿四日			39	六月七日	249	
恒德昌	西乡沙堤	110	五月十一日	99	五月十七日	153	五月廿五日			66	六月八日	428	

茶号名称	所在地址	第一批		第二批		第三批		第四批		花香		箱数合计	备注
		箱数	月　日	箱数	月　日	箱数	月　日	箱数	月　日	箱数	月　日		
同和昌	西乡彭龙	147	五月十二日	136	五月十八日	86	五月二十日			46	五月三十一日	415	
同德祥	西乡闪里	120	五月十日	107	五月十六日	145	五月廿六日			100	六月四日	472	
玉成	西乡郑家村			30	五月廿二日							30	
景昌隆	南乡畲坑口	44	五月八日	75	五月十四日	57	五月二十日	42	五月廿二日			218	
仁和安	南乡奇岭口			50	五月二十日					16	六月九日	66	
佰丰祥	西乡闪里	81	六月十日							40	六月十九日	121	
春和永	西乡渚口	48	六月十三日							12	六月十二日	60	
总计		10934		10587		7704		2401		3356		34982	

江西浮梁产地报验逐批茶箱数量及出箱日期表

茶号名称	所在地址	第一批 箱数	第一批 月日	第二批 箱数	第二批 月日	第三批 箱数	第三批 月日	第四批 箱数	第四批 月日	花香 箱数	花香 月日	箱数合计	备注
天利和	梅湖	97	五月十五日	102	五月廿九日	45	六月四日			57	六月四日	301	
如兰馨	鸦桥	90	五月十七日	124	五月廿七日	67	六月四日	11	六月四日	70	六月七日	362	
源春祥	礗村	109	五月十九日	76	五月十九日	179	六月三日			80	六月七日	444	
福利昌	大江村	101	五月十二日	88	五月廿三日	64	五月廿七日			56	五月廿九日	309	
天泰昌	太湖	111	五月二十日	74	五月三十日	10	五月卅一日			43	五月三十一日	238	
贞元祥佩记	礗溪	89	五月十五日	79	五月廿一日	69	五月三十一日	7	六月五日	51	六月五日	295	
大同昌	礗村	78	五月十六日	85	五月廿四日	47	六月一日	5	六月七日	47	六月七日	262	
永利昌	状元港	90	五月十五日	66	五月廿二日	34	六月三日	5	六月四日	38	六月九日	233	
公利和谦记	溘口	77	五月十六日	106	五月廿五日	38	六月一日			54	六月一日	275	
协益昌	曲口	80	五月十四日	90	五月廿三日					32	五月三十一日	202	
美利源	歧田	90	五月十五日	76	五月廿二日	79	五月廿六日			66	五月三十一日	311	
万成隆	兴田	56	五月十五日	101	五月廿三日	60	五月廿八日			60	六月八日	277	
谦和祥	潭口	77	五月十五日	71	五月二十日	70	五月廿七日			39	五月三十一日	257	
裕源隆	桃墅店	139	五月十四日	96	五月十九日	98	五月廿五日			90	六月一日	423	
裕馨昌	桃墅店	115	五月十四日	101	五月十八日	72	五月廿二日	67	五月廿九日			355	
源兴昌	西湾	100	五月十五日	102	五月十九日	127	五月廿六日	7	五月廿九日	90	五月廿九日	426	

茶号名称	所在地址	第一批		第二批		第三批		第四批		花香		箱数合计	备注
		箱数	月日	箱数	月日	箱数	月日	箱数	月日	箱数	月日		
复兴昌	礴村	93	五月十五日	69	五月廿六日	128	五月廿六日			73	六月六日	363	
英和祥	礴村	87	五月十五日	82	五月十八日	74	五月廿四日	4	五月廿九日	62	六月一日	309	
复昌泰	礴村	80	五月十五日	87	五月十八日	57	五月廿四日	10	五月廿四日	48	六月二日	282	
万利昌	西湾	98	五月十五日	80	五月廿三日	50	五月廿七日			47	五月廿八日	275	
大馨昌	桃墅店	83	五月十三日	94	五月十八日	102	五月廿四日			72	五月廿七日	351	
怡馨昌	桃墅店	87	五月十四日	106	五月十七日	104	五月廿五日	11	五月廿五日	106	五月廿八日	414	
广源祥	桃墅店	84	五月十三日	95	五月十七日	150	五月廿五日			97	五月廿九日	426	
裕馨祥	严台	82	五月十三日	63	五月二十日			7	五月二十日	33	五月廿三日	185	
同福昌	礴村	76	五月十二日	101	五月廿二日	10	六月二日			35	五月三十一日	222	
恒馨昌	郑村	103		133	五月十九日	91	五月廿四日			57	五月廿六日	384	
义馨祥	查村	87	五月十三日	68	五月十七日	66	五月廿三日			35	五月廿六日	256	
德和祥	江村	105	五月十三日	92	五月二十日	47	五月廿五日			63	五月廿八日	307	
永顺昌	新居	82	五月十三日	132	五月二十日					57	五月廿九日	271	
道和祥	港口	114	五月十二日	135	五月廿四日	57	五月三十日	12	六月三日	60	六月三日	378	
和同昌	礴村	77	五月十三日	128	五月廿三日					50	六月三日	255	
公正昌	大江村	111	五月十一日	90	五月十九日	59	五月廿四日			50	五月廿五日	310	
人和昌	严台	99	五月十三日	106	五月十九日	28	五月廿四日			33	五月廿三日	266	
余庆祥	江村	108	五月十三日	83	五月廿三日	44	五月廿四日			50	五月廿五日	285	

茶号名称	所在地址	第一批		第二批		第三批		第四批		花香		箱数合计	备注
		箱数	月日	箱数	月日	箱数	月日	箱数	月日	箱数	月日		
聚春和	柘平	78	五月十三日	98	五月廿五日	12	五月廿五日			35	五月廿七日	223	
佰德昌	沧溪	247	五月十五日	126	五月十六日	126	五月二十日	220	五月廿五日	149	五月三十日	868	
元康	汉口	92	五月十一日	87	五月廿五日	47	五月三十日			54	五月三十日	280	
元泰亨	金家坞	119	五月十三日	116	五月廿二日			8	五月廿二日	58	五月廿六日	301	
万维怀	午墅	106	五月十三日	91	五月二十日	87	五月廿七日	19	五月廿九日	75	五月廿九日	378	
恒德祥	湖泽	129	五月十六日	104	五月廿二日	83	五月廿二日			54	五月廿八日	370	
德润祥	港口	92	五月十五日	122	五月廿五日	48	五月三十日	43	五月三十一日	57	六月三日	362	
佰兴祥	礴村	92		88	五月十六日	100	五月廿一日	100	五月三十一日	89	五月三十一日	469	
瑞元祥	查村	112	五月十三日	74	五月二十日	69	五月廿五日			48	五月廿九日	303	
昌华	禾里	84	五月十二日	86	五月廿六日	49	五月廿六日			40	六月二日	259	
公同昌	浩峰	90	五月十一日	100	五月廿九日	13	五月廿一日			46	五月廿一日	249	
永和昌	流口	96	五月十一日	96	五月十七日	40	五月廿三日			61	五月廿七日	293	
永馨福	港口	84	五月十三日	83	五月十八日	107	五月廿四日	99	五月三十一日	102	六月三日	475	
德昌祥	中洲	77	五月十二日	86	五月廿一日	38	五月廿一日			43	五月廿六日	244	
亿昌隆	桃墅	164	五月十二日	91	五月十六日	87	五月廿二日	5	五月廿三日	64	五月廿九日	411	
同泰昌	桃墅	101	五月九日	108	五月廿九日	96	五月廿六日	5	五月廿九日	83	五月廿九日	393	
民生裕	桃墅	113	五月十三日	102	五月十七日	83	五月廿五日	12	五月廿五日	70	五月三十日	380	
永馨园	状元港	101	五月十三日	75	五月十八日	82	五月廿四日	42	五月三十日	88	五月三十一日	388	

茶号名称	所在地址	第一批		第二批		第三批		第四批		花香		箱数合计	备注
		箱数	月日	箱数	月日	箱数	月日	箱数	月日	箱数	月日		
新华	严坑	118	五月十三日	86	五月十九日	32	五月廿五日			39	五月廿五日	275	
仁馨昌	大江村	97	五月十二日	88	五月十八日	75				51	五月廿六日	331	
莘丰	禾里	84	五月十二日	74	五月廿六日	43	五月廿六日	10	六月三日	40	六月二日	251	
恒兴昌	磻村	92	五月十日	93	五月十八日	78	五月廿八日			59	五月三十一日	322	
同馨祥	大江村	83	五月十一日	77	五月廿四日	7	五月廿四日			40	五月三十日	207	
恒丰祥	大江村	138	五月十三日	131	五月二十日	131	五月廿八日			78	五月三十日	478	
同春华	大江村	79	五月十一日	79	五月十六日	62	五月廿一日			35	五月廿三日	255	
大馨	浬口	83	五月十三日	90	五月廿四日	77	五月三十日	17	六月二日	66	六月二日	333	
永兴昌	桃墅	107	五月十日	104	五月十八日	94	五月廿五日	7	五月三十一日	87	五月三十一日	399	
永源昌	桃墅	102	五月十二日	102	五月十八日	96	五月廿六日	3	五月廿八日	87	五月三十一日	390	
綦春园	计家港	97	五月十五日	92	五月廿二日	92		3	六月三日	76	五月三十日	360	
同德昌	英溪	86	五月十日	90	五月十八日	83	五月廿二日	16	五月廿四日	62	五月廿四日	337	
瑞馨	流口	94	五月十一日	88	五月十九日	68	五月廿四日	8		60	五月廿四日	318	
大有	楠田	89	六月一日	88						22	六月四日	111	
总计		6481		6108		4231		763		3919		21502	

注：尚有其他茶四十八箱未计在内。

至德产地报验逐批茶箱数量及出箱日期表

茶号名称	所在地址	第一批		第二批		第三批		第四批		花香		箱数合计	备注
		箱数	月日	箱数	月日	箱数	月日	箱数	月日	箱数	月日		
忠盛昌	上乡曹家坝	174	五月十五日	196	五月廿三日	180	六月一日	168	六月三日	189	六月八日	907	
义盛祥	上乡黎痕	82	五月十二日	92	五月廿一日	35	五月廿八日			51	五月廿六日	260	
冠芳园	上乡水口	84	五月十三日	91	五月廿一日	51	五月廿九日			40	六月一日	266	
恂昔昌	上乡木塔口	92	五月十六日	112	五月廿四日	35	五月三十日			62	六月十三日	301	
荣利生	上乡苏家村	72	五月十三日	93	五月廿二日	36	五月廿八日			52	六月一日	253	
同德祥	上乡榔墅	76	五月十六日	72	五月廿七日					45	六月十四日	193	
复兴祥	上乡占村坂	72	五月十四日	76	五月廿一日	47	五月廿一日	5	六月一日	42	六月一日	242	
恒兴昌	上乡郑家坂	110	五月十四日	148	五月廿六日	76	六月二日	12	六月二日	96	六月七日	442	
德兴隆	上乡木塔口	88	五月十二日	80	五月十九日	51	五月廿二日			62	六月十日	281	
义和祥	上乡横山	98	五月十六日	113	五月廿五日	58	五月三十日			72	六月五日	341	
永顺昌	上乡分流	76	五月十五日	136	五月二十日	39	六月五日			46	六月五日	297	
荣盛昌	上乡白石口			119	五月二十日	95	五月廿九日			68	六月二日	282	
锦源春	上乡陈家洞			87	五月十八日	110	五月廿七日			82	五月廿七日	279	
集群	上乡官村口	112	五月十六日	88	五月廿四日	40	六月一日			78	六月六日	318	
同春祥	上乡木塔口	100	五月廿六日							43	六月六日	143	
公利祥	中乡罗家亭	93	五月十六日	82	五月廿五日	62	五月三十日	16	六月七日	51	六月七日	304	
国安祥	中乡金家村	94	五月十八日	91	五月廿七日	24	六月二日				六月二日	209	

茶号名称	所在地址	第一批 箱数	第一批 月日	第二批 箱数	第二批 月日	第三批 箱数	第三批 月日	第四批 箱数	第四批 月日	花香 箱数	花香 月日	箱数合计	备注
同德祥	中乡尧渡中街			65	五月廿七日	86	六月四日	11	六月四日			162	
协昌祥	中乡尧渡街			73	五月十八日	67	五月卅一日					140	
春福祥	中乡官港	80	五月十四日	67	五月廿二日	57	五月卅二日	3	六月一日	76	六月三日	283	
锦源	中乡尧渡街	123	五月十四日	180	五月廿五日	108	六月二日	35	六月十三日	215	六月十三日	661	
顺昌祥	中乡花园里	84	五月十四日	101	五月廿五日	26	六月一日			77	六月二日	288	
鼎新	中乡秧田坂	92	五月十四日	159	五月廿六日					69	六月二日	320	
振泰兴	中乡西村	93	五月十七日	100	五月廿七日	34	六月二日			58	六月八日	285	
长源	中乡高家坂	73	五月十四日	83	五月廿四日	48	五月卅日			65	六月三日	269	
正和祥	中乡尧渡街	158	五月十五日	99	五月廿一日	144	五月卅一日	39	六月五日	302	六月廿七日	742	
森森	中乡尧渡街	158	五月十四日	147	五月二十日	90	五月卅日	24	六月一日	100	六月一日	519	
同兴祥	中乡尧渡街	80	五月十六日	88	五月廿六日	37	六月一日			82	六月二日	287	
正源祥	中乡尧渡街	72	五月十五日	94	五月廿五日	44	五月卅一日			66	六月四日	276	
万昌祥	中乡尧渡街	83	五月十五日	81	五月廿五日	71	六月一日	62	六月十五日	279	六月十五日	576	
立春祥	中乡尧渡街	80	五月十五日	79	五月廿三日	50	五月廿三日			93	五月三十日	302	
鸿茂昌	中乡东村	102	五月十五日	76	五月廿二日	23	五月廿二日			39	五月廿八日	240	
景昇祥	中乡东村	106	五月十七日	66	五月廿七日	30	六月一日			50	六月二日	252	
天生祥	中乡尧渡街	62	五月十七日	53	五月廿八日							115	

茶号名称	所在地址	第一批		第二批		第三批		第四批		花香		箱数合计	备注
		箱数	月日	箱数	月日	箱数	月日	箱数	月日	箱数	月日		
益盛	中乡尧渡街	105	五月三十一日							50	六月五日	155	
国泰祥	中乡祠堂里	83	五月十四日	67	五月廿三日	53	六月一日					203	
永丰	下乡官田徐村	86	五月十四日	70	五月廿二日	46	五月廿二日			59	五月廿七日	261	
聚昌福	下乡后河板桥镇	92	五月十五日	78	五月十九日	58	五月廿三日	24	五月廿四日	40	五月廿七日	292	
天顺祥	下乡葛公镇	82	五月十二日	64	五月十八日	36	五月廿七日			55	五月廿七日	237	
满园春	下乡葛公镇	131	五月十四日	78	五月廿三日					52	五月廿五日	261	
竞生	下乡姚黄	98	五月十五日	98	五月廿七日	18	六月二日			38	六月六日	252	
聚昌祥	下乡华世港	88	五月十二日	94	五月廿三日	32	五月三十日			52	五月三十日	266	
国民	下乡杨树林	90	五月十四日	86	五月廿一日	46	五月三十日			64	五月三十日	286	
同泰祥	下乡洞门口			60	五月十八日	54	五月廿二日			55	五月廿七日	169	
同吉祥	下乡四房村	120	五月十六日	72	五月廿三日	22	五月廿七日			52	五月廿七日	266	
同源兴	下乡	102	五月十五日	86	五月廿一日	37	五月廿八日			61	五月廿八日	286	
美利肇	浮梁茶宝山	122	五月十七日	113	五月三十一日	58	六月七日			74	六月七日	367	
佰晋信	贵池源头	90	五月十四日	88	五月廿八日	38	六月二日	13	六月十日	80	六月十日	309	
佰信昌	贵池源头	114	五月十七日	126	五月廿五日	82	六月二日			114	六月十日	436	
钰记	中乡	90	六月六日							35	六月六日	125	
永源春	中乡	68	六月廿一日							32	六月廿三日	100	

茶号名称	所在地址	第一批		第二批		第三批		第四批		花香		箱数合计	备注
		箱数	月 日	箱数	月 日	箱数	月 日	箱数	月 日	箱数	月 日		
恒兴复	下乡	72	六月十三日							18	六月十三日	90	
程万兴		77	五月十九日									77	
总计		4579		4467		2434		412		3581		15473	

（注一）本年产地检验开始之时，若干茶号，均已出箱，故头批茶有未经检验，即已运出者。

（注二）凡四批以后之茶箱，均并入四批内计算。

（注三）本年花香仿可自由运输，故报验者不多。

（注四）茶梗茶子，报验者不多，以上各表，均未统计在内。

（注五）凡报验副头批茶，并入二批计算，其余依次类推。

（注六）若干茶号，未经登记者，均系临时组织，故出品不多。

祁门茶业合作社产地报验茶箱逐批数量及出箱日期表

合作社名称	所在地址	第一批 箱数	第一批 月 日	第二批 箱数	第二批 月 日	第三批 箱数	第三批 月 日	第四批 箱数	第四批 月 日	合计箱数	备注
岭西	南乡岭西村	56	五月十三日	39	五月二十日	14	六月四日			109	
龙潭	西乡龙潭	102	五月十日	70	五月十五日	52	五月三十日			224	
石谷	西乡石谷里	95	五月廿五日	90	五月廿五日	90	五月廿九日	87	五月廿九日	362	
石墅	西乡石墅	112	五月十一日	26	五月三十日					138	
殷下	东乡殷下村			45	五月十九日					45	
环砂	西乡环砂	96	五月十二日	56	五月十九日	47	五月廿九日	40	五月三十日	239	二批上海售出54件
仙源	东乡仙源	94	五月十二日	43	五月廿二日					137	
改良场	南乡平里										改良场另见茶号报验表
塔坊	南乡塔坊	100	五月十一日	100	五月十九日	102	五月廿四日			302	
庚峰	西乡庚峰	66	五月十一日	90	五月二十日	55	五月廿九日			211	
桃村	西乡里村	76	五月十日	65	五月二十日	57	五月廿四日			198	
里溪	南乡桃溪	81	五月十三日	57	五月二十日	64	五月廿六日			202	
金山	南乡金山村	84	五月十二日	45	五月廿二日					129	
溶源	西乡溶源	69	五月十日	61	五月廿二日					130	
三步塔	西乡三步塔	117	五月十三日	91	五月廿九日					208	
流源	西乡流源	90	五月十一日			74	五月廿九日			164	

合作社名称	所在地址	第一批		第二批		第三批		第四批		合计箱数	备注
		箱数	月 日	箱数	月 日	箱数	月 日	箱数	月 日		
南汉	南乡南汉	93	五月十二日	69	五月十九日	31	五月廿二日			193	
湘潭	南乡湘潭	68	五月十三日	39	五月廿二日					107	
西坑	西乡西坑	81	五月十二日	44	五月廿二日	11	五月三十一日			136	二批上海售出74件
坳里	南乡坳里	80	五月十四日	73	五月廿五日					153	
小魁源	东乡小魁源村	80	五月十六日							80	
石坑	西乡石坑	76	五月十六日	95	五月三十一日					171	
郭溪	南乡郭溪	86	五月十四日	78	五月廿二日					164	
马山	西乡马山	86	五月十五日	82	五月廿九日	33	五月廿九日			201	三批上海售32件
张闪	西乡张闪	101	五月十五日	111	五月廿九日	98	六月三日			310	头批上海售49件,三批47件
礵村	西乡礵村	55	五月十五日	56	五月廿九日	82	六月三日			193	
双溪	西乡双溪	94	五月十四日	60	五月廿九日	44	五月廿九日			198	
下文堂	西乡下文堂	100	五月十五日	60	五月廿九日	70	五月三十日	14	六月十日	244	
查里	西乡查里			83	五月廿九日	54	五月三十日	13	六月三日	150	
淑家	西乡淑家	95	五月十五日	50	四月廿九日	68	六月十日	6	六月十日	219	
滩下	西乡滩下村	105	五月十五日	90	五月廿九日	73	六月九日	9	六月九日	277	

续 表

合作社名称	所在地址	第一批		第二批		第三批		第四批		合计箱数	备注
		箱数	月 日	箱数	月 日	箱数	月 日	箱数	月 日		
苓园	南乡苓园	93	五月二十日			14	六月十日			107	
双河口	西乡双河口	112	五月十九日	110	五月廿五日	94	五月三十日	94	五月三十日	410	四批上海售90件
寺前	西乡寺前	95	五月十五日	64	五月廿九日					159	头批上海售107件
伊坑	西乡伊坑	79	五月十八日	67	五月廿八日					146	
宋许村	西乡宋许村	120	五月二十日	78	五月廿九日	38	五月三十日			236	
石潭	西乡石潭	78	五月十五日	94	五月廿九日	84	六月九日	21	六月十日	277	
合坑	西乡合坑										

总计本年祁门茶业合作社产地报验红茶头批3015件，二批2281件，三批1349件，四批284件，共6929件。出箱日期自五月上旬至六月底。

(三)祁浮至三县本分庄距离里数统计

祁门		至德		浮梁	
本庄与分庄距离里数	家数	本庄与分庄距离里数	家数	本庄与分庄距离里数	家数
1—5	48	1—5	11	1—5	27
6—10	60	6—10	7	6—10	48
11—15	35	11—15	19	11—15	35
16—20	33	16—20	6	16—20	30
21—25	12	21—25	3	21—25	18
26—30	7	26—30	6	26—30	19
31—35	2	31—35		31—35	
36—40	2	36—40	4	36—40	4
		41—50	4		
		51—60	2		

(四)祁浮至三县烘茶司履历统计表

地名	百分数
河口	74.8
至德	4.5
九江	0.6
湖北	1.3
婺源	9.7
修水	1.9
宁州	1.9
怀县	2.6
休宁	0.6
□峰	0.6
德化	0.6
瑞州	0.6

(五)祁浮至成茶箱数与烘笼数之定数比率并附摊茶面积调查

祁门茶区

登记号数	制茶箱数 花香在内	烘笼数	每只烘笼所烘箱数平均	毛茶摊放面积	毛火茶摊放面积
1	227	120	1.9	4.0方	4.0方
2	180	90	2.0	8.0方	6.0方
3	182	97	1.8	8.0方	3.0方
5	173	118	1.4	10.0方	8.0方
8	244	230	1.0	12.0方	8.0方
14	226	160	1.4	10.0方	7.0方
16	298	140	2.1		
17	176	100	1.7	4.0方	3.0方
18	228	136	1.7	4.0方	2.0方
20	227	110	2.0	4.0方	2.0方
22	170	113	1.2	4.0方	3.0方
23	242	220	1.1	10.0方	8.0方
29	227	260	0.8	18.0方	8.0方
30	221	260	0.8	18.0方	8.0方
31	235	220	1.0	16.0方	8.0方
32	201	112	1.8	5.0方	6.0方
33	147	92	1.6	4.0方	3.0方
34	185	120	1.5	5.0方	3.0方
35	209	121	1.7	6.0方	4.0方
38	218	240	0.8	3.0方	2.0方
43	279	110	2.5	4.0方	3.0方
53	186	91	1.9	8.0方	4.0方
54	183	80	2.2	4.0方	2.0方
56	192	112	1.7	3.0方	2.0方
58	166	120	1.2	10.0方	3.0方
63	147	120	1.3	4.0方	3.0方
65	210	240	0.8	12.0方	18.0方

登记号数	制茶箱数花香在内	烘笼数	每只烘笼所烘箱数平均	毛茶摊放面积	毛火茶摊放面积
66	230	130	1.8	8.0方	3.0方
68	373	230	1.6	16.0方	16.0方
69	542	205	2.5	36.0方	42.0方
75	261	140	1.9	9.0方	9.0方
76	162	140	1.1	28.0方	3.0方
77	228	120	1.9	6.0方	3.0方
80	126	180	0.7	5.0方	4.0方
81	210	185	1.1	21.0方	10.0方
82	239	158	1.5		
85	382	220	1.7		
86	399	135	2.8	13.0方	4.0方
89	210	60	3.9	7.0方	3.0方
90	465	240	1.9	4.8方	16.0方
91	204	60	3.4	7.0方	13.0方
92	286	221	1.4	22.0方	18.0方
94	500	170	2.9	14.0方	
95	208	101	2.0	6.0方	3.0方
96	330	220	1.5	4.0方	6.0方
98	256	142	1.8	7.0方	4.0方
99	229	140	1.6	15.0方	4.0方
100	441	270	1.6	32.0方	21.0方
101	211	103	2.0	7.0方	2.0方
102	208	132	1.5		
103	226	126	1.8	8.0方	5.0方
104	243	100	2.4	8.0方	3.0方
106	355	226	1.5	7.0方	5.0方
107	373	230	1.6	16.0方	16.0方
112	506	260	1.9	3.0方	9.0方
114	342	136	2.5	11.0方	16.0方

登记号数	制茶箱数 花香在内	烘笼数	每只烘笼所烘箱数平均	毛茶摊放面积	毛火茶摊放面积
115	210	125	1.7	12.0方	7.0方
116	131	115	1.1	5.0方	3.0方
117	233	105	2.2	7.0方	3.0方
118	250	146	1.7	20.0方	8.0方
119	158	174	0.9	12.0方	6.0方
120	245	160	1.5	9.0方	6.0方
125	238	124	1.9	20.0方	4.0方

浮梁茶区

登记号数	制茶箱数 花香在内	烘笼数	每只烘笼所烘箱数平均	毛茶摊放面积	毛火茶摊放面积
1	301	120	2.5	7.0方	3.0方
2	362	94	3.8	5.5方	3.0方
3	444	125	3.5	9.0方	6.7方
4	309	60	1.9	5.6方	5.6方
5	238	82	2.8	6.0方	4.0方
6	295	120	2.4	8.0方	19.0方
7	264	80	3.2	5.6方	4.6方
8	233	116	2.0	5.6方	9.0方
9	275	98	2.8	4.0方	4.0方
10	202				
11	311	90	3.4	9.0方	8.0方
12	277				
13	260				
14	432	123	3.4	16.0方	16.0方
15	355	91	3.9	5.0方	3.0方
16	426	160	2.6	6.0方	5.0方
17	364	92	3.9	9.0方	6.0方
18	309	102	3.0	24.0方	20.0方

登记号数	制茶箱数花香在内	烘笼数	每只烘笼所烘箱数平均	毛茶摊放面积	毛火茶摊放面积
19	282	104	2.7	3.0方	3.0方
20	275	120	2.3	4.0方	4.0方
21	351	92	3.8	6.0方	3.0方
22	414	120	3.4	12.0方	7.0方
23	426	122	3.5	5.0方	4.0方
24	222				
25	327	120	2.7	10.0方	5.0方
26	185	95	1.9	8.0方	6.0方
27	256	96	2.6	9.0方	16.0方
28	307	120	2.5	12.0方	12.0方
29	272	89	3.0	6.0方	4.0方
30	378	145	2.6	3.6方	2.5方
31	255	104	2.4	4.0方	3.0方
32	310	120	2.5	9.0方	12.0方
33	265	110	2.4	11.0方	16.0方
34	285	120	2.3	11.0方	9.0方
35	233	100	2.2	5.0方	5.0方
36	868	228	3.5	(1)10.0方 (2)3.0方 (3)4.0方	(1)11.0方 (2)8.0方 (3)7.0方
37	286				
38	301	57	5.2	4.0方	2.0方
39	378	82	4.5	4.0方	4.0方
40	370	102	3.6	4.0方	3.0方
41	362	140	2.6	7.0方	4.5方
42	469	160	2.9	6.0方	6.0方
43	303	140	2.1	3.0方	2.0方
44	259				
45	249	96	2.6	9.0方	8.0方

登记号数	制茶箱数花香在内	烘笼数	每只烘笼所烘箱数平均	毛茶摊放面积	毛火茶摊放面积
46	293				
47	475	160	3.0	9.0方	7.0方
48大港森茂祥	未开办				
49	244	140	1.7	8.0方	6.0方
50	411	120	3.4	4.0方	8.0方
51	393	120	3.2	16.0方	9.0方
52	380	120	3.1	5.0方	5.0方
53	388	120	3.2	8.0方	7.0方
54	275	120	2.3	2.0方	8.0方
55	311	130	2.4	7.0方	7.0方
56	240				6.4方
57	318	104	3.0	15.0方	8.0方
58	200	105	2.0	7.0方	5.0方
59	478	120	3.9	16.0方	12.0方
60	255	120	2.1	10.0方	9.0方
61	333	120	2.8	8.0方	6.0方
62	299	93	4.2	6.0方	3.0方
63	390	98	4.0	7.0方	4.0方
64	360	106	3.3	6.0方	4.0方
65	259				
66	茶宝山美利馨			由至德出境	
67	310	120	2.5	7.0方	2.5方
68	111	87	1.3	7.6方	7.6方

至德茶区

登记号数	制茶箱数花香在内	烘笼数	每只烘笼所烘箱数平均	毛茶摊放面积	毛火茶摊放面积
2	175	120	1.4	11.0方	14.0方

登记号数	制茶箱数花香在内	烘笼数	每只烘笼所烘箱数平均	毛茶摊放面积	毛火茶摊放面积
3	286	75	3.8	8.0方	7.0方
5	203	78	2.6	9.0方	8.0方
6	185	92	2.0	6.0方	4.0方
7	182	85	2.1	8.0方	6.0方
8	907	210	4.3	(1)8.0方 (2)7.0方 (3)9.0方	(1)4.0方 (2)5.0方 (3)3.0方
11	200	78	2.1	7.0方	4.0方
12	216	88	2.4	8.0方	7.0方
13	313	52	6.0	8.0方	7.0方
14	613	80	7.6	8.0方	6.0方
15	297	111	2.6	6.0方	4.0方
17	282	84	3.3	11.0方	7.0方
18	359	60	5.9	8.0方	6.0方
19	260	80	3.5	6.0方	4.0方
20	278	78	3.5	7.0	6.0
21	293	64	4.5	9.0	6.0
22	254	90	2.8	6.0	4.0
23	194	64	3.0	9.0	8.0
24	125	50	2.5	9.0	8.0
25	625	110	5.6	9.0	9.0
26	559	110	5.0	6.0	4.0
28	287	90	3.2	6.0	5.0
29	276	59	4.6	11.0	8.0
30	296	60	4.9	7.0	6.0
31	335	50	6.7	6.0	7.0
32	269	53	5.0	8.0	7.0
33	240	74	3.2	9.0	6.0
34	252	61	4.0	9.0	8.0

登记号数	制茶箱数花香在内	烘笼数	每只烘笼所烘箱数平均	毛茶摊放面积	毛火茶摊放面积
36	251	52	4.8	7.0	5.0
37	221	61	3.6	6.0	4.0
38	193	120	1.6	8.0	7.0
40	230	80	2.8	8.0	7.0
41	258	90	2.8	6.0	4.0
42	292	80	3.6	6.0	5.0
43	211	80	2.6	8.0	6.0
44	251	72	3.4	7.0	5.0
47	105	50	2.1	7.0	4.0

（六）祁门茶号登记一览表

号名	经理人	承贷款额	保证人	应交箱数	茶号地址	备注
公馨	王凤如	8000元	夏赓英	300箱	西乡高塘	
益馨祥	胡用韶 戴玉璋	6000	廖伯常	200	南乡程村碣	
瑞春祥	汪德鑑 汪馨吾	5000	廖伯常	200	南乡芦溪	
义和昌	李神赐	5000	廖伯常	200	西乡历口	
树德	章润之	5000	谢步梯	200	南乡平里	
同和昌	方爵三	5000	廖伯常 郑文元	200	南乡塔坊	
永生祥	谢尧三	5000	郑文元	200	南乡弓源	
联大	谢步云	9000	谢步梯	300	南乡筱岭脚	
慎昌祥	郑蔼瑞	6500	谢步梯	240	南乡奇岭	
同华祥	汪丽文	5000	谢步梯	200	西乡石谷	
日升	胡玉成	9000	廖伯常	280	城内	
公大	谢步云	7500	谢步梯	240	南乡将军桥	
永同春	万颂笙 万建章	6000	谢步梯	240	北乡沙湾	

号名	经理人	承贷款额	保证人	应交箱数	茶号地址	备注
同大	谢步梯	9000	何杰甫	300	南乡将军桥	
同芳	冯龙卿	6000	谢步梯	240	城内	
慎昌	江怀卿 胡克昌	9000	谢步梯	300	南乡虎跳	
均益昌	郑树棠	6000	廖伯常 谢步梯	240	南乡奇峰	
同泰昌	谢履元 谢桂芬	9000	谢步梯	300	南乡舟溪	
同茂昌	李星岩	7000	谢步梯	240	南乡塘坑	
德和昌	胡雪舫	7000	谢步梯	260	西乡宋坑	
慎余	谢步梯 汪怀钛	15000	谢步梯	600	城内	
怡大	谢步瀛	9000	谢步梯	300	南乡将军桥	
怡昌	谢步梯	9000	何杰甫	300	南乡筱岭脚	
大同昌	叶必和	6000	谢步梯	220	西乡马口	
公益昌	郑筱岩	7000	谢步梯	300	南乡奇岭	
胡怡丰	胡致甫	9000	廖伯常	400	南乡贵溪	
诚信祥	康殿西	7000	廖伯常	280	南乡倒湖	
常信祥	廖伯常	9000	夏赓英	300	西乡小路口	
同大新	谢步梯	9000	何杰甫	300	南乡塔坊	
公昌	谢步梯	9000	何杰甫	300	南乡塔坊	
丰大昌	谢步岩	9000	谢步梯	300	南乡塔坊	
志成祥	汪大谟 汪六飞	6000	谢步梯	240	南乡渣湾	
大华丰	胡雨苍	6000	谢步梯	220	南乡贵溪	
源礼祥	胡菊如	6000	谢步梯	200	南乡溶口	
同薪昌	李竹斋	6000	谢步梯	240	南乡溶口	
同昌	胡凤池	6000	郑文元	240	南乡贵溪	
大同康	汪景行	8000	廖伯常	240	南乡倒湖	
景昌隆	李醒凡	8000	廖伯常	300	南乡余坑口	

号名	经理人	承贷款额	保证人	应交箱数	茶号地址	备注
苑和祥	廖宛春	6000	廖伯常	260	西乡石门桥	
同裕昌	盛利仁	5000	郑文元	200	南乡间源	
景新隆	李镜吾	6000	谢步梯	200	南乡景石	
志和昌	汪惟信	6000	廖伯常	300	西乡历口	
同春昌	康孔予	9000	郑文元	300	南乡樟坑	
恒大	谢尊芝 谢凤翔	7500	谢步梯	250	南乡乔山	
同春安	余南洲	9000	郑文元	300	南乡塔坊	
同德昌	康达清 康翘予	6000	谢步梯	260	南乡碧桃	
永益昌	郑达章	6000	谢步梯	250	南乡奇岭	
万山春	王紫材	6000	郑文元	200	南乡塔坊	
吉和长	洪季陶	9000	何杰甫	300	城区	
源丰永	章藻芹	6000	谢步梯	200	南乡平里	
同大昌	方向渠	7000	廖伯常	300	南乡唐源	
吉善长	洪季陶	9000	何杰甫	300	城内	
同兴昌	何春元 程青甫	6000	郑文元	200	南乡柯岭	
元吉利	郑寿芝	6000	谢步梯	250	南乡奇岭	
元兴永	陈锡慕	9000	廖伯常	300	西乡双河口	
同和昌	方爕卿	7000	廖伯常	250	南乡田源	
隆懋昌	倪贤才	7000	郑文元	250	西乡花城里	
益大	戴惠臣	6000	郑文元	250	南乡榨里	
恒发祥	许南薰	5000	谢步梯	200	西乡赤山	
永昌	汪仲威	7000	廖伯常	300	西乡闪里	
怡怡	陈左贤 陈汉章	8000	廖伯常	260	南乡双河口	
恒泰昌	洪星堂 洪仲衡	7000	郑文元	250	西乡群坑	
同和祥	余松涛	6000	谢步梯	200	西乡龙源	

号名	经理人	承贷款额	保证人	应交箱数	茶号地址	备注
致大祥	胡仰行	6000	廖伯常	200	西乡漳溪	
大成茂	汪渭滨	6000	郑文元	300	西乡彭龙	
大德昌	汪槐卿 汪德卿	6000	谢步梯	260	南乡芦溪	
同顺安	吴仰峰	7000	陈楚材	230	西乡正冲	
恒吉祥	吴丽辉	8000	陈楚材	270	西乡历口	
聚和昌	汪仲衣	9000	谢步梯	300	西乡历口	
同馨昌	陈仰文	9000	郑文元	300	西乡闪里	
笃敬昌	吴济甫	6000	陈楚材	200	西乡洪都	
成春祥	倪成章	6000	郑文元	200	西乡清溪	
同志昌	程履安	6000	陈楚材	200	西乡环砂	
恒德昌	叶新鑫	8000	陈楚材	270	西乡沙堤	
泰和昌	汪迪先 汪运昌	7000	郑文元	320	西乡历口	
怡同昌	汪文辉	5000	陈楚材	200	西乡汪村	
裕福隆	王崇敬	6000	谢步梯	260	南乡芦溪	
合和昌	王文铎	6000	谢步梯	200	西乡历溪	
豫盛昌	陈集英	6000	陈楚材	200	西乡文堂	
均和昌	廖伯熙	8000	廖伯常	300	西乡历口	
共和昌	汪锡初	6000	陈楚材	200	西乡历口	
大有恒	何声远 何振声	8000	陈楚材	280	南乡岭西	
恒信昌	陈藻青 陈柏禄	8000	陈楚材	260	西乡闪里	
同和昌	汪绍贞	6000	陈楚材	200	西乡彭龙	
裕盛祥	王霭峰	8000	陈楚材	260	西乡箬坑	
同人和	王逊儒	8000	陈楚材	260	西乡高塘	
致和祥	陈纯修 陈顺龙	8000	陈楚材	260	西乡闪里	

号名	经理人	承贷款额	保证人	应交箱数	茶号地址	备注
利利	汪范如 汪银如	7000	陈楚材	230	西乡伦坑	
隆裕昌	汪壁如	6000	廖伯常	240	南乡程村碣	
裕馨成	王佩绅	12000	郑文元	400	西乡高塘	
信和昌	汪丽如	6000	廖伯常	240	南乡程村碣	
至善祥	王仲甫	7000	陈楚材	230	西乡箬坑	
益馨和	李凤岐	5000	谢步梯	200	南乡平里	
恒昌祥	倪子培	8000	陈楚材	260	西乡渚口	
成德隆	王履仪	6000	廖伯常	200	南乡严潭	
润和祥	汪济澜	8000	陈楚材	270	西乡历口	
恒馨祥	陈楚材	24000	何杰甫	800	西乡闪里	
公和永	倪翼经 倪松平	6000	郑文元	200	西乡渚口	
公顺昌	倪鑑吾	6000	郑文元	200	西乡渚口	
裕春祥	王肇球	10000	郑文元	300	西乡高塘	
春馨	胡云霞	6000	谢步梯	300	南乡平里	
华大春	王炳文	5000	郑文元	200	西乡箬坑	
善和祥	王凤腾	6000	谢步梯	200	西乡栗里	
源利祥	胡爵堂	6000	廖伯常	200	南乡贵溪	
同志祥	汪蔼庵	6000	郑文元	200	西乡伦坑	
洪馨永	陈馨园	9000	郑文元	300	西乡闪里	
联合昌	许惟忠	8000	陈楚材	270	西乡历口	
同德祥	陈大俊	9000	郑文元	300	西乡闪里	
同和昌	汪燮昌	7500	谢步梯	300	西乡彭龙	
瑞馨祥	刘芳谷等	8000	郑文元	270	南乡岭西	
时利和	王养民	7500	陈楚材	250	西乡箬坑	
德昌祥	倪淑予	11000	郑文元	400	西乡渚口	
共和祥	汪基漠	7500	廖伯常	250	西乡石潭	
裕昌祥	王伯棠	9000	陈楚材	280	西乡箬坑	
裕馨祥	王仲斋	6000	郑文元	200	西乡叶村	

号名	经理人	承贷款额	保证人	应交箱数	茶号地址	备注
同福康	胡凤腾	5000	郑文元	200	南乡溶口	
永馨祥	胡若文	8000	廖伯常	260	南乡贵溪	
日隆	胡翰斋	11000	廖伯常	360	南乡贵溪	
永和昌	胡肖山	8000	廖伯常	260	南乡贵溪	
恒德祥	陈济淮	7000	廖伯常	240	西乡闪里	
大同康	康启东	4500	廖伯常	200	西乡查湾	
懋昌祥	倪淑予	未核定		260	西乡奇岭	
同心昌	郑集成	未核定		200		未开设
玉成	廖济材	未核定		200	西乡郑家村	
一枝春	倪淑予	未核定		200	西乡渚口	
汇丰祥	俞伯良	不需贷款		200	西乡历口	
集义昌	汪林孙	不需贷款		200	西乡历口	
永华昌	王笠农	不需贷款		200	城内	

二五年度各合作社概况一览表

社名	理事长	社员	共认社股	每股金额	预计产茶量		生产贷款	合作资金	运销贷款
					箱茶	花香			
小魁源	胡必昌	36	44	2	154	36	3850	1972	5405
殿下	胡永泰	21	56	2	117	25	2935	1666	4229
仙洞源	许丽生	34	41	2	226	46	5380	2712	5380
岭西	胡颜田	36	178	2	295	60	6443	3068	6443
金山	何星儒	25	50	2	211	42	5102	2532	5102
湘潭	汪协和	47	86	2	104	20	2550	1347	3880
桃溪	方步斋	42	182	2	180	36	4429	2160	6283
郭溪	胡仲僧	53	155	2	152	29	3800	1946	5625
南汊	谢君正	33	300	2	198	34	3952	1901	4952
石墅	廖元恺	32	83	2	246	59	5214	2755	5214
西坑	方尚武	31	150	2	198	40	4830	2376	4830
寺前	方明甫	39	163	2	275	35	6181	3190	6181
龙潭	廖纪常	39	39	5	282	53	6745	3046	6745

社名	理事长	社员	共认社股	每股金额	预计产茶量		生产贷款	合作资金	运销贷款
					箱茶	花香			
石谷里	汪子辉	59	74	2	329	64	6838	3158	10173
塔坊	谢步岩	15	210	2	300	60	7442	3240	9638
溶源	郑洁斋	30	181	2	180	36	4202	2088	4202
庚峰	方汉武	25	60	2	193	36	4096	2239	6684
里村	叶兰馨	50	66	2	194	40	4755	2180	5940
双河口	陈世道	40	140	2	400	80	7858	3956	11567
萃园	胡蔚文	41	201	2	210	42	4762	2352	5603
石坑	郑南山	27	58	2	191	38	4660	2216	5492
伊坑	倪永辉	21	202	2	138	25	3450	1818	4482
石潭	汪泽广	31	630	2	214	43	5189	2482	5189
滩下	倪觉庵	33	205	2	264	49	5993	2851	8228
宋许村	倪伟成	37	74	2	221	44	5385	7528	7277
张闪	黄启明	45	141	2	260	50	6331	2832	8425
淑里	黄耀南	37	105	2	200	40	4657	2240	7167
磻村	陈进兴	54	204	2	280	56	5579	2800	8301
双溪	金焕荣	48	147	2	150	30	3654	1800	5879
查家	查凤昌	26	151	2	189	36	4682	1970	6420
下文堂	陈缙臣	36	194	2	194	40	4542	2173	5939
流源	陈宗颐	46	183	2	200	40	4699	2080	6489
马山	叶均成	37	141	2	200	40	4856	2400	6263
环沙	程吉人	32	127	2	242	48	5162	2420	7039
坳里	章日清	51	51	2	148	28	3663	1894	4461
统计		1300	4505		7535	1498	173866	84388	221127

（说明一）运销贷款，系于茶箱交足后，将生产贷款本息并入计算而转成者。其未有运销贷款者，即以生产贷款转入，以便计算贷款之总额。

（说明二）合作资金之来源，系社员毛茶价之四成积聚而得。换言之，各社员售毛茶与合作社，仅能得六成之货价，余四成于成茶出售后，再行计算。

浮梁茶号登记一览表

号名	经理人	住址	号址	承贷款额	保证人	应交箱数	备注
天利和	姚纪训	梅湖	梅湖芝里村	6000	施亦济	300	
如兰馨	施梅阁	鸦桥	同上	5000	施亦济 姚纪训	240	
源春祥	汪春晖	磻邨	同上	6000	刘重炬	300	
福利昌	郑尔臧	大江村	同上	6000	汪春晖	200	
天泰昌	夏春霆	太湖	同上	5000	同上	260	
贞元祥佩记	汪佩云	磻溪	同上	6000	同上	300	
大同昌	汪作楫	磻村	合源乡	5000	同上	200	
永和昌	计瀛洲	状元港	同上	5000	同上	200	
公利和谦记	朱大昕	嵯口	柏林	5000	同上	260	
协益昌	余衡石	浮梁曲口	同上	5000	同上	300	
美利源	吴乃素	歧田	同上	5000	同上	300	
万成隆	程达权	浮梁兴田	同上	5000	同上	300	
谦和祥	余厚甫	潭口	同上	6500	同上	380	
裕源隆	胡炽昌	桃墅店	同上	7000	同上	300	
裕馨昌	汪润之	桃墅店	同上	6500	同上	340	
源兴昌	汪燦炎	西湾	同上	6500	同上	320	
复兴昌	汪钰堂	磻村	同上	7000	同上	240	
英和祥	汪君英	硋村	同上	6500	同上	240	
复昌泰	汪建钧	磻村	同上	5500	同上	200	
万利昌	王立绿	西湾	同上	5500	同上	200	
大馨昌	汪学如	桃墅店	同上	7000	同上	240	
怡馨昌	汪克刚	桃墅店	同上	7000	同上	240	
广源祥	汪作材	桃墅店	同上	7000	同上	240	
同福昌	施善民	硋村	同上	5000	同上	200	
恒馨昌	郑新民	郑邨	同上	7000	同上	300	
裕馨祥	江礼修	严台	同上	5500	同上	200	
义馨祥	章吉成	查村	同上	5000	同上	200	
德和祥	郑礼和	江村	同上	5500	同上	200	

号名	经理人	住址	号址	承贷款额	保证人	应交箱数	备注
永顺昌	计林泉	新店	同上	5000	同上	200	
道和祥	计松亭	港口	同上	7000	同上	240	
和同昌	汪幹松	磻邨	同上	5500	同上	200	
公正昌	郑良模	大江邨	同上	6000	郑尔臧	200	
人和昌	朱斗光 江式恭	严台	同上	5500	汪春晖	200	
余庆祥	郑道乾 朱国定	江邨	同上	5500	同上	200	
聚春和	计钦全	柘平	同上	4000	同上	200	
恒德昌	朱贻泽	沧溪	同上	8000	同上	300	
元康	朱大雅	汉口	同上	5500	同上	200	
永泰亨	金竞成	金家坞	同上	5500	同上	200	
万惟怀	郑玉书	午墅	同上	5500	同上	200	
恒德祥	胡振铎	湖泽	同上	5500	同上	200	
德润祥	计松庭	港口	同上	6500	同上	250	
恒兴祥	汪肇基	磻邨	同上	7000	同上	300	
瑞元祥	章国衡	查邨	同上	5500	同上	200	
昌华	程宜民	禾里	杨邨	5500	同上	200	
公同昌	江质夫	诰峰	白毛港	6500	同上	220	
永和昌	张佩贤	流口	同上	5500	同上	200	
永馨福	计现永	港口	同上	7000	同上	240	
森茂祥	陈作诚	闪里	大港	7500	同上	260	
德昌祥	郑池塘	中洲	江邨	5500	同上	200	
亿昌隆	汪兆周	桃墅	同上	7000	同上	320	
同泰昌	汪廷桂	桃墅	同上	7000	同上	260	
民生裕	汪龙吟	桃墅	同上	7000	同上	260	
永馨园	计学佑	状元港	同上	6500	同上	230	
新华	江安波	严坑	同上	6500	同上	240	
仁馨昌	郑耕山	大江村	同上	7000	同上	370	
萃丰	程宜民	禾里	兴田	4000	同上	260	

号名	经理人	住址	号址	承贷款额	保证人	应交箱数	备注
恒兴昌	汪克圣	磻邨	同上	6500	同上	250	
同馨祥	郑镛甫	大江邨	严坑	5500		200	
恒丰祥	郑胜祖	大江邨	同上	7000	同上	260	
同春华	郑济华	大江邨	同上	5500	同上	200	
大馨	朱大受	溠口	同上	5000	同上	220	
永兴昌	汪兴周	桃墅	同上	7000	同上	270	
永源昌	汪成周	桃墅	同上	7000	同上	270	
聚春源	计济昌	计家港	状元港	7000	同上	240	
同德昌	金佩艾	英溪	同上	5000	同上	200	
瑞馨	刘芳容	流口	同上	5000	同上	200	
美利馨	汪文焕	茶宝山	同上	5000	同上	200	

至德茶号登记一览表

号名	经理人	茶号地址	承贷款额	乡别	备注
忠盛昌	曹万选	曹家坝	8000	上乡	
义盛祥	苏玉堂	黎痕	4000	同上	
冠芳园	周祚隆	水口	4000	同上	
恒吉昌	祝在庭	木塔口	5000	同上	
荣利生	叶朝海	苏家村	4000	同上	
同德祥	王德桢	榔墅	4000	同上	
复兴祥	叶荫棠	占邨坂	4000	同上	
恒兴昌	汪贵恒	郑家坂	6000	同上	
德兴隆	方景贤 方德焕	木塔口	4000	同上	
义和祥	汪作沧 汪子辉	横山	6000	同上	
永顺昌	吴可顺 吴进勋	分流	4000	同上	
荣盛昌	苏良眉	白石口	5000	同上	
锦源春	陈辅卿	陈家同	4000	同上	
集群	董雨田	高坦官村坂	5000	同上	
同春祥	祝绍尧 祝续成	木塔口	未贷款	同上	
公利祥	施秉钧	罗家亭	4000	中乡	

号名	经理人	茶号地址	承贷款额	乡别	备注
国安祥	金灼鲜　金昂宣	金家邨	4000	同上	
同德祥	程足宾	尧渡中街	4000	同上	
协昌祥	杨玉麟	尧渡街	4000	同上	
春福祥	陈伯亭	官港	4500	同上	
锦源	陈兴邦	尧渡街	5000	同上	
顺昌祥	檀蕴美	花园里	4000	同上	
鼎新	施鼎臣　施世祥	秧田坂	4000	同上	
振泰兴	何振高	西村	4000	同上	
长源	何区森　陈筱蕃	高家坂	4000	同上	
正和祥	林锦文	尧渡街	8000	同上	
森森	张锡章	同上	8000	同上	
同兴祥	汪楫清	同上	4000	同上	
正源祥	徐兰亭	同上	4500	同上	
万昌祥	张沛廷　黄锦云	同上	3000	同上	
立春祥	纪立陈	同上	4000	同上	
鸿茂昌	李金珊　王建邦	东村	4000	同上	
景升祥	冯贵静	同上	4000	同上	
天生祥	胡绍惠	尧渡街	2000	同上	
益盛	金隆熙	尧渡街	未贷款	同上	
国泰祥	徐继唐	祠堂里	4000	同上	
永丰	徐子范	官田徐邨	4000	下乡	
聚昌福	郑润泽	后河板桥镇	4500	同上	
天顺祥	王文炳	葛公镇	5500	同上	
满园春	曹雨苍	葛公镇	4000	下乡	
竞生	姚旺初	姚黄	4500	同上	
聚昌祥	舒文源	华芝港	4000	同上	
同兴祥	郑文卿	南原	4000	同上	
国民	王道平	杨树林	4000	同上	
同泰祥	刘汉三　刘孔三	洞门口	4500	同上	
同吉祥	潘吉让	柴坑西房邨	4000	同上	

（七）皖赣红茶运销委员会红茶茶号登记规则

第一条 本会为复兴皖赣两省红茶，促进制造技术起见，特订定本规则，举行红茶茶号登记。

第二条 凡未经本会核准登记之茶号或茶庄、茶厂合作社，不得向本会请求介绍贷款。

第三条 申请茶号登记应由该号经理或负责人呈送下列文件

　　一、申请书

　　二、股东合同(如系独资经营须于申请书内注明)

　　三、保证书或提供担保品证件

第四条 申请书应载明下列事项

　　一、申请人姓名、别号、籍贯、年龄、住址及性别

　　二、申请人制茶经验

　　三、最近五年所制红茶数量及售价并盈亏概况

　　四、茶号名称及号址

　　五、本年资本额

　　六、各股东姓名、住址、性别及所认股额

　　七、本年拟制红茶数量

　　八、本年茶箱交运地点

　　九、希望贷款最高数额

　　十、亏短款项时偿还办法

　　十一、本年度定雇工人名额

　　十二、申请登记年月日

第五条 股东合同验明后加盖验讫戳记，发还至担保品证件，如经本会核准介绍贷款者，应交本会保存，掣给收据，俟本息偿清后发还。

第六条 茶号登记由本会特派专员分赴产区县政府所在地点办理。

第七条 茶号登记每年于茶市前举行一次，其申请日期由本会规定，通知县政府公告。

第八条 本会举办登记不征收任何费用。

第九条 茶号登记资格，本年暂定最低标准如下。

　　一、资本　3000元

二、箱茶 200件

三、掌号 五年经验

前项标准得逐年提高之。

第十条 茶号申请登记应组织审查委员会审查，如认为合格，由登记专员转请本会核定。前项审查委员会由本会聘请，该县长、商会主席、茶业公会主席及当地声望素著之茶业专家组织之，开会时以登记专员为主席。

第十一条 凡经审查合格，登记之茶号除于茶号簿为合法之登记外，并发给登记证，其有效期间为一年。

第十二条 凡经登记之茶号，如发见其欺蒙情形，本会得随时注销其登记，并追还其登记证。

第十三条 申请书、保证书、登记簿及登记证等格式另订之。

第十四条 本规则如有未尽事宜得随时修正之。

第十五条 本规则由本会公布之日施行并分报皖赣两省政府备索。

皖赣红茶运销委员会红茶茶号申请登记书 第　　号（号数由本会编填）

具申请书　今遵皖赣红茶运销委员会红茶茶号登记规则第三条之规定，叙明下列事项并检同同条第二、第三两款，应呈文件送请贵会审核登记

申请人姓名　别号　籍贯　年龄　住址　性别　制茶经验

最近五年所制红茶数量、售价及盈亏情形

茶号名称　　号址

本年资本数额　　本年拟制红茶箱数

茶箱交运地点　　本年定雇工人名额

希望贷款最高数额　　亏短款项时偿还办法

各股东人姓名　住址　籍贯　性别　所认股额

附缴文件

附注

　谨呈

皖赣红茶运销委员会

中华民国　年　月　日　申请人　印

皖赣红茶运销委员会红茶茶号登记保证书　字第　　　号(号数由本会编填)

保证人　　今保证　　现在　　县开设茶号合于红茶茶号登记规则第九条所规定之标准，确能承贷款额国币　元，决无欺朦亏短情事，并愿负茶号登记规则所规定之责任，所具保证书是实

中华民国　年　月　日

保证人　　署名盖章

皖赣红茶运销委员会茶号登记保证规则

一、凡祁浮至三县红茶茶号向本会申请登记者，依照本会红茶茶号登记规则第三条，若未提供担保品证件，必须由原申请人央请保证人所填保证书送会

二、前项保证人祁浮至三县每县二人至三人，由本会就素著声望之茶商中指定之

三、保证人对于申请登记茶号应行保证之事项如下：

　　甲、保证茶号所领贷款必能如数清偿并不移作他用

　　乙、保证茶号股东资本必须一律缴齐

　　丙、保证茶号制茶设备完全管理制造得法

　　丁、保证茶号股东财产足以清偿所领贷款

　　戊、保证茶号制茶箱数能与其预定箱数相符

四、保证人如发现茶号有违反其所保证之事项时，应立即予以纠正，并报告本会核办

五、保证人于其所保证之茶号有亏欠贷款时，应即追偿。倘结账后逾期四个月仍不能清偿，保证人须将该号股东财产查明报告本会

六、保证人于其所保证事项，除遇天灾人祸不可抗力外，应负完全责任，如保证人玩忽其责任，致本会受有损失时，视其情节轻重予以惩处

七、保证人由本会给予保证酬劳费，依其所保箱数计算每箱国币五分

八、本规则自公布之日施行

皖赣红茶运销委员会红茶茶号登记保证书　字第　　　号(号数由本会编填)

保证人　　今保证　　别号　　籍贯　　现年　　岁现在　　县开设茶号合于红茶茶号登记规则第九条所规定之标准，确能承贷款额国币　元，决无欺朦亏短情事，倘所制箱数不能足额及亏短贷款，愿负追缴及赔偿责任，并愿按照保证书所列条款

办理，特具保证书是实

中华民国　　年　月　日

　　　保证人　　署名盖章

　　　保证人

姓名

别号

籍贯

年龄

职业

住址

与被保证人之关系

　　保证书条款

一、保证人以在社会或商业上有信用者为合格

二、前项保证人应由被保证人于事前取得本会之认可

三、保证人须依照规定之保证书式样亲自填写

四、保证人不得中途自行退保

五、被保证人认制箱数缴足及所贷款额归还清楚，保证人之责任始能解除

皖赣红茶运销委员会贷款核定书　第　　　号

申请人姓名　　　　　　住址

茶号名称　　　　　号址

申请书号数

保证书号数

担保品证件名称

希望贷款最高数额

审查委员会审查意见

审查委员会核定应贷最高数额

审查委员会审查日期

审查委员会签名盖章

登记专号复核应贷最高数额　　　　复核日期

登记专员签名盖章

主任委员核定最高贷款数额　　　日期

主任委员签名盖章

皖赣红茶运销委员会红茶茶号登记证　　祁字第　　号

姓名

住址

茶号

号址

上申请人经本会依照红茶茶号登记规则，审查认为合于前项规则第九条所规定之标准，除登记外合行发给登记证，以资证明。

皖赣红茶运销委员会主任委员

登记专员

中华民国　　年　月　日

贷款合同

立往来抵押借据人　茶号（包括其法定代理人），今遵皖赣红茶运销委员会规定放款办法，邀同承还保证人向贵行押借款项订定条件如下

一、借款金额国币　元整

二、借款利率按月息八厘计算

三、还款期限以民国　年　月　日为结账期，到期本利如数归清

四、此项借款指定以本号全部财产，包括各项生财及所购得之茶叶等项，制成箱茶时至少须交箱作为抵押品

五、关于抵押品之箱茶运输销售事宜，除由运销委员会负责办理外，所有提货单据准由本号送交贵行保管

六、前项指定之抵押品，兹经本号声明并未向他处抵押，如有纠葛致贵行受损失时，本号当负完全责任

七、前项指定之抵押品售得价款，任凭贵行尽先扣除本借款本利全部及应缴佣金，利随本减，结账时还不足数，除由本号绝对负责归还外，如再有不敷承还，保证人自愿放弃先诉抗辩权，立即履行保证义务，如数负责代为偿清

八、此项往来抵押借款订明于贵行所在地点为履行地

九、本借据未经载明事宜，悉照运销委员会规定放款办法办理

安徽地方银行总行　台执

中华民国　年　月　日　立往来抵押借据人　茶号

股东

住址

承还保证人

住址

（八）本年皖省公布茶税表

局名	出洋箱茶	本庄春茶	本庄子茶	副雨	花末	千片	茶朴	茶灰	茶梗	花香硬片	老茶
歙县局	0.48元	0.975元	0.58元	0.39元	0.195元	0.195元	0.195元	0.098元	0.098元		
休黟局	0.48元	0.975元	0.58元	0.39元	0.195元	0.195元	0.195元	0.098元	0.098元		
祁门局	0.48元	0.975元	0.58元	0.39元	0.195元	0.195元	0.195元	0.095元	0.098元	0.146元	
泾太局		1.200元	0.72元			0.160元					
宣郎广局		1.200元	0.72元			0.160元					
铜石局		1.200元	0.72元			0.160元					
至德局	0.48元	0.970元	0.585元		0.195元	0.160元					
麻埠局		1.200元	0.720元		0.400元					0.400元	0.120元
霍山局		1.200元	0.720元		0.400元					0.400元	0.120元
毛坦厂局		1.200元	0.720元		0.400元					0.400元	0.120元
七里河局		1.200元	0.720元		0.400元					0.400元	0.120元

说明

一、表列子茶之各种标准，系依春茶税率折征，旧案之成数推算酌定。

二、遇有花色名目不同者，依伺例成数，比照推算，报厅核定。

三、包茶各税局认有认贵报贱之情形者，得另开验，按率征收。

四、箱装篓装，得照当地惯例，除去茶皮，按照净量重量课征。但散装者，不得去皮。

五、各局除计算皮计算方法，应于开征前，列表报厅核定。

六、表列各种茶叶收税款之标准，均按现行法中计算。

（九）民国廿五年祁浮至三县毛茶山价最高最低按日比较图（略）

五、结论

祁红区茶叶之概况及产地检验实施情形，已略述如上。此次奉命筹办祁区产地检验，以限于时间人力及种种环境，颇难整个彻底做到。且祁红检验工作甫竟，又将筹办屯绿区产地检验，故对祁区茶叶调查，未能及早详细调查，惟综上所述，藉亦可知本年祁区产地检验实施之始末及祁区茶叶之概略矣。

祁浮至三县，地势高峻，层峰叠嶂，四时云雾不绝，禀于天然之地势及制造之精工，宜其所产之红茶，不特为国产品中之冠，益且驰誉于全球。以三县宜于植茶面积之广大，而茶叶既不能年盛一年，反有江河日下之势，何耶？一言以蔽之，外受印锡荷印茶叶勃兴之压迫，内受地方不靖产销不合理之影响，遂使有望之茶叶，失望而至垂绝。本年皖赣两省，有鉴于此，以政治力量，排除茶栈之反对，毅然统一运销，举办贷款，法良意美。今虽初创，成效未见，但以两省当局努力苦干之精神，当不难达到最后之胜利，试观本年茶价，红茶优于绿茶，虽由于供需环境之不同，然统一销售，究易收效也。

祁红之茶质，凌驾各种所产红茶之上，然因近年茶价不振，茶农及茶商，对于采制方面，已无昔日之注意，故祁红品质，渐有不能保持之势。今后在采制方面，实有严密注意之必要。查祁红产区，面积广大，惟红茶产量，年仅六万箱左右，此盖由于祁红茶价过高，不能吸引国外中等人士之需要，今后宜以合理化之产销，减轻成本，庶足与外货竞争于世界市场。需要既多，产量自增矣。

产地检验，在茶叶尚为创举，既无成规可循，又无法规可援，故本年检验办法及实施，均为参酌当地情形而决定。且检验人员不敷，故检验工作，在若干区域侧重于茶号具结送样检验，其办法之未臻完善，无容讳言。故监督匀堆、检验茶箱、检查工厂卫生等等，亦未能祁浮至三区一律举办，将来茶叶产地检验，如侧重未装箱前及匀堆时之检验，则以茶区之辽阔，茶号分布之散漫，恐三县之内，非有检验员百人，不敷分配！且地方不靖，若干区域，行旅维艰，加之现行茶号迁徙无常，既无固定地址，复无固定资本与设备，甚至号名号主亦时有变更，令人无以捉摸，坐是检验工作之困难，有非意想所能及者，现行茶号制度苟不根本改良，彻底整顿，则产地检验工作实有事倍功半之憾，此宜预为筹划者一也。检验目的原在汰劣存良，以促进品质之改善，产地检验工作，似应由茶商自动实施，惟我国茶商凤无企业性，又缺乏道德心，检验一事除由政府机关主持，实行检验工作上之制茶茶号取缔工作外，并须为更进一步之毛茶采摘及制造等方法之指导，盖茶叶既经开制，早已劣变者即已确定，欲图改善，自有不能，为今之计，除力促茶商逐渐自动实施检验外，亟需从毛茶着手，减少劣变因素，良以毛茶为制品原料，改良毛茶茶叶品质，整个茶叶乃能推进，茶叶投资始有保障，此宜预为筹划者二也。他如规定茶叶产地检验之法规，规定茶号最低限度之设备，检验人员之训练，于检验标准之规定，检验经费之确立，亦均为刻不容缓者也。

此次祁红区施行产地检验，于四月下旬奉命筹备，至五月初旬开始检验，自筹备至开始，为时仅半月。检验时期，则费时一月有半，今者检验工作，告一段落，回忆经过，用该报告，以就正于国人焉。

后　记

本丛书虽然为2018年度国家出版基金资助项目，但资料搜集却经过十几年的时间。笔者2011年的硕士论文为《茶业经济与社会变迁——以晚清民国时期的祁门县为中心》，其中就搜集了不少近代祁门红茶史料。该论文于2014年获得安徽省哲学社会科学规划后期资助项目，经过修改，于2017年出版《近代祁门茶业经济研究》一书。在撰写本丛书的过程中，笔者先后到广州、合肥、上海、北京等地查阅资料，同时还在祁门县进行大量田野考察，也搜集了一些民间文献。这些资料为本丛书的出版奠定了坚实的基础。

2018年获得国家出版基金资助后，笔者在以前资料积累的基础上，多次赴屯溪、祁门、合肥、上海、北京等地查阅资料，搜集了很多报刊资料和珍稀的茶商账簿、分家书等。这些资料进一步丰富了本丛书的内容。

祁门红茶资料浩如烟海，又极为分散，因此，搜集、整理颇为不易。在十多年的资料整理中，笔者付出了很多心血，也得到了很多朋友、研究生的大力帮助。祁门县的胡永久先生、支品太先生、倪群先生、马立中先生、汪胜松先生等给笔者提供了很多帮助，他们要么提供资料，要么陪同笔者一起下乡考察。安徽大学徽学研究中心的刘伯山研究员还无私地将其搜集的《民国二十八年祁门王记集芝茶草、干茶总账》提供给笔者使用。安徽大学徽学研究中心的硕士研究生汪奔、安徽师范大学历史与社会学院的硕士研究生梁碧颖、王畅等帮助笔者整理和录入不少资料。对于他们的帮助一并表示感谢。

在课题申报、图书编辑出版的过程中，安徽师范大学出版社社长张奇才教授非常重视，并给予了极大支持，出版社诸多工作人员也做了很多工作。孙新文主任总体负责本丛书的策划、出版，做了大量工作。吴顺安、郭行洲、谢晓博、桑国磊、祝凤霞、何章艳、汪碧颖、蒋璐、李慧芳、牛佳等诸位老师为本丛书的编辑、校对付出了不少心血。在书稿校对中，恩师王世华教授对文字、标点、资料编排规范等内容进行全面审订，避免了很多错误，为丛书增色不少。对于他们在本丛书出版中所做的工作表示感谢。

　　本丛书为祁门红茶资料的首次系统整理，有利于推动近代祁门红茶历史文化的研究。但资料的搜集整理是一项长期的工作，虽然笔者已经过十多年的努力，但仍有很多资料，如外文资料、档案资料等涉猎不多。这些资料的搜集、整理只好留在今后再进行。因笔者的学识有限，本丛书难免存在一些舛误，敬请专家学者批评指正。

康　健

2020 年 5 月 20 日